FCD 一流学科建设研究生教学用书
First-class Disciplines

本书获华东理工大学研究生教育基金资助

“双碳”引领——能源、环境与社会可持续发展概论

Guided by the Dual Carbon Initiative: Introduction to Sustainable Development in Energy, Environment and Society

周彦波　周　易　编著

華東理工大學出版社
EAST CHINA UNIVERSITY OF SCIENCE AND TECHNOLOGY PRESS
·上海·

图书在版编目(CIP)数据

“双碳”引领 ：能源、环境与社会可持续发展概论 / 周彦波，周易编著. -- 上海 ：华东理工大学出版社，2025. 6. -- ISBN 978-7-5628-7710-3

Ⅰ. X22

中国国家版本馆 CIP 数据核字第 20255C6H19 号

内 容 提 要

本书围绕能源转型、环境保护及经济社会可持续发展三大核心主题，深入分析了“双碳”目标在推动可持续发展中的作用及实现路径。内容涵盖地球健康评估、生态环境保护政策与技术实践、新能源技术分类与应用、碳捕集与封存技术、碳排放标准体系以及企业 ESG 实践等关键议题。

通过丰富的实际案例和深入的理论分析，为相关领域的研究者和实践者提供全面的理论框架和实践指南，有助于构建可持续发展领域系统知识体系，并为解决重大生态问题提供前瞻性思路，推动绿色转型与可持续发展。

项目统筹 / 马夫娇　韩　婷
责任编辑 / 韩　婷
责任校对 / 陈婉毓
装帧设计 / 徐　蓉
出版发行 / 华东理工大学出版社有限公司
地址：上海市梅陇路 130 号，200237
电话：021-64250306
网址：www.ecustpress.cn
邮箱：zongbianban@ecustpress.cn
印　　刷 / 上海中华商务联合印刷有限公司
开　　本 / 710 mm×1000 mm　1/16
印　　张 / 16
字　　数 / 312 千字
版　　次 / 2025 年 6 月第 1 版
印　　次 / 2025 年 6 月第 1 次
定　　价 / 128.00 元

序言 | Preface

随着化石能源的过度开采，全球气候变化和环境污染问题日益严峻，严重威胁社会可持续发展，成为人类面临的重大挑战。为应对这一困境，联合国近 200 个成员国共同签署了《联合国气候变化框架公约》《京都议定书》和《巴黎协定》等关键协议，为全球绿色转型设立了行动基准。截至 2024 年 5 月，全球已有 151 个国家提出了碳中和目标，同时，超过半数的世界 500 强企业发布了碳中和路线图，这标志着全球碳中和行动已正式进入执行阶段。

在“双碳”目标的引领下，中国正以前所未有的力度推动能源转型、生态环境保护和经济社会的可持续发展。这一目标不仅是中国应对全球气候变化做出的积极承诺，更是推动自身绿色崛起、构建生态文明的核心路径。作为全球绿色发展的重要参与者和贡献者，中国正以创新和实践为双翼，走出一条资源、技术与管理深度融合的绿色发展之路，为世界树立了卓越的可持续发展典范。

由四川大学、华东理工大学等高校联合编制的《高等学校碳中和科技创新行动计划》已于 2021 年 7 月获得教育部正式发布，该计划明确提出了加快碳中和领域人才培养、学科建设以及教材建设等关键任务。随后，《碳中和概论》等系列丛书的出版开启了碳中和领域教材编写的新局面。由周彦波教授、周易副教授编写的《“双碳”引领——能源、环境与社会可持续发展概论》一书，紧扣“能源”“环境”与“可持续发展”三大核心主题，系统探讨了“双碳”目标的深刻内涵及其实现路径，内容涵盖地球健康、全球气候变化、污染控制、公司治理等关键议题，并展示了储能和碳捕集、利用与封存(CCUS)等关键技术的最新进展和创新应用。此外，该书还梳理了近年来国内外在能源与环境领域的重大政策调整和科技需求，为读者构建了一个全面的理论框架和实践指南。书中不仅深入探讨了环境保护政策与技术创新、清洁能源的推广与技术突破等内容，还详细阐述了企业在社会治理中如何践行环境、社会和治理(ESG)理念，这为相关领域的研究者和实践者提供了丰富的理论支撑和实践借鉴。该书的特色在于融合了国际、国内多个实际案例，以多学科视角深入分析了“双碳”背景下可持续发展与社会治理的相关成果。该书设计科学、结构合理，既注重基础理论和知识点的全面覆盖，又强调探索性与启发性，不仅可以帮助读者在绿色转型领域建立系统知识体系，还能通过精心编排的内容为解决重大生态问题提供前瞻性的思路。

在当前生态文明建设和绿色发展的关键时期，该书积极服务国家高等教育“六卓越一拔尖”人才培养计划，致力于培养具备创新思维和可持续发展能力的现代化建设人才。

希望该书的出版能够为高等学校培养适应新时代需求的创新型人才起到推动作用，为相关专业学生的知识框架构建与认知提升提供有力帮助。在这场全球应对气候变化的伟大事业中，期待更多的学者与实践者共同参与，为实现可持续发展贡献智慧与力量。

中国工程院院士　汪华林
华东理工大学

前言 | Foreword

随着工业化、城市化的快速推进，全球能源消耗量不断增长，碳排放量居高不下，导致气候变化、环境污染等问题日益突出。在全球化背景下，人类社会的发展与能源利用、环境保护之间的关系日益紧密。如何在保障经济发展的同时，实现能源的高效利用与生态环境保护，已成为全人类共同面临的挑战。在此背景下，"双碳"（碳达峰与碳中和）目标的提出，不仅为全球应对气候变化指明了方向，也为我国能源与环境社会的可持续发展提供了重要契机。积极推进"双碳"目标的实现，对于我国乃至全球应对气候变化、保护生态环境、实现可持续发展具有重要意义。

本书立足于当前全球气候变化的严峻背景，旨在深入探讨"双碳"目标在推动能源转型、环境保护以及经济社会可持续发展中的重要作用与实施路径。通过梳理可持续发展理论的演进历程，分析了"双碳"目标的深刻内涵、重大意义及其实现路径，并通过丰富的实际案例，展示了在"双碳"目标引领下生态环境保护、能源体系转型、社会治理创新、绿色发展战略等方面的具体实践与显著成效，以为相关领域的研究者和实践者提供有力的参考。

"环境保护"部分内容聚焦生态环境保护的政策导向与技术实践，强调政策引导与技术创新的协同作用，为实现环境质量的根本好转提供支撑；"能源转型"部分内容探讨清洁能源的推广、可再生能源的利用、新能源技术突破以及负碳技术的相关成果，展现了能源领域的转型趋势与未来图景；"社会治理"部分内容通过介绍碳排放标准及 ESG 实践案例，揭示企业如何通过社会责任与可持续投资融合，推动可持续发展的深层实践与理论创新。本书的整体架构由周彦波和周易制定，参与编写的主要人员有：第 1 章，周彦波、郭佳仪、杨静怡；第 2 章，周彦波、李彦盼、杨静怡；第 3 章，周易、王思涵、蒙尉丹；第 4 章，周易、李彦盼、蒙尉丹；第 5 章，周彦波、周易、蒙尉丹；第 6 章，周彦波、张玉婷；第 7 章，周彦波、张玉婷、王思涵。全书由周彦波担任主编，负责统稿和修订。

鉴于能源、环境与可持续发展领域发展日新月异，以及编者水平有限，书中不当和疏漏之处在所难免，恳请广大同行及读者批评指正，以期在未来版本中予以修正与完善。同时，我们向所有给予帮助和指导的专家及参考资料的作者们表示衷心的感谢与敬意。

展望未来，随着全球对气候变化和环境保护问题的日益重视，“双碳”目标的实现将成为推动经济社会可持续发展的重要动力。期待更多的专家和学者能够关注这一领域的研究与探索，共同努力推动能源转型、生态环境保护和经济社会的可持续发展。

编者

2025年3月

目录 | Contents

第 1 章

“双碳”与可持续发展

1.1 可持续发展理论历程

在古代农业文明时期，体现可持续发展的人与自然和谐共生的环境伦理就已经开始萌芽。而进入工业革命时期以后，随着人口的迅速增加和生产力的不断发展，人类排放到环境中的废物和污染物的数量也逐渐增加，完全依靠自然休养生息来恢复地球生命支持系统变得困难起来，我们面临着重建环境伦理的挑战。同时，环境污染导致的环境质量变化对人类的生存构成了严重威胁，最著名的例子是发生在 20 世纪的几大污染事件。例如，1930 年的比利时马斯河谷雾灾在一周内造成数千名居民受伤，并导致 60 多人死亡；1948 年的多诺拉(Donora)烟雾悲剧在 5 天内使近 6 000 人患病；1952 年的伦敦大雾霾在 4 天内导致 4 000 多人死亡。与此同时，人类还面临着粮食短缺、能源危机等日益严重的问题，生态危机加剧，经济增长放缓，局部社会动荡加剧。这些问题迫使人类重新审视其在生态系统中的位置，并寻找长期生存和发展的新道路。在此背景下，可持续发展的概念不断发展，并成为指导世界社会经济转型的基本战略之一。

可持续发展理论是一种探讨自然、科技、经济和社会如何实现协调发展，并不断进化的理论与战略。普遍认为可将可持续发展理论的演化分为三个阶段：萌芽阶段、概念形成阶段、理论深化和全球共识阶段，如图 1 - 1 所示。

1. 萌芽阶段(1972 年之前)

虽然“可持续发展”一词首次出现在 20 世纪，但其等效概念已经使用了几个世纪。可持续发展的早期思想主要体现在对湖泊、田地、森林、草地等自然资源的可持续利用上。可持续发展的思想在中国由来已久，可以追溯到中国古典哲学的核心思想——“天人合一”。早在西周时期(公元前 1046—前 771 年)，人们就意识到山林河流应按照自然规律合理利用，而不能过度开发。从那时起，政府或乡民组织采取了各种措施来保护自然资源，例如建立指定的管理部门，对山地和农田征税以及发布禁令。西方关于“可持续性”的表述首次出现在卡洛维兹 1713 年出版的专

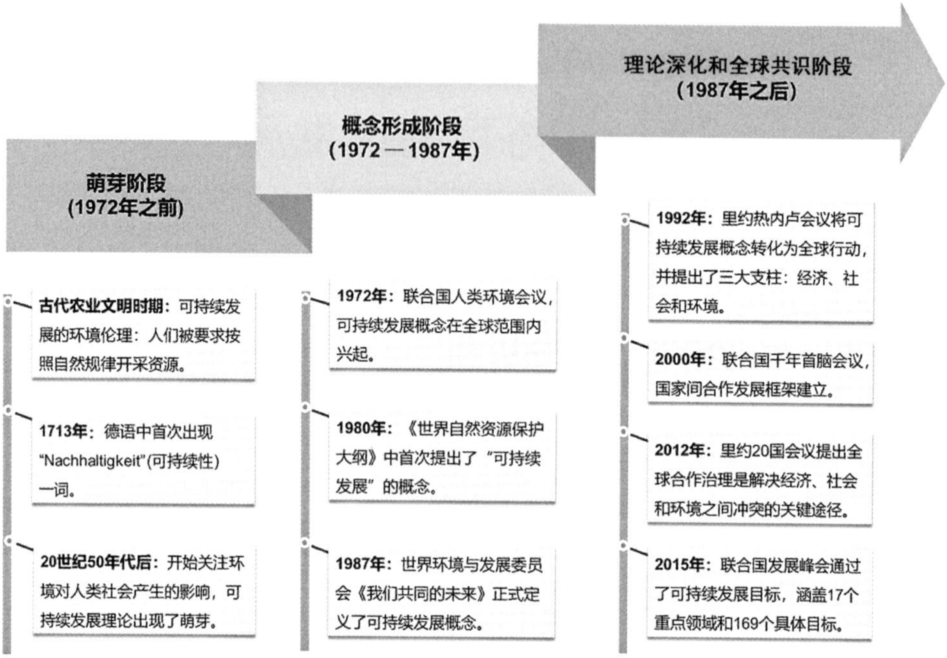

图1-1　可持续发展理论的演化阶段和象征性事件

著 *Afforestation and Economy* 中的德语“Nachhaltigkeit”(可持续性)，该书系统地论述了可持续林业问题并提出了森林永续利用的观念。这一理念被迅速认可并在欧洲大陆推广运用，后来“可持续性”被译为“Sustainability”一词，为之后可持续发展的理论体系奠定了早期的基础。而到了20世纪50年代至70年代末，工业污染的危害性逐渐显现，人们开始关注环境问题对人类社会产生的影响，环境与生态方面的可持续发展理论出现了萌芽。美国海洋生物学家Rachel Carson在1962年出版的《寂静的春天》一书中，首次提出了由滥用农药导致生态平衡破坏的问题，引起了广泛关注。随后，Barbara Ward和Rene Dubos在1972年发表的《只有一个地球》、罗马俱乐部撰写的研究报告《增长的极限》等书籍，从社会、经济和政治角度讨论了环境污染对不同国家的影响，呼吁人们重新审视全球环境问题，丰富和发展了Rachel Carson的环保思想。

2. 概念形成阶段(1972—1987年)

人们逐渐认识到，以经济增长为主的发展政策会导致严重环境问题的发生频率增加。在这个时期，兼容自然、经济和社会协调发展的理论和战略——可持续发展的概念逐渐形成。1972年，联合国在瑞典斯德哥尔摩召开了世界首脑会议。作为人类史上第一次全球性的环境会议，它标志着可持续发展概念在全球范围内的兴起与传播。在这次会议上，联合国向世界各国提出了倡议：在发展经济的同时，加强环境管理政策。正是从这时起，与环境保护相关的制度建设和有力的末端环境治理开始在各国逐步推进。1980年，国际自然保护同盟在《世界自然资源保护大纲》中首次提到了“可持续发展”的概念，强调需要研究自然、社会、生态、经济以及利用自然资源过程中的基本关系，以确保全球的可持续发展。1981年，美国学者 Lester R. Brown 在《建设一个可持续发展的社会》一书中，提出了以控制人口增长、保护资源基础和开发再生能源来实现可持续发展的观点。

1987年，世界环境与发展委员会(WCED)起草了一份关于人类发展的报告——《我们共同的未来》，正式使用了可持续发展概念，并将其定义为：“既能满足当代人的需要，又不对后代人满足其需要的能力构成危害的发展。”这被认为是确立可持续发展概念的起点。可持续发展概念现已成为环境科学研究的参照标准，被纳入国际条约以及世界上许多国家的宪法和法律之中。它不仅应用于商业、农业生产、工业和城市发展等领域，而且已成为绿色经济和循环经济等理论方法的概念基础，甚至成为世界上大部分人口的常识和环保口号的一部分。此外，报告还系统论述了人类面临的一系列重大经济、社会和环境问题，明确提出了三个观点：① 环境危机、能源危机和发展危机不可分割；② 地球上的资源和能源不足以满足人类发展的需要；③ 为了当代及子孙后代的利益，必须改变当前的发展模式。这些定义和观点虽较为笼统，但对世界各国的发展模式产生了深远的影响。

3. 理论深化和全球共识阶段(1987年至今)

1992年，联合国在里约热内卢召开的“环境与发展大会”上，通过了以可持续发展为核心的《里约环境与发展宣言》和《21世纪议程》等文件，进一步推动了可持续发展理论达成全球共识，这是人类历史上第一次将可持续发展战略从一个概念落实为一项全球行动。随后，各国政府纷纷将可持续发展纳入国家发展战略，并采取了一系列措施来促进经济、社会和环境的协调发展。2000年，联合国千年首脑会议上，国家间合作发展框架初步建立，国际社会也加强了在可持续发展领域的合作与交流，共同推动全球可持续发展进程。

进入21世纪后，随着全球环境问题的日益严峻和资源的日益紧张，经济、社会和环境之间的利益冲突日益明显，可持续发展理论得到了更广泛的实践应用。在此背景下，联合国于2012年召开了“里约+20”峰会。峰会指出，绿色经济是解决发展与环境冲突的关键，全球合作治理是解决经济、社会和环境问题冲突的关键途径。2015年9月，150多位国家元首和政府首脑参加了在纽约联合国总部举行的联合国可持续发展峰会，并通过了“改变我们的世界——2030年可持续发展议程”。该议程列出了可持续发展目标(SDG),涵盖 17 个重点领域和 169 个具体目标,描绘了实现全世界人类更美好和更可持续未来的蓝图(图 1-2)。可持续发展目标的确定从根本上改变了传统的发展概念,不再单纯追求经济增长,而是提出了包容性增长和可持续发展的理念,即经济、社会和环境的协调发展。各国政府、国际组织、企业和个人纷纷采取行动,推动可持续发展的实践,包括推广清洁能源、促进循环经济、加强环境治理等方面。同时,一些国际组织和机构,如联合国环境规划署、世界自然基金会等,也积极推动可持续发展的全球合作和治理。

图 1-2 联合国 17 个可持续发展目标

此外,可持续发展理论也在不断地发展和完善中。近年来,随着全球气候变化和环境问题的日益突出,可持续发展理论更加注重应对气候变化、保护生态环境以及促进绿色低碳发展等方面。同时,科技的不断进步和创新,也为可持续发展带来了新的机遇和挑战。

总之,可持续发展理论经历了从提出、发展到实践应用的历程,已经成为全球共同的理念和行动准则。未来,随着全球环境问题的日益严峻和资源的日益紧张,可持续发展理论将继续发挥重要作用,推动全球可持续发展进程。

1.2 地球健康与边界

地球健康是一个描述地球生态系统整体稳定性和平衡性的概念,它代表了地球生态系统的整体稳定性和平衡性,是维持生命支持系统的关键能力。这一概念不仅涵盖了地球的自然系统,如气候、水循环和生物多样性,还强调这些系统在受到干扰(特别是人类活动)时的恢复力。维持生态系统的活力和稳定性对于持续提供关键生态服务至关重要,这包括但不限于空气净化、气候调节、水循环和生物多样性保护。这些系统共同构成了地球上生命的支持系统,不仅为我们提供了清洁的空气、稳定的气候、纯净的水和丰富的生物资源,还维持了生态系统的活力和多样性。

地球健康的核心挑战在于如何在全球变化的背景下,保持这些生态系统服务的持续供给,确保人类福祉和地球生命支持系统的长期稳定。为了更精确地评估地球健康,科学家们提出了"地球边界"(planetary boundaries)指标框架。2014 年,世界自然基金会(WWF)等机构联合发布的《地球生命力报告 2014》,使用"地球边界"来揭示地球面临的严峻挑战。地球边界框架基于对地球系统科学的深入理解,识别出九个关键的全球尺度过程,包括气候变化、生物圈完整性、氮磷循环、淡水利用、土地利用变化、海洋酸化、大气气溶胶负载、平流层臭氧消耗以及新实体的引入等,它们对维持地球系统的稳定和人类福祉至关重要。了解地球健康和地球边界框架对于制定有效的环境政策和管理措施很有必要,这将有助于我们在全球范围内减少对自然系统的破坏,保护和恢复生态系统的健康,确保地球系统的长期稳定和人类社会的可持续发展(图 1-3)。

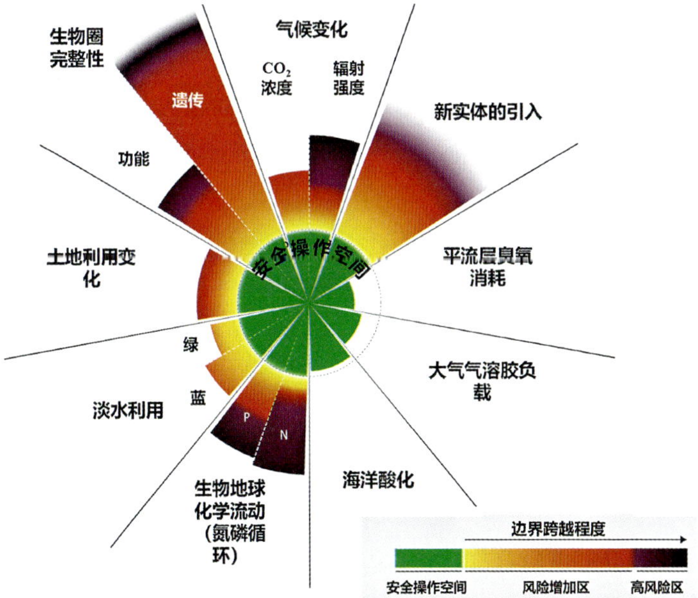

图 1-3 九个地球边界中有六个已被突破(2023 年)(Richardson K, Steffen W, Lucht W, et al., 2023)

1.2.1 地球健康评估指标

九个地球边界框架提供了衡量地球健康的具体标准，其核心概念是基于对九个关键地球过程的定义。该框架的目标是为人类活动设定一个安全的操作空间，超越这些边界可能引发生态系统功能的不可逆变化，进而威胁地球的健康和人类的生存。Richardson 等(2023)的报告指出，九个地球边界中已有六个被突破，尤其是气候变化和生物多样性丧失，已成为当前地球面临的最紧迫危机(图 1-3)。温室气体排放的增加导致全球气温上升，进而引发极端气候事件增多和海平面上升；与此同时，人类活动加速了物种灭绝的速度，远超自然界的正常水平，严重威胁到生态系统的稳定性和其维持生命的能力。

人类活动对地球自然系统施加了前所未有的压力，导致某些全球关键过程超越了安全操作界限，并呈现出持续恶化的态势。气候变化问题日益严重，不仅加剧了极端天气事件的频率和强度，还威胁到了自然生态系统的平衡，对社会经济系统以及人类的生存造成了显著影响。生物多样性的丧失削弱了生态系统的功能和恢复力，降低了生态服务的供应能力。氮磷循环失调、森林砍伐、土地退化、淡水资源的过度开发和污染，以及海洋酸化等现象，都在严重威胁着地球的健康。“地球边界”能够帮助科学家持续追踪地球的稳定状态，但地球边界衡量的其实不是地球的安全，而是人类自己是否能够“安全生存活动”的边界。当上述所有边界都被打破时，人类将步入一个可能引发消极突变的危险区。

尽管面临严峻挑战，我们仍可以看到一些积极的进展。例如，臭氧层消耗问题已得到显著改善，并展现出恢复迹象。这一成果得益于全球合作，尤其是《蒙特利尔议定书》的实施，有效控制了导致臭氧层破坏的主要因素。这一成功案例表明，尽管存在众多环境问题，但通过有效的国际合作和治理，某些问题是可以得到解决或逆转的。

1.2.2 地球健康边界现状

1. 气候变化

气候变化是衡量地球健康的核心指标之一，其影响遍及整个生态系统，直接关联到地球的环境稳定性和生物多样性。1988 年是一个关键的时间节点。在这一年前后，人类活动使“气候变化”和“陆地系统变化”超出了安全边界。模拟结果表明，如果地球系统能够维持在 1988 年之前的状况，也就是处于“地球边界”安全区的条件(二氧化碳浓度为 350 ppm①，热带/温带/亚热带森林覆盖率分别为 85%/

① 1 ppm=10^{-6}。

50%/85%)，那么在接下来的 800 年内，全球陆地表面温度的增加将不会超过 0.6 ℃，加上工业化前至 1988 年期间上升的 0.7 ℃，总增温不会超过 1.3 ℃。并且，到 2100 年，陆地碳源只会少量增加(累计 25 Gt C①)。800 年后的累计碳源将不会超过 68 Gt C，如图 1－4 所示。

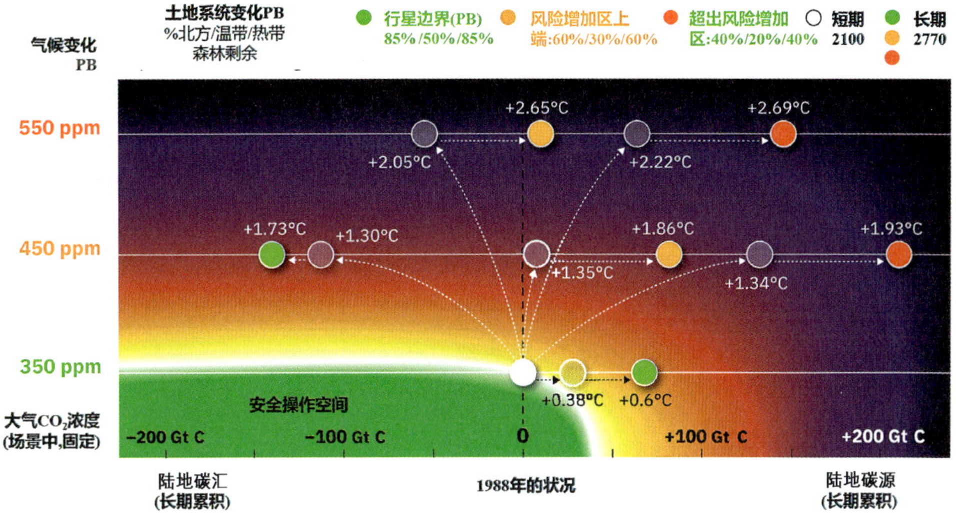

图 1－4 陆地系统变化和气候变化边界状态对陆地碳储量和全球陆地温度轨迹的综合影响(Richardson K, Steffen W, Lucht W 等，2023)

在另一种情景的模拟中，如果气候变化指标突破边界，导致二氧化碳浓度达到 450 ppm(红色区域)，并且森林覆盖率也突破边界，维持在 60%/30%/60%的水平，那么到 2100 年，陆地平均气温将上升 1.4 ℃(与工业化前相比，总上升将达到 2.1 ℃)。而在 800 年后，由于植被在较暖气候中的快速生长以及相关碳肥效应的增加，陆地平均气温将进一步上升至 1.9 ℃(即比工业化前高出 2.6 ℃)。

植被生长的碳肥效应抵消了气候变暖对全球平均碳汇的负面影响。因此，如果森林覆盖率能够始终保持在“地球边界”以内的水平，而不是让其在一个风险不断上升的区域继续变化，那么陆地生物圈将形成累积的碳汇而非碳源，这将有助于稳定地球的气候状况。相反，如果森林砍伐进入高风险区域，模拟结果显示，即便植被生长的二氧化碳肥料效应显著，短期和长期内仍会有大量的额外碳泄漏到大气中。

气候变化带来的负面影响不仅表现为全球平均气温的上升，还体现在极端天

① Gt C，碳的质量单位，即“十亿吨碳”，其中“Gt”为“Gigatonne”，“C”代表“碳(Carbon)”。

气事件的频繁发生，如洪水、干旱和飓风等。二氧化碳浓度的上升主要归因于人类活动，尤其是化石燃料的燃烧、工业生产以及土地利用的变化(如森林砍伐)。随着大气中温室气体的增加，地球的能量平衡受到破坏，导致气候系统进入不稳定状态。在极端情况下，如果大气中的二氧化碳浓度上升到高风险区域(550 ppm 以上)，且森林砍伐行为持续进行(导致森林覆盖率降至 40%/20%/40%)，长期来看，陆地温度预计将比 1988 年上升约 2.7 ℃(比工业化前上升 3.4 ℃)，同时陆地植被和土壤可能长期损失约 1.45 亿吨碳。

2. 生态与生物多样性

生物多样性是衡量生态系统完整性和地球健康的关键指标。生物多样性的丧失意味着生态系统的自我调节和适应能力正在下降，进而削弱了其提供生态服务的能力，如净化空气、循环营养物质和调节气候。目前，物种灭绝的速度远超自然水平，已达到每百万物种每年 100 种的速度。然而，科学家们认为，可接受的安全边界应为每百万物种每年不超过 10 种灭绝。

此外，人类对净初级生产力(human appropriation of net primary production, HANPP)的过度利用也是导致生态系统功能失调的一个重要因素。HANPP 衡量的是人类通过农业、森林砍伐和土地利用等活动对自然生态系统的干扰程度，这种干扰导致生物圈失去了维持其正常功能所需的能量供应。目前，HANPP 已超出地球系统的安全界限，特别是在高度开发的地区，这种现象严重削弱了生态系统的稳定性。为了维持地球健康，迫切需要采取更加严格的生物多样性保护措施和可持续的土地管理策略，以减少人类对自然资源的过度开发。

3. 淡水和海洋健康

淡水资源和海洋健康是地球健康的重要组成部分，它们被形象地称为“地球的生命血液”。淡水不仅是维持人类生活和农业生产的基本资源，也对生态系统的平衡发挥着关键作用。然而，全球淡水资源的供应正面临严峻挑战，过度开采、污染和气候变化等因素共同威胁着淡水资源的可持续利用。目前，全球已有超过 18% 的土地面积经历了淡水供给的显著偏差，这一偏差已超出历史上淡水供给的正常波动范围。

与此同时，海洋酸化对海洋生态系统的健康构成了严重威胁。海洋吸收了大气中约四分之一的二氧化碳，虽然这在一定程度上缓解了气候变化的压力，但同时也导致海水中的碳酸浓度升高，从而使海洋酸度上升。海洋酸化可能会对海洋生物造成损害，尤其是对于那些依赖碳酸钙构建外壳或骨骼的物种，如珊瑚礁和贝类。海洋生态系统的退化不仅影响到全球渔业，还威胁到数百万依赖海洋资源生存的沿海社区。因此，保护和合理利用淡水和海洋资源，不仅是实现可持续发展目标(SDGs)的关键举措,也是确保地球健康和人类生存的根本。

4. 地球健康与可持续发展目标

地球健康与联合国的可持续发展目标紧密相连,尤其在应对气候变化和自然资源保护这些关键领域(图 1-2)。SDG 13(气候行动)明确呼吁全球各国采取紧急措施,以减缓气候变化的影响。这不仅仅是一个环境问题,更是全球经济、社会和生态系统可持续性的基石。气候变化引发的极端天气事件,如洪水、干旱和飓风,不仅对生态系统的稳定性构成威胁,还直接影响到农业生产、基础设施和公共健康,进而削弱全球社会的发展潜力。此外,气候变化还加剧了海平面的上升,这对沿海城市和小岛国家的生存安全构成了威胁。同时,生物多样性的丧失削弱了生态系统的自我调节能力,进一步加剧了全球环境的脆弱性。

此外,SDG 14(水下生物)和 SDG 15(陆地生物)分别聚焦保护海洋和陆地生态系统,这与维持地球健康的核心目标紧密相连。海洋酸化不仅威胁珊瑚礁、鱼类等海洋生物的生存,还破坏全球渔业资源的可持续性,进而影响依赖海洋经济的沿海社区的生计。土地退化则影响全球粮食安全,并可能导致温室气体排放增加,使气候变化问题更加复杂。保护陆地生态系统不仅关乎维护物种多样性,更是维持全球气候平衡和减少自然灾害风险的重要举措。

将地球健康与 SDGs 的具体目标紧密结合,是全球实现可持续发展的关键。国际社会需通过协调一致的政策制定与执行,确保可持续发展与生态保护同步进行。各国政府和企业需要通过实施严格的碳排放减排政策、促进可再生能源的开发利用、加强生态修复项目和减少污染等行动,来实现维护地球健康的目标。目前,一些典型的措施包括:气候智能型农业,其不仅能够提高粮食产量,还能减少农业对环境的负面影响;蓝色经济倡议,旨在保护海洋生态的同时,实现海洋资源的可持续利用。确保地球健康的持续改善,需要全球在多个层面上的合作与创新。只有通过全球范围内的共同努力,我们才能在不超越地球边界的前提下,实现可持续发展目标,为未来世代创造一个更加健康、公平的地球。

1.3 “双碳”目标解读

气候变化是全人类共同面临的挑战,全球变暖的迹象持续显现。哥白尼气候变化服务局对全球年最高日气温年份的分析显示(图 1-5),2015—2024 年,这 10 年的日平均气温是历史上最高的,其中 2023 年和 2024 年的年最高气温显著高于历史平均水平(图 1-6)。为了降低气候变化的风险和影响，2016 年签署的《巴黎协定》(The Paris Agreement)提出了目标，即要把全球平均气温升幅控制在工业化前水平升高幅度的 2 ℃以内，并努力将升温控制在 1.5 ℃以内。2018 年 10 月，联合国政府间气候变化专门委员会(Intergovernmental Panel on Climate Change, IPCC)在韩国仁川发布了《全球升温 1.5 ℃特别报告》，联合国秘书长古特雷斯呼吁各国采取行动，为把升温控制在 1.5 ℃以内而努力。该报告不仅为全球气候变化提供了科学评估和指导，还强调了减少温室气体排放的紧迫性。为了实现这一目标，各国必须采取紧急措施，确保到 2050 年实现温室气体的“零净排放”。中国始终致力于可持续发展，自《巴黎协定》签署以来，中国承诺实施二氧化碳减排政策，以实现应对气候变化的相关目标。作为全球最大的发展中国家及碳排放大国，中国计划实施低碳转型，并提出了“双碳”目标。

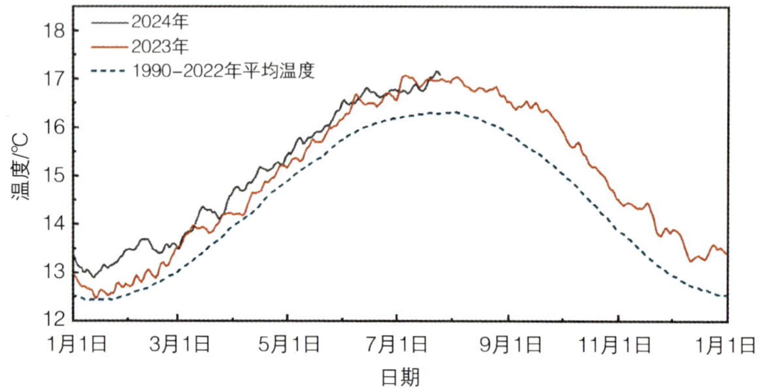

图 1-5 全球日平均地表气温统计表(数据源于哥白尼气候变化服务局)

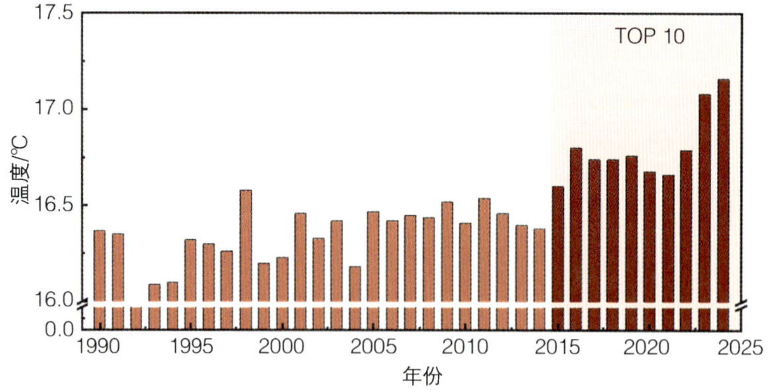

图 1-6 1990—2024 年全球最高日平均气温(数据源于哥白尼气候变化服务局，截至 2024 年 7 月 28 日)

1.3.1 “双碳”目标的基本概念

“双碳”通常指的是碳达峰、碳中和。碳达峰是指某个地区或行业年度二氧化碳排放量达到历史最高值，然后经历平台期进入持续下降的过程，是二氧化碳排放量由增转降的历史拐点，标志着碳排放与经济发展实现脱钩；碳达峰目标包括达峰年份和峰值。碳中和是指一个国家或地区通过产业结构调整和能源体系优化，调控二氧化碳排放总量，最终实现二氧化碳在人类社会与自然环境内的产消平衡。一般来说，这是通过坚持节能减排战略、发展绿色低碳经济、增强森林碳汇等途径，将人类社会产生的二氧化碳全部抵消掉，从而构建一个“零碳”社会。

1.3.2 “双碳”目标的重要意义

2020年9月，中国政府在第七十五届联合国大会上向世界郑重承诺：“中国将提高国家自主贡献力度，采取更加有力的政策和措施，二氧化碳排放力争于2030年前达到峰值，努力争取2060年前实现碳中和。”2021年3月，国务院政府工作报告中指出，扎实做好碳达峰、碳中和各项工作，制订2030年碳排放达峰行动方案，优化产业结构和能源结构。“双碳”目标是中国基于推动构建人类命运共同体的责任担当和实现可持续发展的内在要求而做出的重大战略决策，展现了中国为应对全球气候变化做出的新努力和新贡献。“双碳”目标的提出意味着我国进入了低碳新时代，而碳达峰、碳中和将会在经济社会中掀起一场广泛而深刻的系统性变革。

“双碳”目标作为应对气候变化的具体行动方案，旨在通过降低碳排放来实现可持续发展。在新的发展阶段，我国致力于做好碳达峰与碳中和工作，加快经济社会发展的全面绿色转型。这不仅对全球生态环境治理具有重大意义，而且对于我国实现高质量发展和全面建设社会主义现代化国家同样具有深远的影响。

1. 国际意义

做好碳达峰与碳中和工作是提升应对全球气候变化能力的行动路径。大气中二氧化碳浓度过高导致气温升高，成为全球气候变化问题的主要表现，对社会经济系统和生态环境系统的正常运行造成了极大的负面影响。全球应对气候变化行动力的长期不足导致了地球正在面临危险的“气候紧急状态”。应对全球气候变化和节能减排不仅需要世界各国和地区的共同努力，更需要作为世界第二大经济体的中国的参与和行动。同时，做好碳达峰与碳中和工作是体现推动构建人类命运共同体的大国担当。

中国积极参与全球气候治理，为《巴黎协定》的达成和生效实施发挥了重要作用，成为全球生态文明建设的重要参与者、贡献者、引领者。中国政府重信守诺，大力推动国内碳减排工作，2020 年单位 GDP 碳排放较 2005 年累计下降 48.4%，超额完成了应对气候变化行动目标。国家发展改革委负责人表示，"中国作为世界上最大的发展中国家，提出力争 2030 年前实现碳达峰、2060 年前实现碳中和的自主贡献目标，将完成全球碳排放强度最大降幅，用历史上最短的时间从碳排放峰值实现碳中和，体现了最大的雄心力度，需要付出艰苦卓绝的努力。中国实现碳达峰与碳中和，必将为全球实现《巴黎协定》目标注入强大动力，为进一步构建人类命运共同体、共建清洁美丽世界做出巨大贡献。"

2. 国内意义

做好碳达峰与碳中和工作是推动高质量发展的必然要求。我国经济社会发展取得了举世瞩目的伟大成就，人民群众的获得感、幸福感、安全感显著增强。与此同时，我国已进入高质量发展阶段，调结构、转方式的任务艰巨而繁重。传统产业占比依然较高，而战略性新兴产业、高技术产业尚未成为经济增长的主导力量，产业链、供应链还处于向中高端迈进的重要关口。做好碳达峰与碳中和工作，加强我国绿色低碳科技创新，持续壮大绿色低碳产业，将加快形成绿色经济新动能和可持续增长极，显著提升经济社会发展质量效益，为我国全面建设社会主义现代化国家提供强大动力。

在"十二五"至"十四五"期间，我国的能源和产业结构经历了重大而深刻的加速调整(图 1-7)。这一历程是在"双碳"目标确立的大背景下展开的，对于我国实现可持续发展、推动经济转型升级具有至关重要的意义。

《能源发展"十二五"规划》是 2011 年至 2015 年期间中国政府制定的重要能源规划，在我国能源发展历程中占据着关键地位。通过优化能源结构，降低传统高污染能源的比重，增加清洁能源的占比，从而有效减少污染排放，为改善生态环境作出贡献。同时，推动可持续能源发展，为我国经济的长期稳定增长奠定坚实基础。在"十二五"时期，我国能源领域取得了较快发展。供给保障能力不断增强，意味着能够更好地满足国内日益增长的能源需求，确保经济社会的正常运转。发展质量逐步提高，体现为能源生产和利用的技术水平

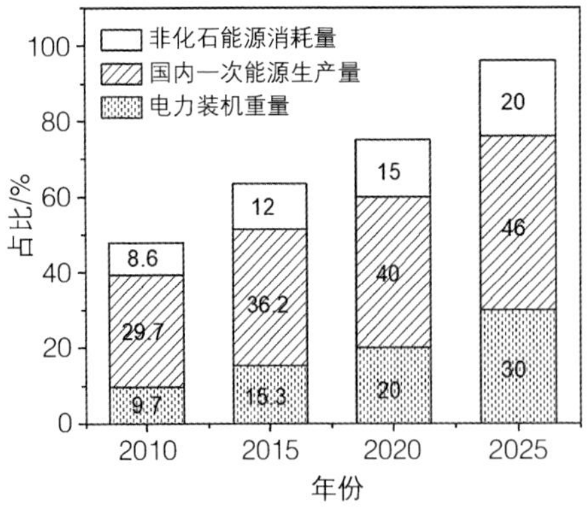

图 1-7 "十二五"至"十四五"期间发展对比

不断提升，能源产业的附加值不断增加。创新能力迈上新台阶，新技术、新产业、新业态和新模式开始涌现，为能源行业注入了新的活力。在这一时期，能源发展迎来了转型变革的新起点，为后续的发展奠定了良好的基础。

“十三五”时期是全面建成小康社会决胜阶段，也是推动能源革命的蓄力加速期。在此期间，牢固树立和贯彻落实创新、协调、绿色、开放、共享的新发展理念至关重要。遵循能源发展的“四个革命、一个合作”战略思想，深入推进能源革命，着力推动能源生产利用方式变革，建设清洁低碳、安全高效的现代能源体系，成为能源发展改革的历史使命。在“十三五”期间，国民经济发展规划纲要中能源发展的约束性目标已基本完成，这表明我国在能源领域的发展取得了显著成效。能源专项规划不同程度地完成和超额完成，体现了我国在能源规划和执行方面的高效性和灵活性。然而，天然气发展目标的完成难度较大，这也反映出在能源发展过程中面临的一些挑战和问题。

“十四五”时期是开启全面建设社会主义现代化国家新征程、向第二个百年奋斗目标进军的第一个五年。我国发展仍处于重要战略机遇期，机遇和挑战都有新的发展变化。在这一时期，现代能源体系建设的主要目标明确为：能源保障更加安全有力、能源低碳转型成效显著、能源系统效率大幅提高、创新发展能力显著增强、普遍服务水平持续提升。为实现这些目标，能源战略规划需要加强前瞻性思考，提前预判未来能源发展的趋势和需求，为能源产业的长远发展做好准备。进行全局性谋划，从国家整体发展的高度出发，统筹考虑能源与经济、社会、环境等各方面的关系。进行战略性布局，合理安排能源产业的空间分布和发展重点，提高能源资源的配置效率。实现整体性推进，确保能源发展的各个环节协同配合，共同推动现代能源体系的建设。在创新、协调、绿色、开放、共享的新发展理念和新的发展格局下，实现发展规模、速度、质量、结构、效益、安全的统一，为我国经济社会的可持续发展提供坚实的能源保障。

“双碳”目标是加强生态文明建设的战略举措。党的十八大以来，我国生态文明制度体系不断健全，生态环境质量持续提高，生态文明建设发生了历史性、转折性、全局性的变化。然而，我们也要看到，我国生态文明建设仍然面临诸多矛盾和挑战，生态环境稳中向好的基础尚不稳固。“十四五”期间，我国生态文明建设进入以降碳为重点战略方向、推动减污降碳协同增效、促进经济社会发展全面绿色转型、实现生态环境质量改善由量变到质变的关键时期。做好碳达峰、碳中和工作，大力实施节能减排，全面推进清洁生产，加快发展循环经济，将加快形成绿色生产生活方式，不断推动生态文明建设取得新的成就。

1.3.3 “双碳”目标的深刻内涵

碳达峰与碳中和之间存在紧密的内在联系。碳达峰的时间及其峰值水平，将直接影响实现碳中和的时间跨度和难度：达峰时间越早，实现碳中和的压力相对越小；而峰值越高，则要求技术进步和发展模式转变的速度越快，难度也相应增大。碳达峰是途径，碳中和是最终目标。碳达峰时间与峰值水平应在碳中和愿景约束下确定。因此，碳达峰与碳中和之间呈现出“此快彼快、此低彼易、此缓彼难”的辩证关系。碳中和是碳达峰的终极目标，而碳达峰则是实现碳中和的基础和前提。

碳达峰、碳中和为中国经济社会发展开辟了一条集环境效益、经济效益和社会效益于一体的新发展路径，标志着实现经济社会低碳转型和进步的重要里程碑。“双碳”目标是一个具有全球性的战略性问题，对于中国来说，这不仅是一项环境保护的任务，更是一个推动可持续发展的重要机遇。走可持续发展之路，从环境、能源、社会、经济等多个维度出发，都要求我们实现碳达峰、碳中和。

从环境角度看，二氧化碳能够吸收地球表面释放的长波辐射热量，并将这些热量储存起来，从而使得地球上的季节温差和昼夜温差不会过大。正因如此，地球的环境才适宜人类繁衍生息。在过去的 2 300 万年间，大气中的二氧化碳浓度相对稳定，维持在 230～350 ppm。然而，自工业革命以来，由于人类大量使用化石燃料，大气中的二氧化碳浓度持续上升。人类的生产生活不可避免地向大气中排放二氧化碳，这就要求我们实施碳达峰、碳中和目标和战略，以实现绿色低碳的可持续发展道路。那些高污染、高耗能的产业生产模式，也将随着“双碳”目标的具体实施而转型为更加节能环保的运作方式。从能源角度看，“双碳”目标的实施将促使国家更加重视重点耗能产业的环境友好化，利用科技力量减少能源损失、改善能源利用方式，实现能源的多次高效利用、充分利用能源的剩余价值，以及减少能源浪费。从社会角度看，实现碳达峰、碳中和是一场广泛而深刻的经济社会系统性变革，意味着我国更加坚定不移贯彻新发展理念，走绿色、低碳、循环的发展路径。

全球各国已陆续设定了符合各自国情的“双碳”目标。主要发达经济体和部分发展中经济体已经实现了碳达峰，一些发达经济体已经明确了实现碳中和的具体年份。截至 2024 年 5 月，全球共有 151 个国家设定了碳中和目标。其他一些国家仅设定了碳减排目标，而还有部分国家尚未设定相关目标。表 1－1 展示了几个主要经济体计划实现碳达峰和碳中和的时间。通过对这些国家的碳中和倡议进行分析，发现大多数国家正在讨论或制定与实现碳中和相关的文件，而且大多数国家的目标是在 2050 年之后实现碳中和。

表 1-1 不同国家和地区计划实现碳达峰及碳中和的时间

国家和地区	碳达峰时间	碳中和时间
美　国	2007	2050
欧　盟	1990	2050
加拿大	2007	2050
韩　国	2013	2050
日　本	2013	2050
澳大利亚	2006	2040
南　非	—	2050
巴　西	2012	—

以习近平同志为核心的中共中央提出了“2030 年前实现碳达峰、2060 年前实现碳中和”的重大战略目标，这一目标既是中华民族伟大复兴的内在要求，也是人类可持续发展的客观需要。中国已经将碳达峰、碳中和纳入经济社会发展和生态文明建设的整体布局，并将在推进社会主义现代化建设的过程中，分步骤实现“双碳”目标，具体见图 1-8。

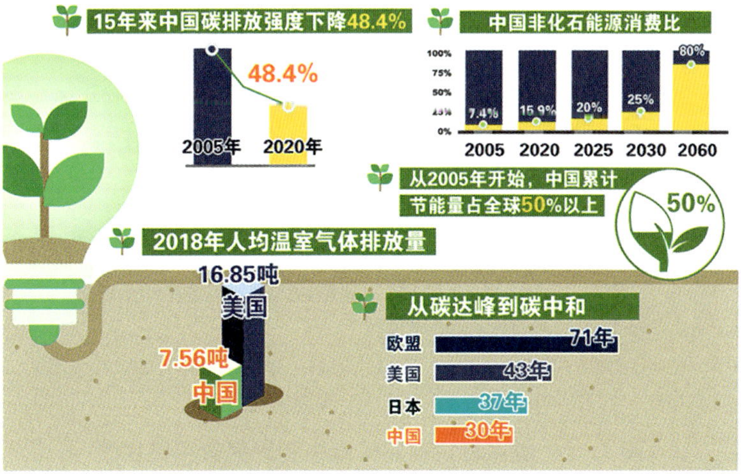

图 1-8 中国碳达峰碳中和时间表(管筱璞、柴雅欣,2021)

全国“双碳”目标的实现，是各行业协同转型、共同努力的结果。北京理工大学魏一鸣教授团队对我国碳达峰碳中和路径进行了详细梳理，主要从碳排放总量、碳排放强度、能源结构、终端电气化水平等四个方面进行分析；并对钢铁、水泥、化工、有色金属、建筑、交通、电力等重点行业的碳达峰碳中和时间进行了预测，具体见图 1-9。根据分析，钢材消费量预计将在 2023—2025 年间达到峰值，峰值在 11.8 亿～12.0 亿吨。达到消费峰值后，钢材消费量将在接下来的 30 年左右时间内逐步下降。铝冶炼行业则需在 2025 年左右实现碳达峰，峰值不超过 6.2 亿吨二氧化碳，2060 年二氧化碳排放量需降至 1 亿吨以下。中国水泥需求量已经过了快速增长期，总体来看，当前基本达峰，处于波动期。到 2060 年，水泥产品需求量为 5.5 亿～11.1 亿吨，二氧化碳排放量应降至 0.3 亿～1.6 亿吨。建筑部门累计二氧化碳排放需在 2027—2030 年达峰，各种情景下，峰值不超过 22 亿吨。客运交通二氧化碳排放量需在 2035—2039 年达峰，峰值控制在 5.6 亿～6 亿吨，但由于部分传统技术难以被替代，到 2060 年将仍可能存在 0.8 亿～3.2 亿吨的二氧化碳排放。电力行业预计在 2027—2029 年实现碳达峰，2035 年后进入深度减排阶段，并在 2060 年实现电力近零排放。值得注意的是，未来关键化工产品需求将持续增加，将使得碳减排面临更为严峻的挑战。

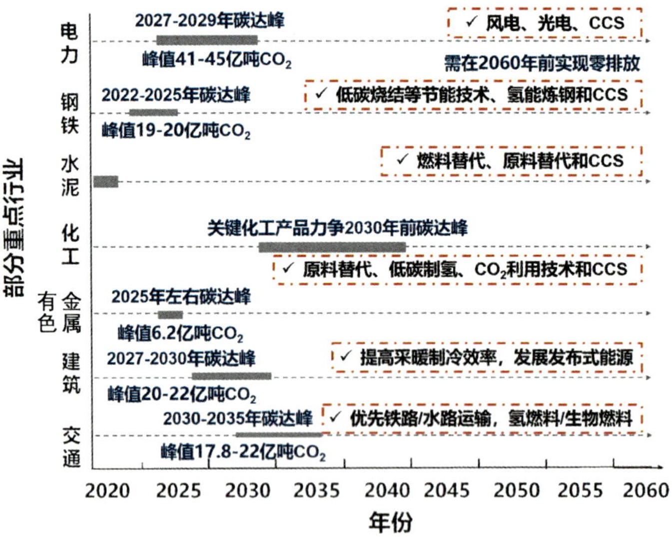

图 1-9　重点行业碳达峰碳中和时间表和路线图
(魏一鸣、余碧莹、唐葆君等，2022)

1.4　实现“双碳”的主要路径分析

“双碳”中的碳达峰目标可以在无减碳的压力下自然而然地实现，但碳中和目标则是在刚性约束下的实质性减碳，直至实现碳中和。2030 年前碳达峰的峰值越低，意味着 2060 年前碳中和的难度就越小；2030 年前碳达峰的峰值越高，则后期碳中和的压力就越大。因此，从现在起就要加快推进经济社会发展全面绿色转型，尽可能快地实现碳达峰并降低峰值，确保 2060 年前实现碳中和目标。实现碳达峰、碳中和目标的两大核心思路是减少碳源和增加碳汇（图 1－10）。

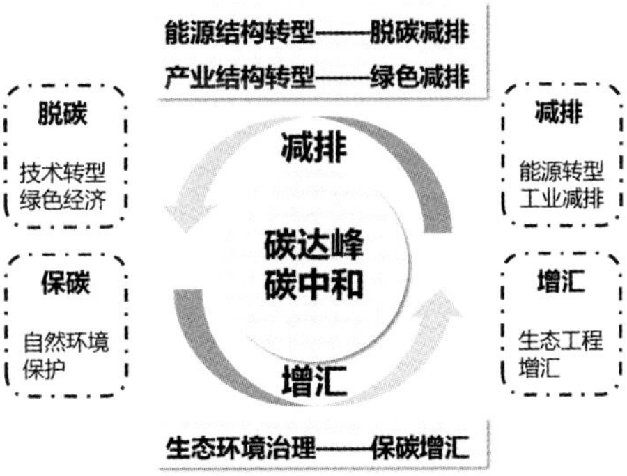

图 1－10　实现“双碳”目标的主要路径

1.4.1　减少碳源

二氧化碳排放的主要增加来源是人类活动，其中，能源行业在人类活动中排放的二氧化碳占比最高。这是因为能源与工业生产紧密相关，社会发展的需求推动生产力的提升，进而增加了对工业能源的需求。目前，大多数国家获取能源的主要方式仍然是燃烧化石燃料来发电，这直接导致了二氧化碳大量排放。

通过节能来实现减排是最经济、最直接的方法。节能减排可以有两种方式：第一种是直接节能，即提高能源使用效率，特别是提升碳基能源的使用效率，例如，降低煤电的煤耗率、提升电器等用能设备的能源效率等；第二种是间接节能，即通过减少终端产品的需求、减少建筑建设、缩短出行距离等方式间接降低对能源的需求。推动发展方式的转变，将经济增长从依赖资源和能源的大规模投入转变为依靠创新驱动，培育新的高附加值制造业和现代服务业，这不仅符合我国经济发展和产业升级的需求，也是构建生态文明、实现碳中和目标的必然选择。

实现“双碳”目标，能源结构调整是根本。能源结构的调整涉及各种能源的开发和利用，同时也影响着各国、各地区的能源结构布局。我国目前的能源结构特点是消费量大，能源使用效率低，工业能耗占比大，尤其是煤炭消费的比重过大，这导致了严重的环境污染。为了国家和地区能源与环境的更好发展，应当在能源开发利用过程中坚持可持续发展战略，并兼顾经济合理性，积极引进和发展清洁能源。

现有研究预测，2030 年将是新能源的一个转折点。许多新能源的成本将降低，足以与化石能源竞争，能源脱碳的趋势将进一步加强。预计 2030 年全球一次能源峰值为 156 亿吨油当量，年均增长率为 1.2%，其中煤炭占 19%，石油占 28%，天然气占 26%，新能源占 27%（图 1 - 11）。预计石油需求将在 2025 年放缓，到 2030 年进入稳定期。由于天然气的低碳特性，天然气可能成为唯一有望保持增长的化石能源。2030 年之后，新能源的成本有望低于化石能源。预测 2030—2050 年，世界一次能源消费总量将保持在相对稳定的水平。到 2050 年，全球一次能源消费量预计将与 2030 年基本持平，其中煤炭占 4%，石油占 14%，天然气占 22%，新能源占 60%。届时，全球能源消费结构将发生根本性的变化，新能源将超过煤炭、石油和天然气，成为主要的能源。

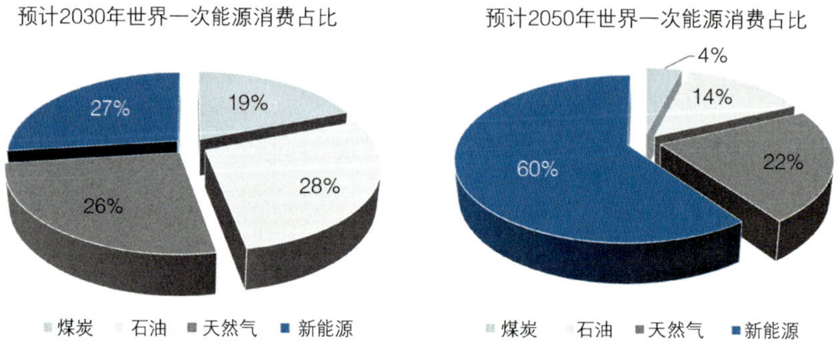

图 1 - 11 预计 2030 年和 2050 年世界一次能源消费占比

1.4.2 增加碳汇

预计到 2030 年，中国每年的碳排放量将达到约 120 亿吨，随后到 2060 年逐步降低至每年 30 亿吨。在确保国民经济持续发展的同时，完成这项“艰巨、任务繁重、时间紧迫”的工作，单靠“减少碳源”是不足以实现碳中和的。因此，应越来越重视“增加碳汇”的方法，挖掘生态系统碳汇能力，提升生态系统碳汇增量。碳汇主要指的是森林等生态系统吸收并储存二氧化碳的量，或者说是森林吸收并储存二氧化碳的能力。增加碳汇，即是增加大气中二氧化碳的固定量，二氧化碳捕集与封存（carbon capture and storage，CCS）技术通过设备捕集气体中特别是工业生产中排放的高浓度二氧化碳尾气，然后进行利用或封存，以防止其排放到大气中。另一种捕集方式是利用植物的光合作用，将大气中的二氧化碳转化为植物体内的含碳物质，如纤维素，以减少已经存在于大气中的二氧化碳。

中国在 2006 年首次提出碳捕获、利用与封存（carbon capture，utilization and

storage, CCUS)技术手段来应对气候变化，以降低二氧化碳排放。碳汇是实现碳中和不可或缺的一部分，负碳技术的创新将起到核心的支撑作用。国际能源署(International Energy Agency, IEA)在《能源技术展望报告 2017》中提到，为了在 21 世纪末将全球温升控制在 2 ℃以内，CCUS 技术必须实现 14%的二氧化碳减排量；而要实现 2060 年的二氧化碳净零排放，并将 21 世纪末的温度升幅控制在 1.75 ℃以内，CCUS 技术需要达到 32%的二氧化碳减排量。鉴于中国庞大的能源消费量和独特的能源结构，中国坚持新能源与传统能源的包容式、协调式发展。以传统能源和清洁低碳能源的高效、稳定、安全利用为基础，贯彻落实国家“双碳”目标，在新能源领域大力发展风能、太阳能等新能源技术。同时，针对仅发展新能源在实现“双碳”目标中遇到的瓶颈问题，在传统能源领域大力推广 CCUS 技术。CCUS 技术是实现碳达峰、碳中和的重要手段，是国家重大需求和经济产业发展的迫切需求，它将为抢占价值百万亿规模的 CCUS 战略性新兴产业技术高地奠定坚实基础，展现大国的责任与担当，具有重要的战略意义。

生态固碳作为实现“双碳”目标的重要路径，与节能降耗、能源转型和工业脱碳共同构成了碳中和的战略体系。生态固碳作为关键路径之一，其独特价值在于构建“减排-固碳”双向协同机制。这一过程主要通过森林、草原、湿地等生态系统，它们通过光合作用主动吸收大气 CO_2 实现碳的吸收与封存，同时实现生物多样性保护、气候调节等生态服务功能，这种多效益协同特征使其成为碳中和战略不可替代的组成部分。以生态建设为主的陆地生态系统固碳，是遵循自然规律、最绿色、最经济、最具规模效益的环境友好固碳途径，然而必须清醒认识到生态固碳的边际约束。我国 2024 年二氧化碳排放量达到 126 亿吨，而每 10 吨二氧化碳需要 1 000 万平方公里的森林面积。这一客观局限恰恰印证了生态固碳必须与工业脱碳等措施形成“开源节流”的互补关系，在能源和工业领域深度减排的同时，生态系统通过持续碳汇抵消难以避免的残余排放，最终实现净零目标。就碳汇能力建设而言，生态固碳的重点在于：一是实施系统性生态修复，通过科学造林和植被恢复增强碳吸收能力；二是强化整体性生态保护，维持现有碳汇储量的稳定性。在各类自然资源中，森林碳汇、土壤碳汇和岩石风化碳汇因其显著的减排效益和成本优势，应作为重点发展领域。同时，结合地质碳封存等技术手段，可构建“生物-地质”多元固碳体系，为“双碳”目标实现提供更加立体的支撑。

1.5 “双碳”下可持续发展的机遇与挑战

在当前全球气候变化形势愈发严峻的大环境下，“双碳”理念犹如一座指引航向的灯塔，为世界经济的可持续发展、能源转型和环境治理提供了明确的方向。“双碳”目标的确立，不仅是对全球气候变化挑战的积极应对，更是对人类未来生存与发展模式的深刻思考。在这一理念的引领下，可持续发展的道路虽然展现出前所未有的广阔前景，但同时也面临着一系列复杂而艰巨的挑战。

可持续发展，作为一种平衡经济、社会和环境效益的发展模式，始终是全球各国共同追求的目标。而“双碳”理念的融入，为可持续发展注入了新的活力和深层次含义。一方面，它推动各国政府、企业和社会各界重新审视自身的发展模式和行为习惯，积极探索更加绿色、低碳、环保的发展路径；另一方面，它对传统的经济发展模式和产业结构产生了深远的影响和变革，要求我们在追求经济增长的同时，更加重视环境保护和资源节约，以实现经济、社会和环境的协调发展。

在当今世界，气候变化的影响愈发凸显，资源短缺的压力不断加剧。面对这些挑战，“双碳”目标促使我们重新审视经济增长、环境保护与社会发展之间的相互作用，积极探寻可持续发展的新模式和新路径。这一目标既为我们带来了前所未有的机遇，也提出了新的挑战。自改革开放以来，我国的能源与环境发展战略始终围绕社会经济目标展开，从满足经济发展需求、注重提高能源效率，到优化能源结构、推动绿色转型，不同经济发展阶段都有不同的侧重点。为了实现“双碳”目标，政府积极推出了一系列激励政策，为产业升级与创新创造了新的机会。一方面，大力支持新能源、节能环保、碳捕获与封存等相关产业的发展。另一方面，制定了严格的节能减排标准和碳排放限制，推动企业进行技术革新和绿色转型。例如，钢铁、水泥、化工等行业通过采用先进的生产技术、提高能源利用效率、优化工艺流程等措施，在减少碳排放的同时，也提升了产业的附加值和竞争力。在能源结构转型方面，能源结构的优化开辟了广阔的市场空间。太阳能、风能、水能、核能等可再生能源成为能源结构调整的重点，随着技术的持续进步和成本的降低，可再生能源的装机容量不断增加，市场份额也在逐步扩大。

绿色金融为可持续发展项目提供了强有力的融资支持。绿色债券、绿色贷款、碳交易等金融工具的创新和发展，为可持续发展项目开辟了多样化的融资途径。金融机构积极参与绿色金融业务，加大对低碳、环保项目的支持。例如，一些大型银行设立了专门的绿色金融部门，为企业提供节能减排和可再生能源项目的优惠贷款条件。随着社会对可持续发展的重视程度提高，投资者对绿色项目的认可度也在不断提升。绿色项目的投资风险逐渐降低，投资回报相对稳定，吸引了越来越多的社会资本投入。同时，一些国家和地区建立了绿色金融标准和认证体系，提升了绿色项目的透明度和可信度，进一步推动了绿色金融的发展。

然而，在“双碳”目标的背景下，可持续发展也面临着一系列挑战。能源转型首当其冲,承受着巨大的压力。传统的能源如煤炭、石油、天然气在当前能源结构中仍占有重要位置,它们的逐步退出需要经历一个过程。一方面,传统能源行业关系到大量就业和固定资产投资,如果退出过快,可能会导致失业问题和资产闲置,给经济社会稳定带来风险。另一方面,尽管可再生能源发展迅速,但在稳定性、可靠性和成本效益方面还存在挑战,需要技术创新和政策支持。例如,可再生能源的间歇性和不稳定性要求储能技术的配合,而当前储能技术成本较高,且在大规模应用中还存在技术难题。绿色金融的发展同样面临挑战。虽然绿色金融工具不断创新,但在实际应用中还存在一些问题。例如,绿色金融标准的不统一导致绿色项目的识别和评估存在困难;绿色金融产品的创新不足,难以满足不同类型项目的融资需求;绿色金融市场的流动性不足,影响了投资者的参与热情。此外,绿色金融的发展还需要加强国际合作,共同推动绿色金融标准的制定和应用,提升绿色金融市场的国际化水平。

在“双碳”目标下,可持续发展既面临着挑战,也迎来了机遇。我们必须充分认识这些挑战和机遇,采取积极有效的措施,推动能源转型、技术创新和经济结构调整,以实现经济、社会和环境的可持续发展。

思考题

1. 请描述可持续发展战略发展历程中的三个阶段的时间点和标志性事件。

2. 可持续发展目标描绘了全世界人类更美好和更可持续未来的蓝图,请选择2～3个印象深刻的目标并简述其意义。

3. 选取地球边界框架中的两个过程,分析它们当前的全球状态,并讨论如何通过全球政策或国家行为来减轻潜在风险。

4. 探讨气候变化如何影响生物多样性,并举例说明这种影响在特定生态系统(如珊瑚礁、热带雨林或极地生态系统)中的具体表现。基于此,阐述如何通过保护生物多样性来增强地球的健康和恢复力。

5.《巴黎协定》中提出了控制升温目标,概述其目标内容,并简述碳达峰、碳中和的定义和“双碳”目标的内涵。

6. 请简述“十二五”至“十四五”时期我国能源结构占比发生的变化。

7. 简述碳汇的定义,并阐述碳汇促进实现碳中和的意义。

8. CCUS技术是实现碳达峰、碳中和的重要途径,请简述CCUS技术的概念。

9. 在“双碳”目标下,能源转型面临诸多挑战,如传统能源依赖度高和可再生能源的不稳定性等。请结合实际情况,思考如何更好地平衡传统能源与可再生能源在能源转型过程中的关系，以实现平稳过渡。

10. 在“双碳”目标下，如何平衡经济、社会和环境的可持续发展？应采取哪些积极有效的措施来应对可持续发展面临的挑战并抓住机遇？

参考文献

[1] Shi L Y, Han L W, Yang F M, et al. The evolution of sustainable development theory: Types, goals, and research prospects[J]. Sustainability, 2019, 11(24): 7158.

[2] Wu X T, Fu B J, Wang S, et al. Decoupling of SDGs followed by re-coupling as sustainable development progresses[J]. Nature Sustainability, 2022, 5: 452-459.

[3] Ruggerio C A. Sustainability and sustainable development: A review of principles and definitions[J]. Science of the Total Environment, 2021, 786: 147481.

[4] Simon D R. Our common future: Report of the World Commission on Environment and Development (book review)[J]. Third World Planning Review, 1987, 9: 285.

[5] 可持续发展在中国[EB/OL]. [2024-11-25]. https://china.un.org/zh/sdgs.

[6] Richardson K, Steffen W, Lucht W, et al. Earth beyond six of nine planetary boundaries [J]. Science Advances, 2023, 9(37): eadh2458.

[7] 江霞，汪华林. 碳中和技术概论[M]. 北京：高等教育出版社，2022.

[8] 肖睿，刘建琳. 碳中和：能源变革与可持续发展的完美契合[M]. 南京：南京大学出版社，2022.

[9] 朱黎阳. 大力发展循环经济　助力实现碳达峰碳中和目标[EB/OL]. (2021-11-03) [2024-12-05]. https://www.ndrc.gov.cn/xxgk/jd/jd/202111/t20211103_1302864.html.

[10] 中国长期低碳发展战略与转型路径研究课题组/清华大学气候变化与可持续发展研究院. 读懂碳中和[M]. 北京：中信出版社. 2021.

[11] 国家发展改革委. 一图读懂|《“十四五”可再生能源发展规划》[EB/OL]. (2022-06-01) [2024-11-25]. https://www.nea.gov.cn/2022-06/01/c_1310611144.htm.

[12] 袁惊柱. “十四五”时期，我国能源发展趋势与挑战研究[J]. 中国能源，2021，43(7)：34-40.

[13] Chen L, Msigwa G, Yang M Y, et al. Strategies to achieve a carbon neutral society: A review[J]. Environmental Chemistry Letters, 2022, 20(4): 2277-2310.

[14] 管筱璞，柴雅欣. 做气候治理的行动派[N]. 中国纪检监察报，2021-11-09(006).

[15] 魏一鸣，余碧莹，唐葆君，等. 中国碳达峰碳中和时间表与路线图研究[J]. 北京理工大学学报(社会科学版)，2022，24(4)：13-26.

[16] 于贵瑞，郝天象，朱剑兴. 中国碳达峰、碳中和行动方略之探讨[J]. 中国科学院院刊，2022，37(4)：423-434.

[17] Kong F. A better understanding of the role of new energy and green finance to help achieve carbon neutrality goals, with special reference to China[J]. Science Progress, 2022, 105(1): 368504221086361.

[18] Yang W, Min Z, Yang M X, et al. Exploration of the implementation of carbon neutralization in the field of natural resources under the background of sustainable development-an overview[J]. International Journal of Environmental Research and Public Health, 2022, 19(21): 14109.
[19] Huang P, Westman L. China's imaginary of ecological civilization: A resonance between the state-led discourse and sociocultural dynamics[J]. Energy Research & Social Science, 2021, 81: 102253.
[20] 朱教君,高添,于立忠,等.森林生态系统碳汇:概念、时间效应与提升途径[J].应用生态学报,2024,35(9):2313-2321.

第2章

“双碳”与生态环境保护

2.1 我国生态环境现状及政策发展

2.1.1 我国环境保护政策发展

1973—2023年，中国政府相继召开了九次全国生态环境保护会议(图2-1)。这些会议旨在应对环境保护工作的新变化，着力解决经济发展过程中不断涌现的新环境问题，并制定了一系列政策法规。经过几十年的发展完善，中国现已建立起以《中华人民共和国环境保护法》为核心，涵盖环境保护专门法、与环保相关的资源法、环保行政法规与规章、环保地方性法规的较为完善的环境保护法律法规体系。

1. 起步阶段(1973—1980年)

中华人民共和国成立后，尤其是在改革开放之前的几十年间，国家主要致力于工业化建设和经济的高速增长，这期间对生态环境的保护未能得到足够的重视。随着资源的过度开发和环境污染问题的日益严重，人们逐渐意识到了生态环境保护的重要性。尽管早期的政策中包含了一些环保措施，但这些措施相对零散。生态环境问题的加剧，最终促使国家开始制定更具规范性和权威性的生态环境保护政策，以寻求经济可持续发展与生态保护之间的平衡。

1973年8月，国务院召开了第一次全国环境保护会议，会议通过了《关于保护和改善环境的若干规定(试行草案)》。这是我国首个综合性的环境保护行政法规，同时也是我国环境保护基本法的雏形。会议还确立了环境管理的“32字方针”，即“全面规划、合理布局、综合利用、化害为利、依靠群众、大家动手、保护环境、造福人民”。1978年通过的《中华人民共和国宪法》中明确规定：“国家保护环境和自然资源，防治污染和其他公害。”这标志着我国首次将环境保护工作纳入国家的根本大法之中，将保护环境确立为国家的一项基本职责，为环境保护基本法及其他重要环境保护法律政策的制定提供了宪法依据。

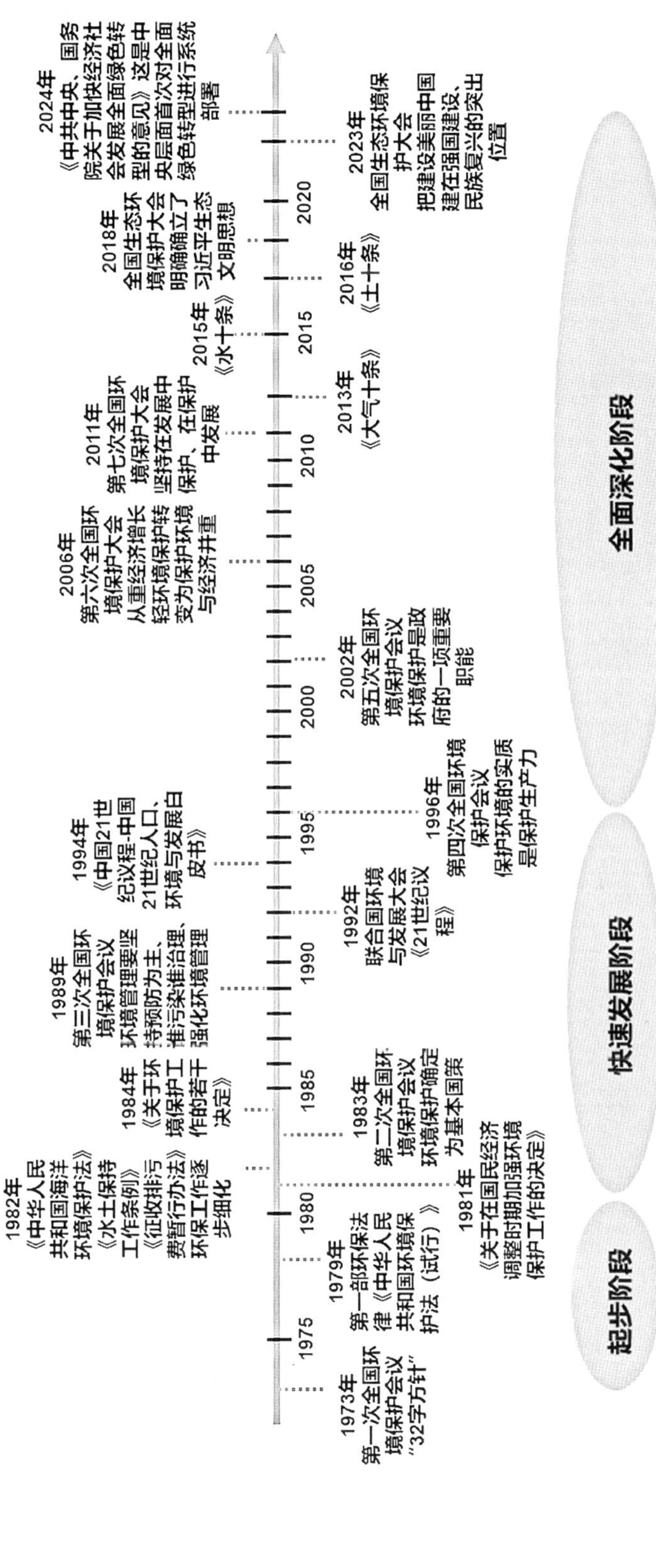

图 2－1 中国环境保护政策发展历程

1978年12月31日，中共中央批准了由国务院环境保护领导小组起草的《环境保护工作汇报要点》。这是中华人民共和国历史上首次以中共中央的名义对环保工作作出指示，引起了各级党组织的广泛关注与重视。随后，1979年，我国颁布并实施了第一部环保法律——《中华人民共和国环境保护法(试行)》。该法明确了环境保护的基本任务，并确立了“三废”(废水、废气、废渣)污染治理与环境影响评价、“三同时”(即建设项目中环境保护设施必须与主体工程同时设计、同时施工、同时投产使用)以及排污收费这三项重要制度，这标志着我国环境法律体系建设正式启动。

2. 快速发展阶段(1981—1995年)

改革开放以来，中国经济实现了从计划经济到市场经济的转型，并迅速发展，成为仅次于美国的世界第二大经济体。然而，这一过程中也伴随着生态环境恶化的严峻挑战，从局部到全局、从单一到复合的污染问题日益严重。为确保经济持续健康发展，保护生态环境势在必行，我国政府在该阶段发展中力求实现经济与环境的协调发展。

1981年，国务院发布的《关于在国民经济调整时期加强环境保护工作的决定》明确指出，管理好我国的环境，合理地开发和利用自然资源，是现代化建设的一项基本任务。

1982年，全国人民代表大会常务委员会(以下简称全国人大常委会)通过了《中华人民共和国海洋环境保护法》；同年，《水土保持工作条例》(该条例于1982年发布、1991年废止)、《征收排污费暂行办法》颁布实施，对超标污染物的征收标准作出了明确规定。这标志着环境保护工作开始逐步走向法治化。

1983年12月31日，国务院召开了第二次全国环境保护会议，会上正式宣布环境保护为中国现代化建设中的一项重要战略任务，并将其确立为基本国策。会议明确了三大基本政策，即“预防为主、防治结合”“谁污染、谁治理”，以及“强化环境管理”。紧接着，为了具体落实这些政策，国务院随后发布了《防止船舶污染海域管理条例》(该条例已于2009年废止)和《中华人民共和国海洋石油勘探开发环境保护管理条例》。

1984年5月，国务院发布了《国务院关于环境保护工作的决定》，宣布成立国务院环境保护委员会，并对各级政府环保机构的设置作出了具体安排。同年，全国人大常委会审议并通过了《中华人民共和国水污染防治法》和《中华人民共和国森林法》两部重要法律。此外，一系列相关规定也陆续出台，包括《关于防治煤烟型污染技术政策的规定》以及《国务院关于加强乡镇、街道企业环境管理的规定》(该规定已于2001年废止)等。在随后的几年里，为了进一步加强环境管理和自然资源保护，国家又相继通过了多项法律法规。其中包括《对外经济开放地区环境管理暂行规定》（该规定同样已于 2001 年废止），以及四项重要的自然资源法——《中华人民共和国草原法》《中华人民共和国渔业法》《中华人民共和国矿产资源法》和《中华人民共和国土地管理法》。

1987 年，全国人大常委会通过了《中华人民共和国大气污染防治法》，该法随后在 1995 年和 2000 年经历了两次重要的修订。

1989 年，我国召开了第三次全国环境保护会议，会上提出了环境管理的新五项制度：全力推行环境保护目标责任制、城市环境综合整治定量考核、排污许可证制度、限期治理以及污染集中控制。这些制度的提出，旨在进一步深化和推动环境保护工作的开展。同年，全国人大常委会对《中华人民共和国环境保护法》进行了修订，明确了我国环保监督管理体制为统一监管与分级分部门监管相结合的模式。在此期间，一系列新的环保专门法和自然资源法也相继出台，为环境保护法律体系的进一步完善奠定了坚实基础。例如，1988 年发布了《中华人民共和国野生动物保护法》（该法于 2004 年进行了修订），1991 年发布了《中华人民共和国水土保持法》（该法于 2010 年进行了修订），以及 1995 年发布了《中华人民共和国固体废物污染环境防治法》（该法于 2004 年进行了修订）。为积极应对人口增长和现代工业发展给环保工作带来的新挑战，1990 年国务院颁布了《关于进一步加强环境保护工作的决定》。该决定强调，必须严格执行环保法律法规，采取有效措施防治工业污染，并着重落实环境保护目标责任制，将环境保护目标的完成情况作为评定政府工作成绩的重要依据之一。

1992 年，联合国环境与发展大会在巴西里约热内卢成功召开。这次大会明确将发展与环境紧密联系在一起，标志着全球关注的中心议题从“斯德哥尔摩时期”的单纯强调环境保护，转向“可持续发展时期”的环境保护新阶段，因此被誉为人类环境保护历史上的第二个重要里程碑。同年 7 月，中国政府发布了《中国环境保护行动计划》和《中国世纪议程》等重要文件，正式将可持续发展战略确立为中国经济和社会发展的基本指导思想。紧接着，在 8 月，中共中央、国务院批准了外交部和国家环境保护局提交的关于出席联合国环境与发展会议的报告（简称《中国环境与发展十大对策》），明确指出中国必须调整发展战略，坚定不移地走可持续发展之路。

1993 年，第二次全国工业污染防治会议提出了“三个转变”的重要方针：一是从“末端治理”向全过程控制转变；二是从单纯的浓度控制向浓度控制与总量控制相结合转变；三是从分散治理向分散治理与集中治理有机结合转变。

1994 年 3 月，国务院正式批准了《中国 21 世纪议程——中国 21 世纪人口、环境与发展白皮书》。这一重要议程涵盖了184个方案领域，内容广泛涉及中国的人口、经济、社会、资源以及环境的可持续发展战略，同时提出了相应的政策和行动框架。它不仅制定了实施可持续发展的总体战略、基本对策和具体行动方案，还明确要求建立起能够体现可持续发展理念的环境资源法律体系。

与此同时，我国在环境保护方面的行政法规和部门规章也得到了显著的进步和完善，不仅在法律体例上更加成熟，在内容上也更为详尽。在此期间，一系列环保法律的实施细则相继出台，如《水污染防治法实施细则》(1989年发布)、《土地管理法实施条例》(1991年发布)、《水土保持法实施条例》(1993年发布)、《矿产资源法实施细则》(1994年发布)、《自然资源保护条例》(1994年发布)、《中华人民共和国固体废物污染环境防治法》(1995年发布)等。此外，污染物的排污费收取标准也得到了逐步的细化和完善，包括《征收工业燃煤排污费试点方案》(1992年发布)、《超标环境噪声排污费征收标准》(1991年发布)以及《超标污水排污费征收标准》(1991年发布)等。值得一提的是，在这一阶段，其他领域的法律法规也对环境保护工作给予了高度的重视。例如，1993年通过的《中华人民共和国农业法》，对农业资源和农业环境保护工作做出了专门的规定；而1995年通过的《中华人民共和国电力法》则明确强调，电力建设、生产、供应和使用应当依法保护环境，努力减少有害物质的排放。这些法律法规的出台和实施，标志着我国已经初步构建起包括环保专门法和自然资源法在内的污染防治法律体系，为我国的可持续发展奠定了坚实的法律基础。

3. 全面深化阶段(1996年至今)

经过起步与快速发展这两个至关重要的二十年，中国的环境污染防治法律体系已初步成型。该体系以实现可持续发展为核心目标，致力于推动经济增长、社会进步与环境保护三方面的协调发展。在此期间，与可持续发展目标相契合的行政法规以及环保地方性法规得到了不断的完善与强化。

1996年，中国召开了第四次全国环境保护会议，会上明确了污染防治与生态保护并重的方针，并创新性地提出了“保护环境的实质是保护生产力”的深刻观点。此次会议还首次将实行主要污染物排放总量控制作为提升环境质量的关键举措，标志着中国环保工作迈入了一个全面深化、创新发展的新阶段。随着环境保护工作中不断涌现的新挑战与新问题，中国不断加强环境保护法律法规的制定与执行力度。

1997年，第八届全国人大常委会审议并通过了《中华人民共和国节约能源法》，该法于2007年进行了修订。同时，在对《中华人民共和国刑法》进行修改时，新增了“破坏环境资源保护罪”和“环境监管失职罪”的条款。与此同时，一系列行政法规和部门规章也密集出台，包括1997年发布的《酸雨控制区和二氧化硫控制区划分方案》，1998年发布的《全国生态环境建设规划》、2000年发布的《全国生态环境保护纲要》，2002年发布的《中华人民共和国清洁生产促进法》（后于2012年修订）、《中华人民共和国环境影响评价法》及《排污费征收使用管理条例》等。

2002年，第五次全国环境保护会议胜利召开。会议明确指出，环境保护是政府的一项重要职能，并强调要按照社会主义市场经济的要求，动员全社会的力量共同推进这项工作。同年，党的十六大报告进一步将“可持续发展能力不断增强、生态环境得到改善”纳入全面建设小康社会的目标体系之中。在这一时期，江河流域的污染防治工作受到了前所未有的重视。国务院相继批复了《巢湖流域水污染“十五”计划》《淮河流域水污染“十五”计划》《辽河流域水污染“十五”计划》《海河流域水污染“十五”计划》以及《滇池流域水污染“十五”计划》（以上均于2003年批复）。此外，国务院还于2004年发布了《关于加强淮河流域水污染防治工作的通知》，对淮河污染治理工作进行了更为具体和深入的部署。

为了全面贯彻落实科学发展观，并有力推进建设社会主义生态文明的战略部署，国务院在2005年出台了《关于落实科学发展观加强环境保护的决定》。该决定着重强调，要用科学发展观来指导和统领环境保护工作，确保切实解决当前突出的环境问题。随后，在第六次全国环境保护会议上，提出了“三个转变”的工作方针：一是从过去重经济增长轻环境保护的观念转变为环境保护与经济增长并重；二是从环境保护滞后于经济发展转变为环境保护与经济发展同步推进；三是从主要依靠行政手段保护环境转变为综合运用法律、经济、技术和必要的行政手段来解决环境问题。这一方针标志着我国环保工作进入了一个新阶段，即以保护环境来优化和促进经济增长的新时期。

2007年，国务院发布了《节能减排综合性工作方案》，明确将节能减排作为调整经济结构、转变经济发展方式的关键突破口和重要手段。同年，国家还制定了《国家环境保护“十一五”规划》，该规划详细界定了“十一五”期间环保的重点领域和主要任务，并对二氧化硫、化学需氧量等主要污染物的排放总量设定了具体的控制目标。与此同时，这一时期的环保法律法规体系建设也在不断深入和完善，《中华人民共和国可再生能源法》（2005年发布，后于2009年修订）、《中华人民共和国循环经济促进法》（2008年发布）等法律相继实施。

2011年国务院印发了《关于加强环境保护重点工作的意见》，进一步强调着力解决影响科学发展和损害群众健康的突出环境问题。同年，第七次全国环境保护会议召开，会议强调坚持在发展中保护、在保护中发展，积极探索环境保护新道路，为未来中国环境保护工作的深入开展明确了方向。

党的十八大以来，中国的生态环境保护法治建设取得了显著进展。为有效应对大气污染问题，国务院于 2013 年 9 月 12 日发布了《大气污染防治行动计划》(简称《大气十条》)，该计划提出了一系列具体而有力的措施，旨在大幅改善空气质量。紧接着，在 2014 年 1 月 7 日，环境保护部与全国 31 个省(区、市)签署了《大气污染防治目标责任书》，明确了各地在大气污染防治方面的具体目标和责任。同时，为了更科学地评估和管理环境质量，国家启动了《国家环境空气质量标准》和《国家卫生城市标准》等新标准的实施。

随着环境污染问题的日益严峻，公众对环境质量的关注度不断提升，雾霾频发、水体污染、城市噪声等问题成为社会各界关注的焦点。为了积极应对这些挑战，中国政府在环境保护领域采取了一系列有力措施。2015 年 1 月 1 日，新修订的《中华人民共和国环境保护法》正式实施。这部历经四次审议的环保法被称为“史上最严”，其中设立了许多创新性的规定，如“引咎辞职制度”，以强化政府的环境保护监督管理职责。同时，新环保法还加大了对企业污染防治责任的追究力度，通过实施“污染按日计罚”“责任人与企业面临双罚”以及“处罚不设上限”等规定，有力打击了环境违法行为，解决了长期以来存在的“违法成本低、守法成本高”的问题，倒逼企业主动纠正污染行为。同年 4 月 16 日，还发布了《水污染防治行动计划》(简称《水十条》)，旨在全面控制污染物排放、推动经济结构转型升级、着力节约保护水资源、强化科技支撑、充分发挥市场机制作用、严格环境执法监管、切实加强水环境管理、全力保障水生态环境安全。紧接着，在 2016 年 5 月 28 日，又发布了《土壤污染防治行动计划》(简称《土十条》)，以保护和改善土壤环境质量为核心，以保障农产品质量和人居环境安全为出发点，坚持预防为主、保护优先、风险管控，突出重点区域、行业和污染物，实施分类别、分用途、分阶段治理，严控新增污染、逐步减少存量，形成政府主导、企业主体、社会组织和公众共同参与的土壤污染防治体系。这些行动计划的发布和实施，标志着中国环境治理工作的不断深化和细化。

2018 年 5 月 18 日至 19 日，第八次全国生态环境保护大会在北京召开。会议明确提出，要加大力度推进生态文明建设，着力解决生态环境问题，坚决打好污染防治攻坚战，以推动中国生态文明建设迈上新台阶。此后，每年召开的全国生态环境保护工作会议都会总结过去一年的工作进展，并规划未来的工作计划。

2019 年的全国生态环境保护工作会议进一步指明，未来工作将始终坚持以习近平新时代中国特色社会主义思想为指导，深入贯彻落实习近平生态文明思想和全国生态环境保护大会精神。会议强调，要聚焦打好污染防治攻坚战的标志性战役，协同推进经济高质量发展和生态环境高水平保护，以优异的成绩庆祝中华人民共和国成立 70 周年。

2020 年全国生态保护工作会议指出，在未来工作中需要深入贯彻习近平生态文明思想，带头做到“两个维护”。要坚定不移地贯彻新发展理念，保持加强生态环境保护建设的定力；坚决打好污染防治攻坚战，加快补齐全面建成小康社会生态环境的短板。同时，要建立健全生态文明制度体系，推进生态环境治理体系和治理能力现代化。具体行动包括：坚决打赢蓝天保卫战，持续打好碧水保卫战，扎实推进净土保卫战；加强生态系统保护和修复，积极应对气候变化；确保核与辐射安全，依法推进生态环境督察执法；健全生态环境监测和评价制度，着力构建生态环境治理体系。此外，还要统筹谋划“十四五”生态环境重点工作，推动全面从严治党向纵深发展。

2021 年 1 月 21 日召开的全国生态环境保护工作会议提出，“十四五”时期，我国生态环境保护将进入减污降碳协同治理的新阶段。未来工作要突出以降碳为源头治理的“牛鼻子”，实施减污降碳协同治理策略，以此牵引促进经济社会发展绿色转型和生态环境持续改善。同时，要坚持精准治污、科学治污、依法治污的原则，深入打好污染防治攻坚战。

2023 年 7 月 17—18 日，第九次全国生态环境保护大会在北京召开。会议明确指出，今后五年是美丽中国建设的关键时期。在此期间，要深入贯彻习近平新时代中国特色社会主义生态文明思想，坚持以人民为中心的发展思想，牢固树立并践行“绿水青山就是金山银山”的绿色发展理念。会议强调，必须把建设美丽中国置于强国建设和民族复兴的突出位置，致力于推动城乡人居环境显著改善，确保美丽中国建设取得实质性成效。同时，要以高品质的生态环境为高质量发展提供坚实支撑，加速推进人与自然和谐共生的现代化进程。

2024 年 8 月 1 日，中央层面首次就全面绿色转型进行系统部署的《中共中央、国务院关于加快经济社会发展全面绿色转型的意见》（以下简称《意见》）正式发布。《意见》对我国经济社会发展全面绿色转型进行了总体部署和具体安排，不仅明确了总体要求和主要目标，还详细阐述了实施路径，为推动我国经济社会发展全面绿色转型提供了科学指导和行动纲领。

2.1.2 我国环境保护现状分析

从水、大气、固体废物三个方面来看，我国的环境保护现状具体如下。

1. 水环境保护现状

我国是全球 13 个水资源人均最匮乏的国家之一。在全国 600 多座城市中，有近半数的城市正面临水资源匮乏的严峻挑战。同时，89.2%的湖泊呈现出不同程度的富营养化现象，而超过 15.1%的水体更是遭受了严重的污染破坏。随着工业化和城市化进程的加速推进，大量的工业废水、生活污水以及农业面源污染物不断被排放到城市水体中，这不仅导致了城市水体水质状况的下降，还加剧了水体的富营养化问题。我国城市水资源紧缺和环境污染的形势愈发严峻，南方地区的水资源短缺情况更为突出。

近年来，我国地表水水质总体呈现出持续改善的趋势。主要江河如长江、黄河、珠江等的水质优良断面比例不断上升，而劣Ⅴ类断面比例则有所下降。例如，太湖和巢湖的水质均达到了良好水平，但仍存在轻度富营养化的问题；滇池虽然仍为轻度污染、中度富营养化状态，但其主要污染指标如总磷、化学需氧量和高锰酸盐指数等均已有所改善。

根据生态环境部公布的数据，2024 年 1—3 月，全国 3 641 个国家地表水考核断面中，水质优良（Ⅰ～Ⅲ类）断面比例为 89.9%，同比上升 0.8 个百分点。同期，七大流域及西北诸河、西南诸河和浙闽片河流水质优良（Ⅰ～Ⅲ类）断面比例为 91.5%，同比上升 1.2 个百分点。近岸海域海水水质总体保持改善态势，Ⅰ、Ⅱ类优良水质比例有所上升，劣Ⅳ类水质比例相应下降。在监测的海洋生态系统中，大部分处于健康或亚健康状态。我国高度重视生态环境保护工作，并已在此方面取得显著进展，但仍需面对诸多挑战和问题。

我国污水的主要来源包括两方面：一是工业污水排放量迅速增加，监管机制尚不健全，导致污水大量排放；二是生活废水未经妥善处理，直接排入江河、湖泊，对水质造成较大影响。尽管近年来我国通过工业废水排放整治专项行动，对工业废水进行了有效控制，但其总量仍在增加，约占全部废水排放量的 51%。目前，水体污染问题已不仅局限于城市水体，农村水体同样受到愈发严重的污染，从小范围的水污染逐渐演变为区域性的环境污染问题，农村和偏远地区的水环境污染问题日益凸显。尽管我国有关流域生态环境保护的政策和法规在不断完善，但仍存在不同流域间排放标准不一、政策功能不明确、管理部门间治理与管控措施不协调等问题。各流域水环境因子在空间、时间、水文条件、物理化学性质以及水污染态势等方面均呈现出显著的差异性。此外，受气候因素影响，南北方河流、湖泊的水环境质量和生态状况均表现出明显的季节性变化。

2. 大气环境保护现状

随着工业化、城市化和交通运输的迅猛发展，大气污染物排放量持续增加，导致空气质量下降，大气环境问题日益凸显。然而，近年来我国在大气污染防治方面取得了显著进展。政府不仅出台了一系列严格的大气污染防治政策，还加强了对工业污染源的监管和治理力度，积极推动清洁能源的使用和低碳发展。与此同时，公众对大气环境问题的关注度也在不断提高，环保意识日益增强。

空气质量整体呈现出稳中向好的态势，细颗粒物浓度持续下降。报告显示，2022年全国地级及以上城市细颗粒物($PM_{2.5}$)平均浓度已降至29微克/立方米，首次跌破30微克/立方米的关口，并实现了近10年来的连续下降。全国有74.6%的城市$PM_{2.5}$平均浓度达到了国家空气质量标准，相比去年增加了15个达标城市。值得一提的是，北京市的$PM_{2.5}$平均浓度已降至30微克/立方米，连续两年达到空气质量二级标准。此外，主要污染物的浓度也均稳定达标，重污染天数明显减少。全国$PM_{2.5}$、可吸入颗粒物(PM_{10})、二氧化氮(NO_2)、二氧化硫(SO_2)、一氧化碳(CO)及臭氧(O_3)这6项主要污染物的平均浓度已连续3年稳定达标。重度及以上污染天数的比率为0.9%，同比下降了0.4个百分点，首次降至1%以内。

尽管我国空气质量总体有所改善，但大气环境仍面临诸多挑战。一方面，工业排放、机动车尾气、燃煤等依然是主要污染源，导致大气污染物排放量居高不下。另一方面，大气环境问题的区域性和复合型特征日益显著，不同地区、不同季节的大气环境质量差异较大。根据最新监测数据，我国部分城市的大气环境质量已有所改善，但仍有部分城市空气质量未达标准，特别是在冬季供暖期和重污染天气下，空气质量恶化情况尤为严重。此外，随着城市化进程的加速推进，城市热岛效应、光化学污染等新型大气环境问题也逐渐显现。

3. 固体废物环境保护现状

固体废物问题是我国面临的重要环境问题之一。随着工业化、城市化的快速发展，固体废物产生量持续增加，给环境带来了巨大压力。近年来，我国固体废物处理水平有了显著提升。根据国家统计局数据，2017—2022年，我国固体废物处理行业市场规模呈现出波动增长的趋势，由12.74亿元增长至18.05亿元，年复合增长率达到10.8%。预计到2027年，市场规模将以15.0%的年增速提升至36.3亿元。生活垃圾分类取得了一定成效，焚烧等无害化处理技术的应用水平也有所提高。农业固体废物，如畜禽粪便和秸秆的综合利用率逐年攀升。同时，危险废物的利用和处置能力也显著增强。

然而，我国固体废物管理仍面临诸多挑战。一方面，固体废物产生量持续增长，尤其是工业固体废物和危险废物的产生量庞大，给环境带来了沉重压力。另一方面，固体废物处理设施和技术水平相对滞后，处理能力尚显不足，导致部分固体废物未能得到有效处理，存在引发二次污染的风险。此外，固体废物管理的法律法规和政策体系尚待完善，不同地区、不同行业之间的固体废物管理存在差异，给固体废物污染防治工作带来了一定难度。同时，公众对固体废物问题的认识尚待深入，需要加强宣传和教育，以增强公众的环保意识和参与度。

总之，环境保护需要多方共同努力。政府应将公众的安全、健康和福祉放在首位，以追求公共利益为目标，尊重民意，鼓励并正确引导公众积极参与。此外，必须加大地方政府公共决策信息的公开力度，实现政府公共决策的透明化；出台受影响区域的生态补偿与经济补偿制度，对项目所在地的发展机会损失、环境污染和生态恢复给予补偿。最后，应完善政府与社会共同监管制度，加强社区监督，赋予社区一定的监督权，强化政府的管理与监督作用。企业应定期与社会进行沟通，主动接受社会监督，建立起社会对企业的信任；坚持信息透明化，向公众和政府提供全面准确的信息，消除信息不对称对公众心理和政府决策的负面影响。公众应积极主动参与政府决策，正确行使监督权，监督政府和企业在项目建设过程中的行为，使决策更加符合民意，实现公共利益的最大化。

2.2 “双碳”与生态保护的深度融合

2.2.1 人与自然和谐共生的内涵

1. 共生的核心理念

“人与自然和谐共生”理念强调的是在人类发展过程中，人类应与自然建立一种相互尊重、互利共赢的关系，以实现生态系统的平衡与持续发展。“和谐”是达成“共生”这一目的的重要手段。这一理念源于对人类与自然关系的深刻反思，尤其是在工业革命后，生态环境问题日益严峻的背景下，其重要性愈发凸显。生态环境不仅是人类赖以生存和发展的基础，更是实现中华民族永续发展的根本大计。在践行这一理念的过程中，人类在追求经济和社会进步的同时，必须遵循自然规律，维护生态系统的稳定与健康。通过绿色低碳发展和生物多样性保护等具体措施，我们可以确保人与自然的共同繁荣与持续发展。

生物多样性的保护和维持是可持续发展的核心内容，也是“绿水青山就是金山银山”这一理念的重要基石。2022 年 12 月 7 日，《生物多样性公约》第十五次缔约方大会(COP15)通过了“昆明-蒙特利尔全球生物多样性框架”，这反映了人类在全球环境变化和挑战面前，迫切寻求生物多样性保护和可持续发展路径的强烈愿望。深入理解生物多样性的维持机制，开发有效的衡量生物多样性变化的方法，对于实现生物多样性保护与可持续发展至关重要。作为全球生物多样性最为丰富的国家之一，过去十多年中，我国在生物多样性科学领域取得了快速进展，这一成就为全球生态保护和可持续发展贡献了中国智慧。

人与自然和谐共生与生态修复密不可分。生态修复通过恢复受损生态系统，能够增强生态系统的自我调节能力和抵御外部干扰的能力，从而为实现人与自然的和谐共生奠定坚实基础。国家在《全国重要生态系统保护和修复重大工程总体规划(2021—2035 年)》①(图 2-2,下文简称《规划》)中,明确了未来十几年的工作重点,包括森林、草原、荒漠、河流、湖泊、湿地、海洋等自然生态系统的保护和修复。通过统筹山水林田湖草沙一体化保护和修复,确保生态系统的平衡与持续性。人与自然和谐共生与生态修复之间的联系体现在以下几个方面。

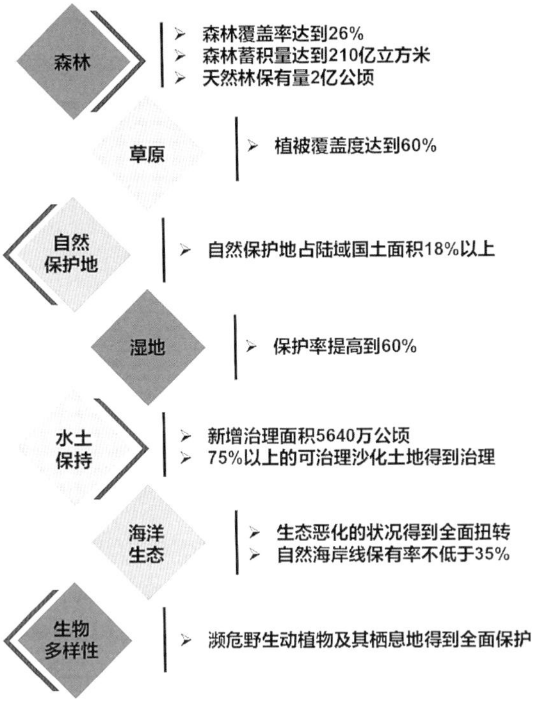

图 2-2 《全国重要生态系统保护和修复重大工程总体规划(2021—2035 年)》主要内容

(1) 共同目标:维持生态平衡

人与自然和谐共生的核心理念在于维持生态系统的平衡,确保自然资源的可持续利用。以森林生态系统为例,《规划》明确指出了针对退化和功能衰退的森林、草原等自然生态系统,需采取植被恢复、人工辅助自然恢复等一系列措施,旨在恢复其生态功能。这些行动目标清晰明确,旨在通过增加植被覆盖、提升生物多样性等手段,重建并维持生态平衡。

① 国家发展改革委.自然资源部关于印发《全国重要生态系统保护和修复重大工程总体规划(2021—2035 年)》的通知[EB/OL].(2020-06-03)[2024-11-28]. https://www.gov.cn/zhengce/zhengceku/2020-06/12/content_5518982.htm.

（2）相互促进：生态系统恢复与生态文明建设

生态修复是践行人与自然和谐共生理念的关键举措之一。以农田生态系统为例，《规划》提出了改良土壤、减少污染、恢复生物多样性等综合性措施。这些措施不仅有助于恢复生态系统的功能，还为生态文明建设奠定了坚实基础。通过实施这些修复工程，土壤质量得以提升，生物群落多样性得以恢复，进而增强了生态系统的自我调节能力，提升了其抵御自然灾害和外部干扰的韧性。

（3）政策和行动：实施绿色发展战略与法律保障

《规划》还着重强调了通过实施绿色发展战略来推动生态修复的重要性。以海洋生态修复为例，采取了水体净化、污染治理、生境恢复等一系列措施，旨在修复受损的海洋生态环境，恢复海洋生物的栖息地。这些措施不仅有效减少了污染物排放，还通过恢复海洋生态功能，保障了渔业资源的可持续利用。在法律和政策层面，国家通过《规划》为这些生态修复工程提供了明确的法律保障和政策支持，有力推动了各地的积极落实，确保了修复工程的顺利实施。

可见，生态修复与人与自然和谐共生密不可分。生态修复不仅为受损生态系统的恢复提供了有效途径，更为实现人与自然的和谐共生奠定了坚实基础。通过修复生态环境，增强了生态系统的自我调节能力，促进了生态平衡的重建，最终推动了社会的可持续发展，实现了人与自然的共生共荣。

然而，在追求人与自然和谐共生的过程中，依然面临着诸多挑战。正如习近平总书记在全国生态环境保护大会上所强调的：“我们必须坚决摒弃那些损害甚至破坏生态环境的发展模式，积极推动形成绿色发展方式和生活方式，加速推进绿色低碳发展，大力发展循环经济，并不断扩大绿色产品的供给。”尽管如此，我国的生态环境保护仍然承受着结构性、根源性和趋势性的多重压力。随着我国经济社会步入绿色化、低碳化的高质量发展阶段，生态文明建设正处于一个压力叠加、负重前行的关键时期①。

生态修复过程中，面临的主要挑战包括技术复杂性、资金短缺以及政策支持力度不足。在技术层面，不同生态系统和受损类型需要采用不同的修复策略和方法，这就要求专业人员必须具备高度的技术能力和专业知识。资金方面，生态修复项目通常涉及大量的资金投入，涵盖从前期调查、修复实施到后期维护等各个环节，而资金短缺往往成为制约项目推进的关键因素。

① 生态环境部. 关于印发《生态保护红线生态环境监督办法（试行）》的通知[EB/OL].（2022-12-27）[2024-11-28]. https://www.gov.cn/gongbao/content/2023/content_5741259.htm.

为了克服这些挑战,推动循环经济的发展成为关键。循环经济通过促进资源的高效利用和废弃物的再生利用,不仅有助于缓解资金和技术压力,还能为实现人与自然的和谐共生提供有力支撑。因此,我们需要充分利用生态修复手段,推动人类活动与自然环境的协调发展。同时,通过构建绿色、低碳、循环的经济体系,可以有效应对生态修复中遇到的技术和资金难题,从而向可持续发展的目标稳步迈进。

2. 共生的实现路径

1) 自然恢复与人工修复结合的生态实践

在生态文明建设中,自然恢复与人工修复是推动生态系统恢复的重要手段。全国生态环境保护大会强调的“山水林田湖草沙一体化保护和系统治理”新理念要求我们在生态修复中注重自然恢复与人工修复的有机结合。

自然生态系统是一个有机生命体,能够自我调节、自我净化和自我恢复。为了修复因人类活动而遭受破坏的自然环境,必须尊重和顺应自然规律,为生态系统提供充足的时间和空间,让其得以自我修复。生态保护修复不仅是守护自然生态安全边界的重要举措,更是促进自然生态系统质量整体改善的关键保障。

然而,自然恢复的能力是有限的,因此需要结合人工修复手段来加速生态系统的恢复进程(图 2-3)。将自然恢复与人工修复有机结合,根据具体情况和地区特点制定并实施差异化的修复策略,才是实现生态保护的最佳路径。要坚持山水林田湖草沙一体化保护和系统治理的原则,从山巅到海洋,构建起一个完整而严密的生态保护体系。在这个过程中,要综合运用自然和人工修复手段,持续推动生态建设向更高水平迈进。

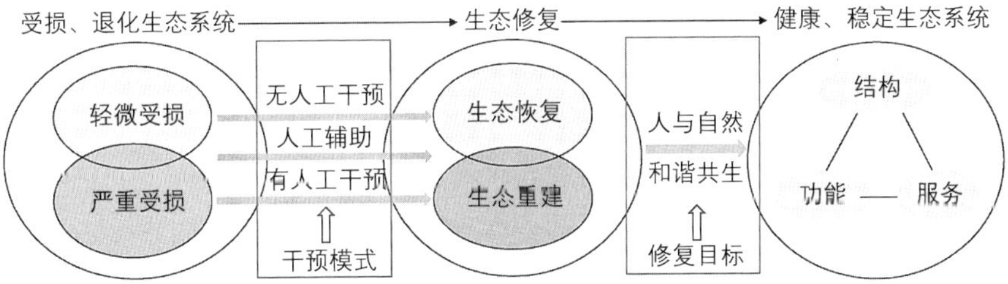

图 2-3 自然恢复与人工修复的内涵与目标逻辑关系
(许闯胜,宋伟,李换换等,2018)

(1) 自然恢复

自然恢复指的是在不进行任何人为干预的情况下,依靠自然生态系统的自我调节和修复能力,使受损的生态环境逐步恢复到原有状态。其主要依赖自然界的自我修复机制,通过物种的自然繁殖、生态系统的自我调节和环境的自然演变,实现生态平衡的恢复。

① 自然保护

建立自然保护区：通过设立自然保护区、国家公园和划定生态红线等措施，有效减少人为干扰，保护现有的自然生态系统，使其能够在自然状态下进行自我修复。例如，在云南的西双版纳自然保护区，严格限制了游客的进入区域，并全面禁止任何形式的采伐和狩猎活动。得益于这些措施，该保护区成功地恢复了当地的热带雨林生态系统，野生动植物的种群数量显著提升，其中，濒危物种如亚洲象和印支虎的栖息地得到了切实有效的保护。这些保护措施不仅大大降低了人为干扰，还为科学研究和生态旅游提供了稳定且适宜的环境。

生态迁地保护：将濒危物种或重要生态系统迁移到保护区外适宜区域进行保护，利用自然的自我调节能力恢复生态平衡。

② 生物多样性保护

物种保护和栖息地恢复：保护和恢复关键物种及其栖息地，维持和增强生态系统的自我调节能力。具体方法包括建立栖息地走廊，增加栖息地连通性，保护濒危物种的栖息地等。

自然繁殖和生态演替：依靠物种的自然繁殖和生态系统的自然演替过程，逐步恢复生态系统的健康和稳定。例如，在内蒙古草原地区，部分退化的草地通过减少过度放牧和人为干扰，逐步恢复为天然草原。在这一过程中，原生植物种子在土壤中发芽并逐渐覆盖地表，形成稳定的植被层。同时，随着植被的恢复，土壤结构也得到了改善，水土流失减少，逐渐形成了良性的生态循环。经过数年的自然恢复，草原上的生物多样性显著增加，草地的生产力和生态功能得到了有效提升。

③ 高科技监测

自然恢复虽然依赖自然过程的自我调节，但通过引入先进的技术手段进行辅助和监测，可以显著提升恢复的效率和精准度。

无人机遥感技术和GIS(地理信息系统)在自然恢复中的应用至关重要。无人机遥感技术具备获取大范围区域高分辨率数据的能力，能够利用多光谱影像分析植被的健康状态和覆盖率变化。而GIS则能够将这些数据整合并进行空间分析，实时监控土壤湿度、植被变化及其他关键生态参数。这些数据为管理者提供了精确的生态恢复地图和动态监测手段，使得自然恢复的进程更加可控和可视化。

案例(一)

河南省湿地恢复项目中的自然恢复策略

在河南省淅川县大石桥乡柳家泉村，实施了基于自然的湿地恢复示范项目。

该项目位于丹江口水库入库河流丹江的河岸二级阶地，因气候变化和人类活动的影响，湿地生态系统遭到破坏。项目团队通过科学的实施方案，逐步恢复了该区域的水生态系统。主要措施包括引入浮叶植物、沉水植物、浮游动物、底栖动物和本土鱼类等，并开展监测工作。通过这些自然恢复措施，项目区的水生植物长势良好，水体消纳和转化氮、磷等营养物质的能力得到提高，为鸟类提供了丰富的食物来源，促进了鸟类多样性的增加。监测数据显示，项目区内记录到的鸟种数量显著增加，湿地生态系统逐步恢复到原有状态，实现了生态平衡的恢复。

案例(二)

黄土高原水土流失地区的生态系统自我调节与高科技监测

在黄河三角洲湿地生态修复项目中，项目团队通过结合生态系统自我调节能力与先进的高科技监测手段，取得了显著的修复效果。自修复工程启动以来，湿地面积恢复了约30%，生态系统的健康状况显著改善。与此同时，项目团队使用无人机遥感技术和GIS对恢复进程进行详细监控。无人机提供了大范围的高分辨率影像，GIS则帮助分析湿地的植被变化、水体扩展及生物栖息地的分布情况。这些高科技手段使管理者能够在修复过程中进行科学决策，确保生态系统的自我调节功能得到有效发挥。通过这种方法，黄河三角洲的湿地生态系统逐渐改善，展示了自然恢复与科技手段结合的修复潜力。

(2) 人工修复

与自然恢复相比，人工修复更注重利用科技手段进行积极干预。特别是在面对污染严重或生态系统功能严重丧失的区域时，人工修复技术能够提供更为直接和有效的解决方案。人工修复的方法多种多样，包括但不限于植被恢复、土壤修复、水体净化和生物多样性重建等。这些方法通过引入外部资源或改良现有的环境条件，来促进生态系统的快速恢复和功能重建。

① 植被恢复

植被种植：在退化地区种植适应当地环境的本土植物，恢复植被覆盖，防止水土流失，改善土壤结构。例如，种植抗旱、耐盐碱的植物，以进行生态恢复。

植物群落重建：通过种植多样化的植物群落，增强生态系统的稳定性和抗逆性。具体方法包括引入多种本地植物，创建多层次的植被结构。

② 土壤修复

物理修复：通过土地平整、排水和灌溉等物理手段改善土壤结构。例如，通过深耕和覆盖作物残留物来改善土壤透气性和水分保持能力。

化学修复：使用石灰、石膏等化学物质调节土壤 pH，或通过添加肥料和有机质改良土壤肥力。

生物修复：利用特定植物或微生物来吸收、降解或转化土壤中的污染物。例如，种植超富集植物吸收重金属污染物，或利用微生物降解有机污染物。

③ 水体净化

人工湿地：构建人工湿地，通过植物、微生物和基质的共同作用，净化水体中的污染物。人工湿地可以有效去除水中的氮、磷等营养物质，改善水质。

生物滤池：利用植物、微生物和基质构建生物滤池，通过生物和物理作用净化水体。例如，在生物滤池中，芦苇等水生植物的根系与微生物协同作用，有效去除水中的有机污染物和悬浮物，显著改善水质。

④ 生态结构调整

生态廊道建设：创建生态廊道，连接分隔的栖息地，提高生物多样性和生态系统的稳定性。例如，沿河流两岸建设植被带，形成生态廊道，增强河岸的生态功能。

生态缓冲区：在敏感生态区域周围设置生态缓冲区，减少人类活动的影响，保护生态系统的完整性。例如，在农田与河流之间设置植被缓冲带，减少农业径流对河流的污染。

⑤ 废弃物资源化

有机肥料生产：利用农业废弃物和畜禽粪便，通过堆肥技术生产有机肥料，改良土壤，提高土壤肥力。例如，将农作物残余物堆肥后转化为有机肥，有效提升作物的营养吸收。

资源循环利用：将工业副产品和废弃物资源化利用，减少环境污染。例如，钢渣和粉煤灰被用作土壤改良剂，不仅改善土壤结构，还增加了土壤的肥力和稳定性。

⑥ 高科技手段干预

生物修复技术：这是人工修复中的关键方法，通过利用特定微生物群落的代谢功能，能够有效加速污染物的降解过程。随着现代生物工程的发展，科学家通过定向进化技术，培育出具有高效吸附和处理能力的微生物菌株。这些菌株在适宜条件下，显著降低了污染物浓度，为生态系统的自然恢复创造了更为有利的环境。

基因编辑技术：借助 CRISPR 等基因编辑工具，科学家可以精准调整微生物或植物的基因，使其在特定环境中优化处理能力。这种技术减少了二次污染的风险，并提高了生态修复的效率，确保了在复杂环境中的长期生态稳定性。

案例(三)

河北省廊坊市有机肥料生产和资源循环利用项目

河北省廊坊市在响应国家生态文明建设和循环经济政策的背景下，积极推动农业废弃物资源化利用与工业副产品循环利用项目的实施。该项目在《中华人民共和国循环经济促进法》和《农作物秸秆综合利用实施方案》的指导下，运用先进的好氧堆肥技术，将大量农业废弃物，如玉米秸秆、小麦秸秆及畜禽粪便，转化为富含有机质的优质肥料。此举有效改善了当地土壤的肥力状况，提升了作物的产量。每年约有 50 万吨的农业废弃物通过该技术得到妥善处理，进而生产出 20 万吨有机肥料。这不仅显著减轻了废弃物对环境的压力，还为农业生产提供了重要的养分支持。此外，廊坊市还充分利用工业副产品，例如钢铁企业的钢渣和燃煤电厂的粉煤灰，将其作为土壤改良剂使用，以进一步优化土壤结构，提高其肥力和稳定性。这一综合项目的成功实施，充分展示了在国家政策的有力引导下，通过先进技术手段实现废弃物资源化利用的广阔前景。同时，它也极大地推动了当地农业和环境的可持续发展。

案例(四)

山西省吕梁市煤矿废弃地的生态修复

山西省吕梁市煤矿废弃地生态修复项目在中国生态修复领域具有重要示范意义，该项目深受《中华人民共和国环境保护法》及《土壤污染防治行动计划》等政策的引导。吕梁市因长期煤炭开采而积累了大量重金属和有害污染物，致使土地遭受严重退化。为积极响应国家“绿水青山就是金山银山”的政策号召，山西省政府在吕梁市毅然启动了生态修复工程，结合现代生物修复与基因编辑技术，有效治理了污染土壤。研究团队利用定向进化技术，精心培育出能够高效吸附重金属的微生物菌株；同时，借助基因编辑技术，显著增强了植物对重金属的吸收能力，从而大幅降低了土壤中的污染物浓度。项目数据显示，经过三年的不懈努力，煤矿废弃地的土壤重金属含量平均减少了 50%，植被覆盖率则提高了 60%。修复后的土地已逐步恢复生态功能，重新成为可利用的农林牧业用地。

2）综合运用自然和人工修复手段

现代生态修复技术强调“近自然精准修复”理念，即在人工修复过程中尽可能模仿自然过程，利用自然力促进生态恢复。这种方法通过科学规划和精细操作，将自然恢复和人工修复的优势结合起来，从而提高修复的效率和效果。

在生态修复过程中，坚持“生态优先、系统治理”的原则至关重要。国家已经通过推进重要生态屏障的建设，实施退耕还湿、山水林田湖草沙一体化治理等综合措施，统筹协调开发与保护的关系。通过这些措施，生态系统得以全面恢复和长期稳定。

自然恢复方法依赖生态系统自身的调节和修复能力，成本低且具有较强的可持续性，适用于大面积、低干预的修复场景。然而，见效较慢是自然恢复的一大局限，通常需要较长时间才能实现生态系统的全面恢复。相对而言，人工修复通过人类的主动干预和技术手段，能够在短期内迅速恢复生态功能，例如通过植被重建、水体净化等措施。但人工修复可能引发次生生态问题，如物种单一化或土壤质量下降，因此需要持续地进行管理和维护(图 2－4)。

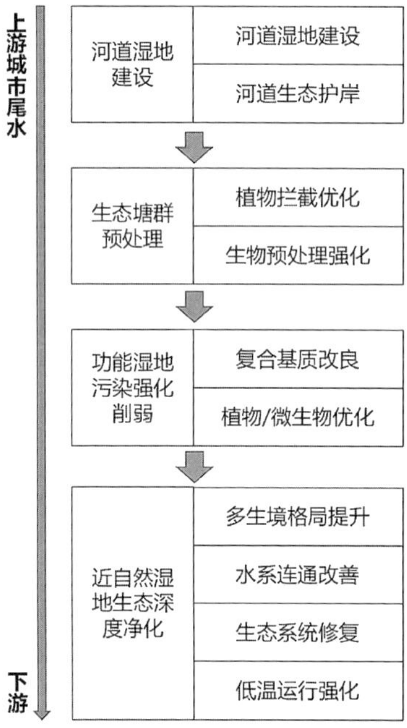

图 2－4 近自然湿地生态修复和水质净化关键技术流程图

通过综合利用自然和人工修复手段，生态修复方案应根据具体的生态环境特征和修复目标进行定制。以“生态优先、系统治理”为原则的综合修复策略，已经在全国多个重点生态功能区得到应用。例如，在全国范围内推进的生物多样性保护工程，通过更新和扩大物种保护名录，修复关键栖息地，显著提升了生物多样性保护水平。综合修复策略的有效实施，确保了生态系统的恢复与发展，实现了生态效益与经济效益的最佳平衡。

案例(五)

京北风沙危害区植被恢复与水源保护林可持续经营

在北京市的“京北风沙危害区植被恢复与水源保护林可持续经营”项目中，密云水库流域的森林与水体恢复项目，通过引进近自然技术，结合人工修复措施，不仅提升了森林质量，还恢复了小型水体的生态服务功能。项目实施过程中采用了低扰动施工和低成本维护技术，有效地恢复了森林与水体，增强了生态系统的自我修复能力和稳定性。该项目在 5 个区县的 31 个乡镇、104 个村展开，涉及 15.3 万亩的森林和 103.7 公里的小型水体，森林覆盖率增加了 10%，水体透明度平均提高了 20%，生物多样性指数上升了 15%。通过自然恢复与人工修复相结合的策略，显著改善了区域生态功能，充分展现了两种手段结合使用的显著成效。

案例(六)

锡林浩特市退化草原的生态修复措施

锡林浩特市作为典型草原试点地区，开展了退化草原人工种草生态修复项目。项目措施涉及对严重沙化草地的生态治理、退化打草场的生态修复治理，以及野生优良乡土草种的抚育。具体实施手段包括“免耕补播＋施肥＋围封禁牧＋管护”和“切根＋免耕补播＋施固态生物有机肥＋休刈＋管护”等，这些综合措施有效提高了草地的植被盖度和生产力。经过 2～3 年的修复，退化放牧场的植被盖度增至 40%～60%，干草产量提升了 50% 以上；退化打草场的植被盖度平均提高了 15%～20%，干草产量平均提高了 20%～40%。这些措施不仅改善了生态环境，还显著提升了当地的经济和社会效益。

3. 污染防治的科学手段

在污染防治工作中，“精准治污、科学治污”的理念在实际操作中得到了广泛的应用，特别是通过多污染物协同治理技术。这种技术通过集成多种污染控制手段，实现了对不同类型污染物的同步处理，显著提升了治理效率。

多污染物协同治理技术不仅在控制单一污染物方面表现优异，而且通过结合多种技术手段，有效地去除了烟气中的颗粒物、酸性气体、氮氧化物等多种污染物。这种技术的系统性和高效性显著增强了大气污染治理的效果，不仅达到了国家排放标准，还明显改善了环境质量。多污染物协同治理技术的成功应用，充分体现了科学治污理念在环保工程实践中的有效落实。

案例(七)

某电力厂多污染物协同治理技术的应用与成效

在国家环保政策的指导下，某电力厂积极响应“精准治污、科学治污”的号召，采用了多污染物协同治理技术。该技术融合了湿式静电除尘(wet electrostatic precipitator，WESP)和选择性催化还原(selective catalytic reduction，SCR)技术，有效地实现了烟气中多种污染物的高效去除。WESP 技术通过引入水雾，有效地捕捉了烟气中的颗粒物和酸性气体，显著降低了这些污染物的排放浓度。与此同时，SCR 技术通过向烟气中注入还原剂氨气，并在催化剂的作用下将氮氧化物还原为无害的氮气和水，进一步减少了大气污染物的排放。技术实施后，该电厂的二氧化硫和氮氧化物排放浓度均降低了70%以上，远低于国家严格的排放标准。这一案例充分证明了多污染物协同治理技术在污染防治中的高效性和可靠性，展现了通过科学集成多种污染控制技术，不仅能够显著提高大气污染治理效果，还能满足甚至超越环保法规的要求。

2.2.2 创新生态修复理念

在“双碳”目标的引领下，随着生态修复技术的持续进步，各种新理念和策略在生态环境保护领域得到了广泛的应用。在全国生态环境保护大会上，习近平总书记提出了加快推动人与自然和谐共生现代化的具体路径和措施。会议强调要坚持山水林田湖草沙一体化保护和系统治理，构建从山顶到海洋的保护治理大格局(图2-5)，综合运用自然恢复和人工修复两种手段，根据具体情况和时间条件采取相应的策略。同时，结合废弃物资源化转化，积极探索绿色低碳循环经济发展的新动力，寻求生态保护与修复的最佳解决方案。

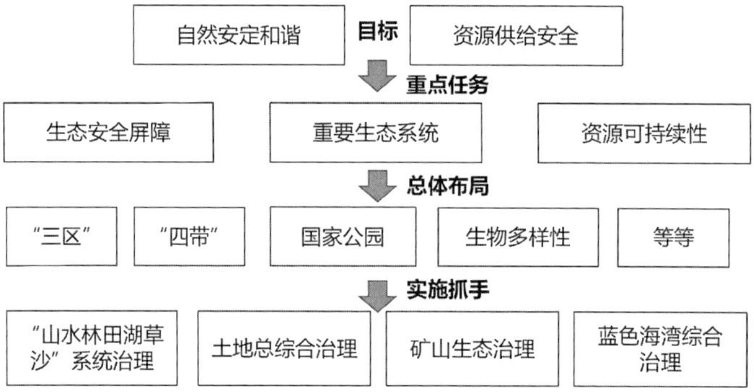

图2-5 面向“自然安定和谐-资源供给安全”目标的生态修复框架图

1. 因地因时制宜、分区分类——新施策

因地因时制宜的政策强调，要根据不同地区的自然条件、生态特征和社会经济状况，以及不同时间段内的环境变化，制定适应性的修复和治理方案[①]。分区分类施策是因地因时制宜原则的具体体现，它是一种基于区域特点和生态系统功能的科学修复策略。在不同的生态区域，如山地、平原、湖泊和海洋，需要采取不同的修

① 自然资源部.关于加强生态保护红线管理的通知(试行)[EB/OL].(2022-08-16)[2024-11-28]. https://www.gov.cn/zhengce/zhengceku/2022-08/20/content_5706169.htm.

复技术和方法。例如，在山地生态系统中，可能需要通过植树造林、修建梯田和实施坡面保护等措施来恢复森林植被，有效防止水土流失；而在湖泊和湿地生态系统中，则可以通过建设人工湿地、种植水生植物和控制污染源等方法来净化水质，恢复和保护水生生态系统的健康。

生态修复和环境保护并不是“一刀切”的任务，而是需要根据不同地区、不同时间的具体情况，采取灵活且科学的措施。这些策略不仅能最大限度地利用资源，还能有效避免资源的浪费和生态环境的二次破坏。

案例(八)

青藏高原生态保护与修复的区域施策

青藏高原的生态保护和修复也是因地因时制宜、分区分类施策的成功范例。由于该地区地理位置特殊，气候条件苛刻，其生态系统极为脆弱。在修复工作中，结合了当地的自然条件和资源优势，实施了包括高寒草地恢复、湿地保护、水土保持在内的多种措施，有效提升了区域生态系统的稳定性和生物多样性。通过一体化的生态保护和修复优化管理，确保了生态系统的稳定性和可持续性。青藏高原通过实施“基于自然的解决方案”进行适应性管理，并提出了三级尺度框架来落实生态保护修复规划。依托定量化的生态监测、评估和预警数据，开展了在气候变化和人类扰动影响下的生态保护修复工程，促进了利益相关方的协同治理，增强了公众参与生态保护修复的积极性。

2. “山水林田湖草沙”协调治理——新理念

“山水林田湖草沙”协调治理理念的核心是将山、水、林、田、湖、草、沙等生态要素视为一个有机整体，进行系统的、综合的生态修复和治理。这一理念强调生态系统的整体性和各生态要素之间的相互依存关系，要求在生态保护和修复过程中，综合考虑各个生态要素和指标(表 2-1)的联动和协同作用，避免单一治理带来的片面性和短期效果。

表 2-1 山水林田湖草沙生态保护修复工程生态成效评估指标

指标类别	主题指标	特征指标
生态系统格局变化	生态系统结构	重要生态用地面积增长率
生态系统质量变化	景观结构	生态连通度指数提高率

续 表

指标类别	主题指标	特征指标
生态系统功能变化	植被状况	植被覆盖度提升率
生态干扰变化	水源涵养功能	水源涵养功能提升率
	土壤保持功能	土壤保持功能提升率
	固碳量	固碳量提升率
	开发干扰	开发干扰指数降低率

中共中央、国务院印发的《生态文明体制改革总体方案》提出了“树立山水林田湖是一个生命共同体的理念”，强调按照生态系统的整体性、系统性及其内在规律，统筹考虑自然生态各要素、山上山下、地上地下、陆地海洋以及流域上下游，进行整体保护、系统修复、综合治理。这一理念要求我们从整体性、系统性、联动性和可持续性四个方面入手，综合施策，确保生态系统的长期健康和稳定发展。

(1) 整体性：生态系统的各个组成部分是相互联系、相互依存的，必须作为一个整体来进行保护和治理。例如，森林(林)可以涵养水源(湖、草)、防止水土流失(田、沙)；湿地(湖)可以调节水位、净化水质(水)，维持生物多样性(草、林)。

(2) 系统性：治理措施需要系统化，不能单独治理某一个要素，而是要在治理过程中综合考虑各要素之间的关系。比如，治理水污染时，不仅要处理水体中的污染物，还要通过植被恢复、湿地建设等手段，增强水体的自净能力。

(3) 联动性：治理过程中，各种措施要相互配合，形成合力。例如，在河流治理中，将河道清淤与沿岸植被恢复相结合，不仅有助于改善水质，还能通过植被的根系稳固河岸，防止水土流失，同时增强了河流生态系统的整体稳定性。

(4) 可持续性：治理措施要注重生态系统的长期健康和可持续发展，避免短期行为和治标不治本的问题。例如，在植被恢复过程中，选择本土植物进行种植，可以提高生态系统的稳定性和抗逆性。

案例(九)

巢湖流域的“山水林田湖草沙”协调治理

在巢湖流域的生态修复项目中，这一理念得到了充分的实践。项目实施了“山水林田湖草沙”一体化保护和系统治理，通过科学划定自然恢复和人工修复片区，加强水体和植被的协调管理，采取了多种修复措施，包括河道治理、湿地恢复、植被建设等，以实现生态系统的整体恢复。具体来说，巢湖流域项目通过水生态修复技术和植被恢复工程，提高了水体自净能力和生物多样性。项目团队利用湿地的天然过滤作用，减少了水体中的污染物，恢复了水生态系统的平衡。此外，植被恢复工程通过种植本土植物，提高了区域的生态稳定性和抗逆性，形成了一个多层次、多功能的生态系统。

案例(十)

黄河三角洲湿地与生物多样性恢复

山东省东营市聚焦人与自然和谐共生，扎实推进黄河三角洲湿地与生物多样性保护恢复项目，构建湿地生态系统保护体系，全面推进现代化湿地城市建设。项目包括沿黄生态长廊建设、退化湿地修复和河流治理等，通过综合治理措施，恢复了区域内的湿地生态系统，提高了生物多样性。数据显示，项目实施后，黄河三角洲的湿地面积增加了 10%以上，湿地植被覆盖率提高了 15%，鸟类种类增加了 20%，显著提升了区域的生态服务功能。

2.3 “双碳”与绿色循环经济的协同发展

2.3.1 固废资源化与循环经济体系

为了实现人与自然的和谐共生，加快废弃物循环利用和构建绿色低碳循环经济体系成为不可或缺的措施。习近平主席在全国生态环境保护大会上强调，我们必须发展循环经济，推动形成绿色生产方式和生活方式。这一战略旨在通过提升资源利用效率、促进废弃物再生利用以及优化生产流程，减少资源消耗和环境污染，进而实现经济发展与资源开采、生态环境保护之间的可持续平衡。

在这一过程中，政策引导和市场机制的作用至关重要。政府通过出台绿色金融政策、提供税收减免和补贴等措施，积极激励企业进行绿色转型和技术创新。《“十四五”循环经济发展规划》明确提出，要通过政策支持来建立资源循环利用的工业体系，并在 2025 年前基本建成全国资源循环系统。这些政策措施不仅为循环经济的发展提供了强有力的支撑，而且有效地推动了资源利用效率的提升和废弃物资源化利用的广泛应用。

循环经济不仅能够降低废弃物产生和处理成本，还催生了新兴产业的发展，例如再制造产业、再生资源产业和绿色建筑产业。这些产业的发展不仅有助于减少碳排放和资源消耗，还推动了相关产业链的绿色转型与升级，为达成碳中和目标提供了重要支撑。政府通过绿色贷款、绿色债券等金融工具，支持企业在节能减排、废弃物资源化利用等领域进行技术改造和创新，这一措施直接促进了企业向绿色经济的转型。

废弃物是在经济社会系统不同环节中被弃置的物质或物品，它们部分或完全失去了原有的使用价值，同时具有资源性和污染性的双重特性。在一定条件下，废弃物可以转化为资源，实现“变废为宝”。循环经济通过改变传统的“开采—生产—废弃”的线性经济模式（图 2-6），实现了经济发展与资源开采、环境影响的脱钩，用更少的资源投入创造更多的社会经济价值。政策支持的加强使得废弃物回收体系更加完善，推动了资源的高效利用和废弃物的再生利用。

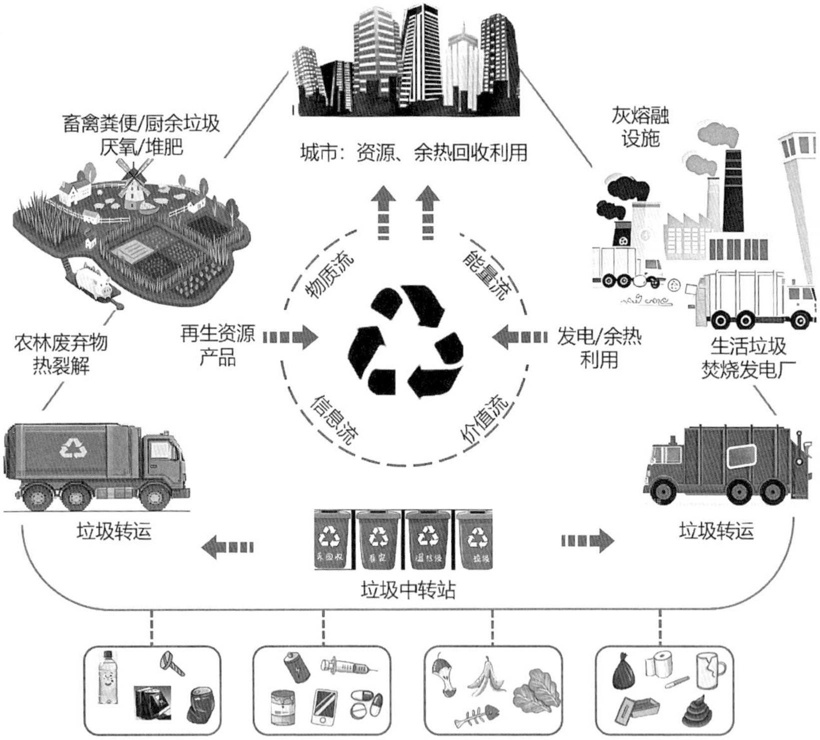

图 2-6　资源、余热回收利用体系

这些新兴产业不仅推动了相关产业链的绿色转型，还为实现碳中和目标提供了关键支持。在政策引导和市场机制的推动下，循环经济有效提升了资源利用效率，并扩大了废弃物资源化的应用范围。这些创新实践不仅促进了绿色低碳发展，还为可持续发展奠定了坚实基础，成功实现了环境保护与经济效益的双赢①，具体体现在以下几个方面。

1. **减少资源消耗和碳排放**

(1) 资源节约与替代

循环经济通过资源节约和集约利用，改变产品和材料的生产及使用方式，有效提高资源产出率，降低单位产品碳排放强度。例如，利用粉煤灰等固体废弃物替代石灰石等碳酸盐类高含碳原料，可以显著降低煅烧环节的能耗和二氧化碳排放。在制造业中，企业通过减量化设计减少非必要附件和简化结构，如某电子公司取消手机产品中的充电适配器，节省了原材料，提高了产品运输效率，实现了有效的碳减排。

国务院近期发布的《2024—2025 年节能降碳行动方案》进一步强化了这一点②。该方案提出，到 2025 年，非化石能源消费比例将达到 20%左右，通过严格控制煤炭消费和优化油气消费结构，促进能源结构的绿色转型。此外，国家发展和改革委员会还提出了综合节约战略，通过创新绿色低碳技术，推动资源的高效利用和替代。

(2) 流程优化与能效提升

通过优化生产流程和提高能效，循环经济在多个领域实现了显著的节能减排效果。例如，回收利用废钢、废铝等再生资源，不仅缩短了生产流程，还减少了能源消耗和碳排放。在钢铁行业，使用废钢代替铁矿石，每生产一吨钢可减少约 1.6 吨的二氧化碳排放。此外，生态环境部发布的《中国应对气候变化的政策与行动 2023 年度报告》还强调了节能和余热利用的重要性。例如，在水泥行业，通过余热回收和高效节能技术，每年可节约 500 万吨标准煤，减少 1 300 万吨二氧化碳排放。在建筑、交通和公共机构等领域，通过推广高效节能产品和设备，大幅提高了能源利用效率。

2. **促进废弃物资源化利用**

(1) 废弃物回收与再利用

循环经济的一个关键目标是建立系统化、高效的废弃物回收和再利用体系，以实现资源的闭环管理。这一流程不仅减轻了废弃物对环境的压力，还提高了资源的利用效率。例如，提升废钢的回收率和增加再生有色金属的产量，使得工业生产能够更高效地利用现有资源，减少对原始矿产资源的依赖，并降低生产过程中的能源消耗和碳排放。为了实现这一目标，中国政府制定了一系列政策，旨在到 2025

---

① 工业和信息化部. 关于印发《“十四五”工业绿色发展规划》的通知[EB/OL]. (2021 - 11 - 15)[2024 - 11 - 28]. https://www.gov.cn/zhengce/zhengceku/2021-12/03/5655701.htm.

② 国务院. 关于印发《2024—2025 年节能降碳行动方案》的通知[EB/OL]. (2024 - 05 - 29)[2024 - 11 - 28]. https://www.gov.cn/zhengce/content/202405/content_6954322.htm.

年建立一个涵盖各领域的废物回收系统，并计划在2030年之前形成一个全面、高效且规范的废物回收网络。这个网络的建立将确保废弃物得到妥善处理和再利用，推动废弃物资源化的深入发展，从而为国家的绿色发展和可持续发展奠定坚实的基础。

案例(十一)

新能源废旧动力电池的高效再利用技术

在新能源领域，上海某新能源科技有限公司采用材料再生破碎分选前处理工艺和化学处理工艺，实现了新能源汽车废旧动力电池的高效再利用。整个流程中，公司运用了高度自动化的操作，确保了各组分回收率达到99%以上，并通过环保节能技术显著降低了碳排放。例如，在废水处理方面，公司采用了机械蒸汽再压缩(MVR)技术，实现了废水的100%回用，大幅减少了二氧化碳的排放量。该案例每年处理7 000吨退役动力电池，回收得到电池级的硫酸镍、硫酸锰、硫酸钴和碳酸锂产品，与从矿石中提炼这些材料相比，减少了大约8.6万吨的二氧化碳排放。

在农业领域(图2-7)，通过实施再生农业实践，可以有效减少碳密集型生产要素的使用，并增强土壤的固碳能力。推广有机肥和堆肥技术，使得农作物废弃物得到循环利用，这不仅提升了土壤肥力，还增加了土壤中的碳储量，减少了对化学肥料的依赖，从而推动了农业的可持续发展。同时，国家发展和改革委员会规定，在城市每2 000户家庭和农村每2 500户家庭应设立废弃物回收中心，以提高废物回收率和资源利用效率。这些回收中心不仅促进了农业废弃物的再利用，还加强了资源循环利用的效果，进一步推动了绿色农业的发展。

案例(十二)

桑田制度与光伏羊模式的生态智慧

中国古代的桑田制度体现了农业在土地利用与生态循环方面的智慧。通过多样化的土地利用方式，桑田制度实现了农业生产的多重效益。在这种制度下，农民不仅种植桑树，还间种黍、豆等粮食作物。作物间的轮作与间作提高了土地的利用率，同时利用豆类作物的固氮作用，增强了土壤肥力，形成了自然养分的循环系统。此外，将蚕沙作为有机肥料施用于桑田，进一步改善了土壤的物理和化学性质，确保了土壤长期的产出能力。通过这一系统化的生态管理，桑田制度不仅促进了农业生产的可持续性，还维持了生态系统的稳定与平衡。

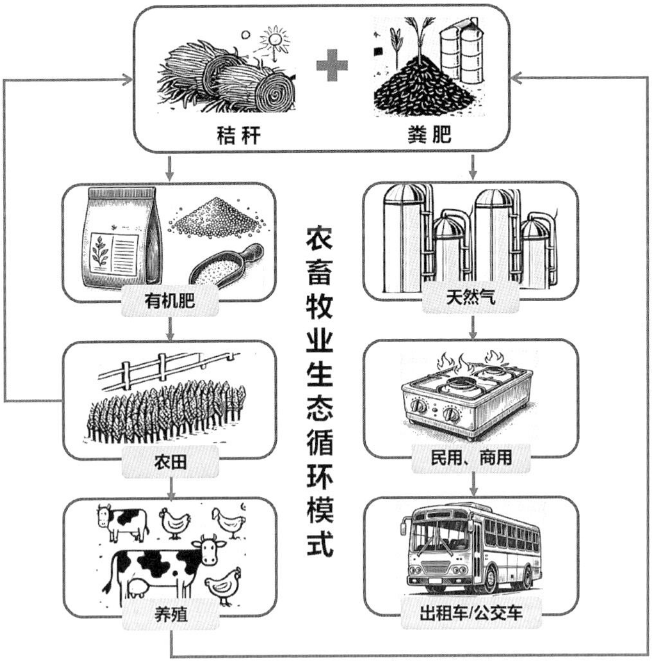

图 2-7 农畜牧业废弃物生态循环模式

现代的光伏羊模式则是将新能源技术与传统农业相结合的一种创新实践。通过在牧场上方安装光伏板，这一模式实现了光伏发电与畜牧业的双重利用。光伏板在发电的同时，其下方土地仍可用于养羊，羊群通过食草减少了杂草的生长，从而保证了光伏板的发电效率。同时，光伏板还为牧场提供了遮阳，减少了地表温度的升高，改善了牧场的微气候。这种模式不仅提升了土地的多功能利用效率，还减少了温室气体排放，实现了经济效益与环境效益的双赢，展现了现代农业对可持续发展理念的新探索。

桑田制度和光伏羊模式分别展示了不同时期农业实践在土地资源多样化利用与生态循环构建上的共同点。桑田制度通过作物间作和废弃物的资源化利用，构建了一个自给自足的生态系统，保持了农业的可持续性和生态系统的稳定。而光伏羊模式则结合现代技术，通过新能源与农业的融合，开辟了土地复合利用的新路径。这些实践不仅体现了历史与现代农业对生态平衡和资源利用的深刻理解，还为当前的绿色发展和生态文明建设提供了重要的借鉴。融合这些传统智慧与现代创新，可以更好地推动未来农业的可持续发展与生态平衡的实现。

(2) 资源化利用

再生有色金属的利用能显著降低能源消耗。例如,再生铜、再生铝和再生铅的生产能耗远低于原生金属的生产能耗,这大幅减少了能源需求和碳排放。在建筑领域,使用回收的混凝土细粉替代部分新水泥,以及利用废玻璃和粉煤灰作为替代材料,可以有效降低水泥生产中的碳排放。通过这些措施,再生资源的利用不仅节约能源、保护环境,还推动了相关行业的绿色转型。

为了进一步促进资源化利用,政府出台了针对关键废物的回收和利用政策——《关于加快废旧物资循环利用体系建设的指导意见》,涉及电池、废玻璃和低价值废塑料等。通过这些措施,预计到2025年,资源循环利用行业的产值将达到5万亿元人民币。政府还鼓励再制造产业的发展,旨在提高资源利用效率,减少环境污染。

3. 推动产业绿色转型

(1) 绿色低碳发展的技术推动

作为国家绿色发展的重要战略支撑,清洁低碳、安全高效的能源体系已成为实现这一目标的关键。在多个地区,光伏和风能发电技术的联合应用正逐步取代传统的化石能源供应模式。同时,通过引入智能电网系统,实现了电力资源的高效管理和分配。智能电网利用实时监控和优化算法,能够根据用电需求动态调整电力供应。特别是在用电高峰期,它可以将多余的电能存储在先进的储能装置中,并在需求上升时释放这些能量,从而减少能源浪费和碳排放。

案例(十三)

浙江省工业园区清洁能源集成应用与碳排放控制

在浙江省某工业园区,为响应国家“双碳”目标,园区推行了一项以清洁能源集成为核心的能源管理项目。该项目旨在通过整合现代能源技术,实现区域内的能源消耗绿色转型。园区内广泛部署了光伏发电和风力发电设施,利用当地丰富的太阳能和风能资源,建立了多元化的清洁能源供应体系。这些发电设施通过智能电网进行集中管理,智能电网技术作为项目的核心,不仅实现了电力的精确调度,还通过实时监控和人工智能算法优化电力分配,确保了能源供应与需求的高度匹配,有效减少了能源浪费。为了解决能源供应的波动问题,项目还引入了先进的储能技术,能够在电力需求低谷时储存多余电能,并在高峰时段释放,从而平衡供需,进一步提高了能源利用效率。项目实施后,园区的碳排放量降低了约35%,能源利用效率提升了约25%,不仅实现了预定目标,还为园区带来了显著的环境和经济效益。

同时,这一成功案例的背后,离不开国家和地方政府的政策支持。浙江省政府通过提供补贴和税收优惠等政策，积极促进工业园区采用清洁能源技术。该项目展示了在政策引导下，通过清洁能源技术的综合应用，可以有效推动区域的绿色低碳发展，并为其他地区在能源转型和碳排放控制方面提供了可借鉴的经验和模式。

(2) 绿色设计与绿色制造

循环经济的理念贯穿产品从设计、制造、使用到回收的整个生命周期。绿色设计通过创造更轻质的建筑楼层、整合分布式光伏系统、优化采光设计等措施，减少了高碳排放建材的使用，降低了建筑能耗和碳排放。例如，绿色建筑材料和绿色家电的普及应用已在全国范围内展开，提升了建筑和日常生活中的能源使用效率。工业和信息化部发布了《“十四五”工业绿色发展规划》，旨在到 2025 年，显著提高绿色技术和设备的应用水平，降低主要工业企业的能源消耗强度和碳排放强度。

绿色制造则通过采用清洁生产技术和推广低碳技术等手段，减少生产过程中的碳排放和资源消耗。例如，建立绿色工厂、绿色工业园区和实施绿色供应链管理等措施，促进了资源的循环利用和清洁生产技术的应用。截至 2023 年，中国已建成 3 616 家绿色工厂和 267 个绿色工业园区。

(3) 促进新兴产业发展

循环经济推动了新能源汽车、可再生能源和储能等低碳技术的发展与应用。这些新兴产业不仅有助于减少碳排放，还带动了相关产业链的繁荣。中国连续八年保持新能源汽车制造和销售的全球领先地位，促进了电动汽车产业链的迅猛发展。此外，政府发布的五年规划和白皮书详细阐述了未来几年内在绿色能源技术和产业链发展方面的目标与举措。

与此同时，绿色金融以多种方式支持新兴绿色产业的发展。例如，政府和金融机构通过发行绿色债券，为可再生能源项目提供了长期、低息的贷款，使得太阳能和风能等低碳技术的推广更加可行。同时，绿色贷款为企业进行节能减排的技术改造提供了资金支持，帮助企业升级设备、降低碳排放。这些金融政策不仅推动了企业和行业向绿色转型，还为实现国家的碳中和目标提供了必要的经济支持，确保绿色发展战略能够持续深入实施。

4. 政策引导与市场机制

(1) 政策引导

《“十四五”循环经济发展规划》[①]：该规划于 2021 年 7 月由国家发展和改革委

① 国家发展改革委. 关于印发“十四五”循环经济发展规划的通知[EB/OL]. (2021-07-07)[2024-11-28]. https://www.gov.cn/zhengce/zhengceku/2021-07/07/content_5623077.htm.

员会发布，涵盖2021—2025年的发展目标。规划旨在显著提高资源利用效率，建立资源循环利用的工业体系，并在2025年前基本建立全国资源循环系统。具体目标包括降低单位GDP的能源和水资源消耗、提高废纸和废钢的利用率、推动再生资源产业集群的发展，以及加强对各类产品的循环利用。

《关于加快建立健全绿色低碳循环发展经济体系的指导意见》[①]：文件强调了发展绿色设计、清洁生产、废物回收与再利用的重要性，提出了推动高质量发展、构建循环型社会的具体措施。例如，改善废物回收网络、标准化再生资源处理、发展二手商品市场，以及推广再制造产业。

《“十四五”塑料污染治理行动方案》[②]：为应对塑料污染问题，该文件提出了减少塑料使用、提高塑料回收利用率、推广可降解材料等一系列措施，旨在通过政策和市场手段减少塑料污染对环境的影响。

《关于加快推动工业资源综合利用的实施方案》[③]：文件指出要建设一批资源综合利用示范基地，提升工业固废、农业废弃物等大宗固废的资源化利用水平。示范基地将通过技术创新和政策支持，实现废物资源化处理和高效利用。

(2) 市场机制

通过市场机制激励企业参与循环经济发展，是推动绿色经济的关键手段。构建废弃物回收体系和促进资源循环利用等措施，离不开市场机制的有效支撑。企业在参与循环经济的过程中，不仅能降低运营成本、提升经济效益，还能承担社会责任，助力环境保护。为此，政府运用税收优惠、绿色贷款和补贴等政策工具，积极促进企业的绿色转型和技术创新。通过绿色债券和绿色信贷，企业可以以更低的成本获取资金，这些资金可用于实施环保项目和研发低碳技术，进而加快循环经济的实施与发展。

2.3.2 资源流动与高效管理机制

循环经济通过优化物质流、能量流、价值流和信息流，实现资源的高效利用，减少环境影响，促进经济和社会的可持续发展(图2-8)。物质流涉及自然资源和物质在经济系统中的循环利用，例如，通过回收废钢和废纸等材料，减少对新资源的

---

① 国务院. 关于加快建立健全绿色低碳循环发展经济体系的指导意见[EB/OL]. (2021-02-22)[2024-11-28]. https://www.gov.cn/zhengce/content/2021-02/22/content_5588274.htm.

② 国家发展改革委，生态环境部. 关于加快建立健全绿色低碳循环发展经济体系的指导意见[EB/OL]. (2021-09-08)[2024-11-28]. https://www.gov.cn/zhengce/zhengceku/2021-09/16/content_5637606.htm.

③ 工信部联节. 关于印发加快推动工业资源综合利用实施方案的通知[EB/OL]. (2022-01-27)[2024-11-28]. https://www.gov.cn/zhengce/zhengceku/2022-02/11/5673067.htm.

图 2-8 循环经济概念图

需求和废弃物的产生。能量流关注能源在经济系统中的转换与利用，通过提升能源利用效率和增加可再生能源的使用，降低能源浪费和污染。例如，在建筑领域，利用太阳能和地热能等可再生能源，可以有效减少碳排放。价值流通过优化资源配置和延长产品使用寿命来提高资源的经济价值，如通过电子产品的再制造，延长设备的使用期限，减少对原材料的依赖。信息流则利用数字化技术，如物联网和大数据分析，优化资源管理，提升利用效率。例如，智能电网通过实时数据管理电力分配，有效减少了能源浪费。

1. 物质流

物质流的互联互通方面，国务院办公厅《关于加快构建废弃物循环利用体系的意见》①（国办发〔2024〕7 号）明确提出了加快构建废弃物循环利用体系的具体要求。通过政策的引导和支持，废弃物的资源化利用得以推进，旨在优化物质流的管理，实现资源的高效配置和循环使用。这种物质流的互联互通不仅减少了废弃物对环境的负面影响，同时提升了资源的利用效率，推动了经济的持续发展。

（1）物质流的概念：物质流是指自然资源和物质在经济系统中的开采、生产、转移、分配、消耗、循环和废弃等过程。在循环型社会中，物质流是构建循环经济体系的基础。它要求在经济活动中实现物质的合理开采、高效利用和循环利用。

（2）物质流的循环利用：循环经济的核心在于物质的循环利用，通过构建“资源—产品—再生资源”的反馈式流程，最大限度地减少资源的消耗和废弃物的产生。企业内部通过清洁生产促进原料和能源的循环利用；企业之间通过生态工业链的组织，形成资源共享和副产品互换的产业再生组合；在社会整体层面，通过大力发展绿色消费市场和资源回收产业，实现自然资源的闭合回路。

（3）物质流的管理：为了实现物质的高效循环，需要对经济系统中的物质流进行科学管理。这包括建立物质流分析技术体系，对进出经济系统的物质流规模和种类进行统计核算，关注物质的使用、消耗和循环强度，从而实现对系统内物质流的调控和优化。

① 国务院办公厅. 关于加快构建废弃物循环利用体系的意见[EB/OL].（2024-02-09）[2024-11-28]. https://www.gov.cn/zhengce/content/202402/content_6931079.htm.

案例(十四)

北九州市生态产业园的物质流循环利用

日本北九州市的某生态产业园作为日本首批基于物质流分析的生态产业园建设示范区，启动了全面的资源循环利用项目。该项目采取了以下具体措施：建设高效的废弃物回收系统，实现企业间的废弃物资源共享和互换，优化生产流程以减少能源消耗。在短短四五年内，园区资源使用率显著提升，资源循环利用率达到较高水平。项目实施后，废弃物资源化利用率提高了30%以上，同时减少了50%的废弃物处理成本，显著提高了资源利用效率，推动了当地经济的可持续发展。

案例(十五)

玉米种植系统中的物质能量循环利用

在中国的循环农业实践中，通过高新技术与生态农业理念的结合，显著提升了玉米种植系统中的物质能量循环利用效率。利用生物基因技术调控玉米的生长繁殖速度，提高资源利用效率。同时，通过传感器技术和红外感应技术实时监测土壤湿度和养分含量，优化生产管理。例如，玉米种植过程中产生的秸秆可以转化为有机肥料或生物能源，增加土壤有机质含量和碳储量，减少对化石能源的依赖。结合综合种养模式，玉米秸秆用作畜牧饲料，畜禽粪便制成有机肥料还田，进一步实现农业废弃物的循环利用。这些措施减少了农业废弃物的产生，提高了土壤肥力和碳储量，同时提升了农产品的产量和质量，促进了农村经济的发展。

案例(十六)

区域物质流分析在循环经济规划中的应用与实践

自2005年以来，中国在不同行业和地区通过物质流分析推动区域循环经济的发展。例如，江苏省南通市在循环经济工业园区中，利用物质流统计分析系统，实现了废物资源化利用率的提升，能源消耗减少了10%。在山东省矿产资源富集地区，物质流分析优化了资源开采和加工流程，使资源利用效率提高了20%，废弃物排放量减少了30%。这些实际案例表明，物质流分析在提高资源利用效率、推动区域经济可持续发展方面发挥了重要作用。

通过获取农林矿产资源的进出口数据及各种废物的实际产量，研究物质消费规律，实现对资源配置利用的合理把控。具体措施包括建立区域性物质流统计分析体系，优化资源配置，提高资源利用效率。这些举措有助于推动区域循环经济的发展，促进资源的高效利用以及废弃物的减量和资源化。

2. 能量流

能量流的互联互通是实现资源高效利用和可持续发展的关键。通过建立完善的循环利用体系，可以有效回收并再利用废弃物中的潜在能量。具体措施包括将这些能量转化并融入不同产业的生产流程中，确保能量流在各个环节的高效转化和利用。这种跨产业的能量流动不仅提升了能源利用效率，还显著降低了整体能源消耗，体现了循环经济的核心价值。

（1）能量流的概念：能量流关注的是资源在经济系统中的能量转换和利用过程。它涵盖了能量从自然资源的提取到最终消耗或回收再利用的整个流程。

（2）能量流的循环利用：在资源循环的过程中，应尽可能地将废弃物中的能量转化为可再利用的形式，以减少能量浪费和环境污染。例如，利用焚烧发电技术，将城市生活垃圾转化为电能，为社区供电；或通过热解技术，将废塑料转化为可再生燃料油，这些方法都能显著提高能量的循环利用效率。通过这些技术手段，废弃物不仅得到了有效处理，还为社会提供了稳定的能源供应，实现了能量的高效循环。

（3）能量流的管理：优化能源利用，采用高效能源利用技术，推广清洁能源，实施能量梯级利用，是能量流管理的重要措施。通过这些措施，可以提升能源利用效率，减少能量消耗和环境污染。

城市和工业领域的人工水循环是一个典型案例。通过建设雨水收集系统、中水回用系统，实现雨水和废水的再利用，例如用于农业灌溉、城市绿化等，这不仅减少了能源消耗，还提高了水资源的利用效率。

案例(十七)

卡伦堡生态工业园的能量流互联利用

丹麦卡伦堡生态工业园：卡伦堡生态工业园被认为是世界上首个真正意义上的生态工业园区，它通过企业间的合作，实现了废弃物和副产品的循环利用。园区内的一家发电厂利用邻近制药厂排放的废气来发电。发电过程中产生的余热被用于供暖和工业用水的加热。此外，园区内的炼油厂与发电厂协同工作，炼油厂处理废水中的硫化物后，将其供应给发电厂，以减少硫化物的排放并提升能源利用率。制药厂产生的废气通过管道输送至发电厂，发电厂利用这些废气进行燃烧发电。燃烧过程中产生的余热通过热力管网传输到附近的居民区和工业区，用于供暖和工业用水的加热。每年，这种合作模式减少了 3 000 吨二氧化碳的排放，显著降低了企业的能源成本。同时，炼油厂和石膏板厂通过废水和废气的处理，进一步提高了资源利用效率，展现了循环经济巨大的潜力和实际效益。

3. 价值流

在固体废弃物资源化过程中，价值流的概念不仅涵盖了废弃物的再生利用，还包括了通过这一过程创造的新经济价值。《关于“十四五”大宗固体废弃物综合利用的指导意见》①(发改环资〔2021〕381 号)指出，进一步提升大宗固体废弃物(以下简称“大宗固废”)综合利用水平，推进大宗固废综合利用绿色发展，推进产废行业绿色转型，推动利废行业绿色生产，强化大宗固废规范处置。坚持突出重点与系统治理相结合、技术创新与模式创新相结合等基本原则以推进大宗固废综合利用。这一价值流的循环利用，不仅减轻了对原生资源的依赖，还通过资源再利用的经济效益推动了相关产业的创新与发展，最终构建了更为稳健的经济结构。

(1) 价值流的概念：价值流体现了物质资源在经济活动中的价值投入、流转、增值和补偿过程，是衡量经济活动效率和效益的关键指标。

(2) 价值流的循环利用：通过优化资源配置和延长产品使用寿命来最大化资源的经济价值，在固体废物资源化中发挥了重要作用。固体废物资源化是价值流中的重要组成部分，它通过回收和再利用将废弃物转化为有用的资源，实现了废物的价值增值。

(3) 价值流的管理：废弃物回收与再利用是固体废物资源化的基础。建立完善的废弃物回收系统，可以有效促进资源的循环利用，提高废钢、废铝等再生资源的利用率，减少对原生资源的依赖，降低生产过程中的能源消耗和碳排放。资源化利用意味着将固体废物通过先进技术转化为有用的产品或材料，例如将建筑废料再生为建筑材料，或将生活垃圾转化为能源。这不仅减轻了废物处理的压力，还提升了资源利用效率。市场机制和政策支持在推动固体废物资源化利用中发挥关键作用。政府应制定和完善相关法规，激励企业和个人积极参与固体废物资源化利用，并通过经济激励措施，如税收减免和补贴，支持废物回收和再利用项目的发展。通过这些措施，固体废物资源化不仅实现了资源的高效循环利用，减少了环境污

① 发展改革委等. 关于“十四五”大宗固体废弃物综合利用的指导意见[EB/OL]. (2021-03-18)[2024-11-28]. https://www.gov.cn/zhengce/zhengceku/2021-03/25/content_5595566.htm.

染，还助推了经济的绿色转型，推动社会向可持续发展的方向迈进。

在制造业、化工、冶金等行业，通过改进生产工艺、采用清洁生产技术、构建循环经济产业链，可以实现固体废弃物的内部循环利用和上下游企业的协同合作，降低生产成本和环境污染风险，提升市场竞争力和可持续发展能力。

案例(十八)

北京市建筑废料资源化利用的政策实践

在北京，政府通过出台一系列政策来支持固体废物资源化利用。这些政策包括为从事废物回收和再利用的企业提供税收减免和财政补贴，同时建立了废物资源化利用的信息平台，以促进废弃物的高效收集、运输、处理和利用。借助先进的垃圾分类和回收技术，废钢和废铝等材料得到了有效的回收，再生资源的利用率显著提升，从而减少了对原生资源的依赖。在资源化利用方面，建筑废料通过专业处理设施被转化为再生建材，用于新建筑的建设。同时，生活垃圾在垃圾焚烧发电厂中被转化为电能，供城市使用。市场机制和政策支持为这一过程提供了坚实的保障，推动了废物资源化利用产业的发展。这不仅实现了资源的高效循环利用，还减少了环境污染，促进了经济的绿色转型。

4. 信息流

在资源管理中，信息流通过实时数据和信息的传递，确保了物质流、能量流和价值流的有效管理。借助废弃物处理的数据信息系统，可以对这些流动过程进行精确监控和调整，保障资源的高效利用和各环节的无缝衔接。

(1) 信息流的概念：信息流涉及在经济系统中传递的各类信息，如政策信息、技术信息、市场信息等。它是连接物质流和价值流的桥梁，对实现资源的优化配置和高效利用起着至关重要的作用。

(2) 信息流的循环利用：通过信息的传递和共享，实现资源的优化配置和高效利用；通过信息的反馈和调节，对经济活动进行实时监控和动态调整。

(3) 信息流的管理：建立完善的信息管理体系，强化信息化基础设施建设，提升信息传输和处理能力，建立信息共享机制，推动信息在经济活动中的广泛应用和深度融合。

建立废弃物资源化利用的信息平台，以实现废弃物收集、运输、处理和利用等信息的实时共享；推广智能技术，提升废弃物资源化利用的智能化水平；通过宣传教育，增强公众对废弃物资源化利用的认识和参与度。

案例(十九)

COSMOPlat工业互联网平台的数字化管理

中国某家电集团开发了COSMOPlat,这是一个开放的工业互联网平台,旨在推动制造业的数字化转型。COSMOPlat融合了物联网、大数据和人工智能技术,贯穿了从原材料供应到产品生命周期管理的各个流程,实现了信息的高效流通。该平台使得企业能够实时监控生产过程中的各项数据,优化资源配置,提升生产效率,并实现定制化生产。借助COSMOPlat,该集团不仅提高了自身的运营效率,还助力其他制造企业实现了数字化转型和可持续发展。

案例(二十)

某电气公司产品全生命周期管理

法国的某电气公司专注于能源管理和自动化解决方案,开发了一套循环经济信息管理系统,旨在延长产品生命周期并减少资源消耗。该系统利用物联网和大数据技术,实现了产品从设计、制造到使用和回收的全程管理。该公司的系统可以实时监控产品的使用状况,预测潜在故障并安排维护,从而延长了产品的使用寿命。此外,该公司还推出了回收计划,确保废弃产品得到有效的回收和再利用。该系统在2018—2020年帮助该电气公司节省了100 000公吨的原材料,彰显了信息流在循环经济中的重要作用。

(4) 互联互通——构建循环型社会

构建循环型社会需要从物质流、能量流、价值流和信息流四个维度出发,实现资源的优化配置和高效利用。具体来说,需要采取以下措施:

① 加强政策引导:政府应制定和完善相关法律法规,如《中华人民共和国循环经济促进法》,以推动循环经济的发展。这些法律法规应确立循环经济的法律地位,并规范物质资源在开采、生产、消费、回收和再利用等环节的行为。例如,欧盟通过《循环经济行动计划》设定了资源回收和再利用的具体目标,促进成员国实施循环经济政策。不同国家在推动循环经济方面都有各自的政策和实践经验,通过汇总和分析这些政策,可以为其他国家和地区提供参考。

② 实施经济激励政策:政府应对从事资源循环利用、环保技术研发和环保产业投资的企业提供税收减免和财政补贴等激励措施。例如,美国通过提供联邦税收抵免,鼓励企业投资可再生能源项目。这些政策不仅降低了企业的运营成本,增强了市场竞争力,还促进了环保产业的发展,并逐步建立反映资源型产品供求关系

和稀缺程度的价格机制。通过价格杠杆，引导企业和消费者节约资源、减少浪费。以中国为例，政府提供的电动汽车购置补贴大幅推动了新能源汽车市场的发展，同时提高燃油税促使消费者选择绿色交通方式。这些措施不仅减少了碳排放，还促进了相关产业链的升级和转型。

构建循环型社会需要政府、企业和公众的共同努力。通过制定和完善法律法规、实施经济激励政策，以及推动产业结构调整和升级，可以实现资源的高效利用和循环，从而促进经济可持续发展。这不仅有助于缓解资源短缺和环境污染问题，还能为经济增长注入新的活力，引导社会向绿色、低碳、可持续的方向发展。

在“双碳”目标的推动下，人与自然的和谐共生成为实现生态文明建设和可持续发展的核心议题。和谐共生理念强调生态系统的自我调节与人类合理干预相结合，通过自然恢复和人工修复的相辅相成，提升生态系统的稳定性和恢复力。采取因地制宜、分类施策的方法，制定适应性强的生态修复和治理方案，可以有效应对生态修复过程中的各种挑战。

在生态保护工作中，引入循环经济理念推动了资源的高效利用、固体废物的资源化利用以及废弃物的再利用，从而促进了绿色低碳经济的发展。将现行的法规政策以及实践中的废旧物资、垃圾、大宗固废、再生资源、二手商品等统一纳入废弃物管理范畴，涵盖了综合利用、循环利用、二手交易、再制造、能源化利用等多种资源化和再利用途径。通过优化物质流、能量流、价值流和信息流的管理，实现了资源的高效利用和环境保护的双重目标。

政策引导和市场机制的配合是实现绿色低碳发展的重要保障。通过政策激励和市场驱动，推动绿色技术和产业的发展，形成节约资源、保护环境的空间格局、产业结构、生产方式和生活方式。

综合来看，“双碳”目标下的生态文明建设不仅是实现可持续发展的必要路径，更是应对气候变化和环境污染等全球性挑战的重要途径。通过将固废处理与生态修复融通，采用系统化的思路，将废物的处置与生态修复有机结合，可以更加有效地解决生态修复与废物管理之间的割裂问题。这种综合方法不仅提升了环境治理的整体效能，也为资源的可持续利用和生态文明的推进提供了更为坚实的基础。唯有如此，才能实现人与自然的真正和谐共生，为子孙后代创造一个绿色、低碳、可持续的未来。

思考题

1. 中国政府已召开了多次全国生态环境保护会议，近些年会议主题的主要变化是什么？

2. 在全面推进美丽中国建设的背景下，个人消费者可以通过哪些措施来保护生态环境？

3. 什么是人与自然的和谐共生？结合中国在生态文明建设中的具体举措，如“退耕还林还草”政策，分析其在实现可持续发展中的重要性。

4. 自然恢复与人工修复各自的优势和局限性有哪些？请结合森林恢复或水体修复的具体案例，说明为什么在生态修复过程中需要将这两种方法有机结合。

5. 上海某新能源科技有限公司（案例十一）通过工艺革新，实现了废旧动力电池的高效再利用。请分析这些技术对减少环境污染和节约资源的启示。

6. 什么是循环经济？结合国内某一具体的城市废物处理项目，说明循环经济如何在该项目中发挥作用，促进废弃物的资源化利用。

7. 政策引导和市场机制如何共同推动绿色低碳循环经济的发展？请结合一个地方政府的绿色产业扶持政策，说明其如何促进人与自然的和谐共生。

8. 古代桑田的物质循环和现代光伏羊模式有相似之处，在当前光伏发电与畜牧业结合的实践中，如何进一步提高其整体可持续性和生态效益？

参考文献

[1] 王金南，董战峰，蒋洪强，等. 中国环境保护战略政策70年历史变迁与改革方向[J]. 环境科学研究，2019，32(10)：1636－1644.

[2] 冉连. 绿色治理：变迁逻辑、政策反思与展望：基于1978—2016年政策文本分析[J]. 北京理工大学学报(社会科学版)，2017，19(6)：9－17.

[3] 何劭玥. 党的十八大以来中国环境政策新发展探析[J]. 思想战线，2017，43(1)：93－100.

[4] 张继宏. 碳减排路径与绿色创新激励机制[M]. 北京：人民出版社，2019.

[5] 庄贵阳，周宏春. 碳达峰碳中和的中国之道[M]. 北京：中国财政经济出版社，2021.

[6] 田艳丰. 能源与环境[M]. 北京：中国水利水电出版社，2019.

[7] 全球能源互联网发展合作组织. 中国碳中和之路[M]. 北京：中国电力出版社，2021.

[8] 张新安，高兵，邓锋，等. 自然资源管理服务支撑碳达峰碳中和[M]. 北京：经济科学出版社，2022：74－83.

[9] 任喜洋，邓锋，高兵，等. 推动能源资源结构向绿色低碳转型[J]. 中国国土资源经济，2021，34(12)：48－54＋76.

[10] 刘合，梁坤，张国生，等. 碳达峰、碳中和约束下我国天然气发展策略研究[J]. 中国工程科学，2021，23(6)：33－42.

[11] 国家能源局. 中国天然气发展报告(2022)[R]. 北京：石油工业出版社. [2023－07－21].

[12] 刘晓曼，张文国，周大庆，等. 我国生态保护面临的挑战与监管策略[J]. 环境生态学，2024，6

(2)：85－89＋94.
[13] 郭卫红. 水土保持生态功能区生态环境治理体系构建方法研究[J]. 环境科学与管理，2023，48(10)：161－165.
[14] 许闯胜，宋伟，李换换，等. 中国生态修复的实践错位问题与应对措施[J]. 资源科学，2023，45(1)：222－234.
[15] 刘祥宏，尹勤瑞，辛建宝，等. 生态植被自然修复及其人工促进技术研究进展与展望[J]. 生态环境学报，2022，31(7)：1476－1488.
[16] 李斌. 生态保护与城市游憩视角下上海城市绿道设计研究[J]. 城市建筑空间，2024，31(6)：49－52.
[17] 张抗，苗淼，张立勤. 因地因时制宜[J]. 中国石油石化，2022(1)：16－19.
[18] 王军，傅伯杰，张骁，等. 基于自然的青藏高原一体化生态保护修复优化管理[J]. 中国科学院院刊，2024，39(7)：1123－1130.
[19] 张抗，焦扬. 从能源时代更替和“气荒”看我国能源构成多元化和因地因时制宜的战略思维[J]. 中外能源，2018，23(6)：1－19.
[20] 汤怀志，郧文聚，孔凡婕，等. 国土空间治理视角下的土地整治与生态修复研究[J]. 规划师，2020，36(17)：5－12.
[21] 王健生，田新元，袁琳，等. 从山顶到海洋构建生态保护治理大格局[N]. 中国改革报，2024－02－23(001).
[22] 冯妙玲，杨远光，王儒密，等. ESG 理念及实践对社会资本参与生态保护修复的启示[J]. 南方农机，2024，55(9)：18－21＋42.
[23] 中国循环经济协会. 循环经济助力碳达峰研究报告(1.0 版)[R]. 2021.

第 3 章

“双碳”与环境污染治理

3.1 “双碳”与水污染治理

近一个世纪以来，全球人口和工业化进程迅猛发展，水资源紧张和碳排放增长的问题日益严重，对气候环境产生了重大影响。为了实现“双碳”目标，需要发展既能减污又能降碳的水处理技术。传统的技术存在能耗高、碳排放量大、回收率低等问题，可以通过以下几种方式加以改进：研发节能设备、优化工艺流程以降低能耗和碳排放；加强水资源的回收利用，减少对自然资源的依赖；提高水处理技术的智能化和自动化水平，实现水处理过程的精准控制。此外，还应创新研发新技术和新工艺，例如高级氧化技术中的类芬顿氧化技术和光催化技术，这些技术能高效去除污染物，从而进一步降低能耗和碳排放。

本节将深入介绍当前主流的水处理技术，并探讨在“双碳”背景下，水处理领域所采取的更加环保、节能的新型技术和方法。

3.1.1 水治理主流技术

当前主流的废水治理技术主要包括物理治理法、化学治理法和生物治理法。

① 物理治理法：主要通过物理作用去除废水中的悬浮物、油脂和漂浮物等，方法包括过滤、沉淀、气浮、离心分离、吸附等。

② 化学治理法：利用化学反应将废水中的污染物转化为无害物质，方法有混凝沉淀、氧化还原、中和、离子交换等。

③ 生物治理法：利用微生物的新陈代谢作用降解废水中的有机污染物，分为好氧生物处理和厌氧生物处理。好氧生物处理，如活性污泥法、生物膜法等，在有氧条件下利用好氧微生物分解有机物；厌氧生物处理，如厌氧消化、升流式厌氧污泥床（upflow anaerobic sludge bed，UASB）反应器等，在无氧或低氧条件下利用厌氧微生物分解有机物，并产生甲烷等气体。

在实际应用中，废水治理工艺的选择和组合通常会根据废水的特性和处理要求进行合理配置，以达到最佳处理效果。生物治理法作为广泛应用的废水治理技术之一，在实际操作中常需与其他治理工艺结合，以满足特定的废水处理需求。通过优化工艺组合，可以进一步提高处理效率和质量，确保废水得到有效治理。

1. 氧化沟工艺

氧化沟工艺(oxidation ditch，OD)作为一种成熟的活性污泥污水处理技术，已在我国广泛推广和应用。它是活性污泥法的一种变形，其曝气池呈封闭的沟渠型，所以它在水力流态上不同于传统的活性污泥法，而是一种首尾相连的循环流曝气沟渠。这种设计使得氧化沟能够形成厌氧、缺氧和好氧的不同环境，从而对污水进行有效净化(图 3-1)。氧化沟工艺具有过程简便、操作灵活、成本较低和运行性能稳定等特点。

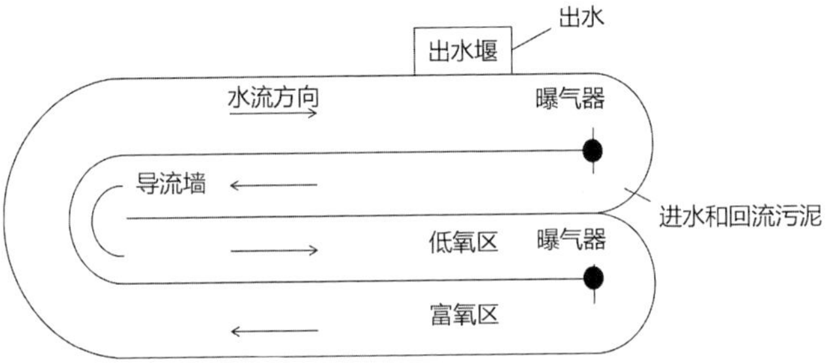

图 3-1 氧化沟工艺流程图

然而，目前氧化沟工艺在脱氮方面的最高效率约为 90%，而在除磷方面的效率仅约为 80%，这表明氧化沟在同步实现脱氮和除磷的效果上还有提升空间。另外，氧化沟工艺为了维持微生物的生长环境，需要大量的氧气供应。为了满足这一需求，必须采取有效的通气措施，这不仅导致能源消耗的增加，还可能伴随额外的碳排放。

2. A/O 工艺

在 A/O(厌氧-好氧，anaerobic - oxic)工艺中，通过厌氧段(A 段，DO≤0.2 mg/L)和好氧段(O 段，DO=2～4 mg/L)串联运行，实现有机物降解与脱氮除磷。在厌氧段，异养菌水解大分子有机物为小分子有机物，并完成氨化作用；在好氧段，自养菌氧化氨氮为硝酸盐。该工艺一般还会设置缺氧段，好氧段出水部分回流至缺氧段，在缺氧段(DO<0.5 mg/L)中，反硝化菌利用有机物作为电子供体，将硝酸盐还原为氮气，实现进一步脱氮。此工艺通过厌氧预处理提高污水可生化性，结合硝化-反硝化作用实现高效污染物去除，其流程简洁、成本较低、操作方便，

因此广泛应用于中小型城市生活污水处理站。

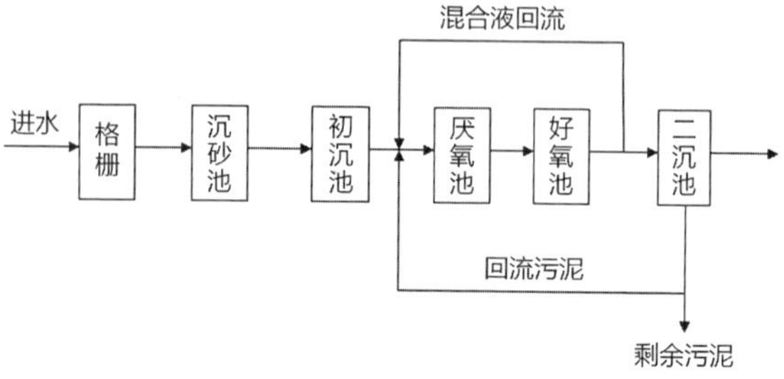

图 3-2　A/O 工艺流程图

然而，A/O 工艺无法实现完全脱氮，因为好氧池的总出水流量中有一部分不会回流到厌氧池，而是直接随出水排放。因此，若要提升脱氮效率，必须增加内回流比，但这也会导致运行费用的增加。此外，在好氧段(O 段)，需要维持较高的溶解氧(DO)浓度(2～4 mg/L)。这意味着需要消耗大量能源来提供充足的氧气供应，以满足微生物的代谢需求。高能源消耗不仅提高了运行成本，还可能增加碳排放量。

3. A^2/O 工艺

A^2/O(厌氧-缺氧-好氧，anaerobic - anoxic - oxic，简称 AAO 或 A^2/O)工艺是城市污水处理厂中应用最广泛的同步脱氮除磷工艺之一，其具有结构简单、总水力停留时间短、控制运行复杂性较低等优点(图 3-3)。该工艺成熟度较高，能够确保污水处理工程中各项工序的稳定运行。A^2/O 生物脱氮除磷工艺是传统活性污泥法、生物硝化及反硝化工艺和生物除磷工艺的综合体，其处理效率一般可以达到：BOD_5 和 SS 去除率为 90%～95%，总氮去除率在 70%以上，磷去除率约为 90%，适用于需要脱氮除磷的大中型城市污水处理厂。

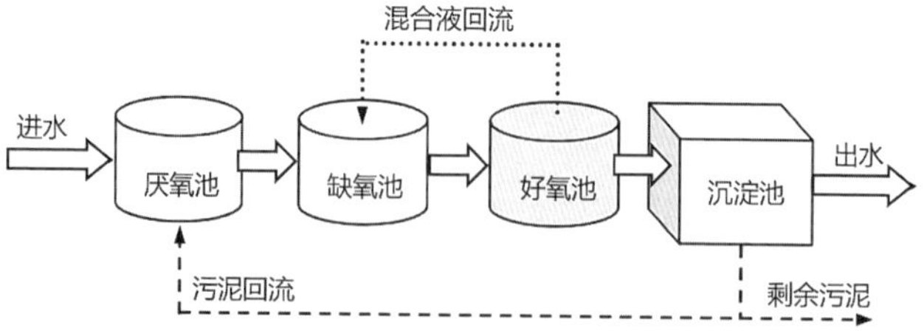

图 3-3　A^2/O 工艺流程图

然而，A^2/O 工艺的基建费用和运行费用均高于普通活性污泥法，且对运行管理的要求也较高。由于缺氧区位于系统的中部，反硝化作用在碳源分配上处于不利位置，这影响了系统的脱氮效果。因此，传统 A^2/O 污水处理工艺在脱氮效果上因碳源利用率较低而仍有较大的提升空间。

4. **臭氧氧化工艺**

臭氧氧化工艺(ozonation treatment)是一种应用广泛的高级氧化技术,其氧化性能非常强。该工艺的主要设施包括臭氧发生器和气-水接触设备(图3-4)。臭氧不仅能够氧化废水中的不饱和有机物,还能将难生物降解的化合物转化为易生物降解的小分子物质,从而提升废水的可生化性。臭氧的反应效率高,其分解产物为氧气,不会产生有害残留物,因此不会在化工废水中造成二次污染。目前,臭氧氧化工艺已在化工园区污水处理中得到广泛应用。

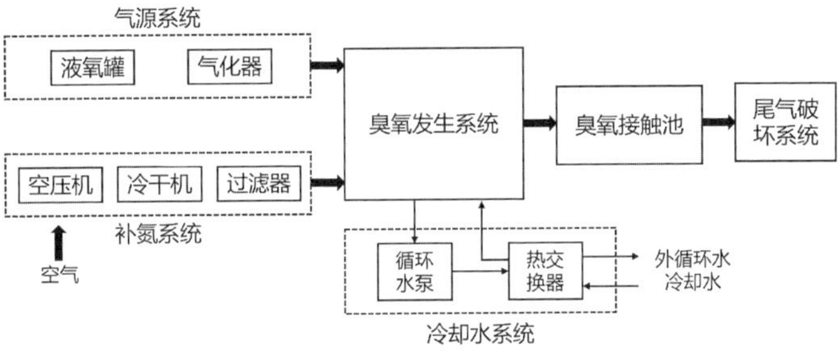

图3-4 臭氧氧化工艺流程图

然而,目前生产臭氧的电耗仍然较高,需要进一步改进生产技术以降低电耗。同时,还需加强对气-水接触方式和接触设备的研究,以提高臭氧的利用率。

案例(一)

国内某制药公司“物化+生化处理”联合工艺

某制药公司采用生物发酵及化学合成工艺生产青霉素、阿莫西林、头孢等抗生素类药物,其产生的废水主要包括废弃母液、结晶废液、洗涤废液和冷却水等,废水中含有大量的有机物和残留抗生素。该公司采用芬顿氧化+混凝+气浮+厌氧-好氧(A/O)+臭氧+曝气生物滤池的组合工艺对制药废水进行处理(图3-5),设计的废水处理规模为1 000 m^3/d。经过一段时间的调试和运行,该废水处理系统表现出良好的处理效果,系统运行稳定,且具有较强的适应性。

A/O处理:综合池的废水自流进入A/O生化池,其中难溶性有机物在厌氧池中通过微生物的作用被降解转化为可溶性有机物,大分子有机物在水解作用下转变为小分子有机物;随后,废水进入好氧处理阶段,使得废水中的有机物含量大幅降低。经过处理的废水随后流入二沉池,实现泥水分离。

臭氧/曝气生物滤池深度处理阶段:二沉池的废水通过污水提升泵送入臭氧/

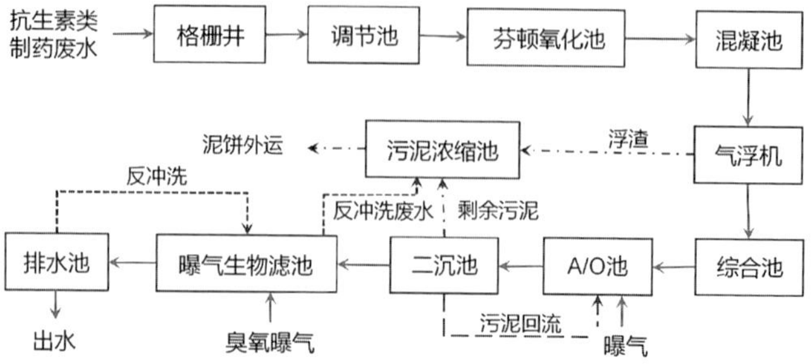

图3-5 制药废水处理工艺流程(陈坤、杨德敏、袁建梅,2021)

曝气生物滤池,废水在此阶段经过·OH自由基的强化氧化作用和好氧生物膜的联合深度处理,从而得到进一步净化。处理后的出水水质符合《化学合成类制药工业水污染物排放标准》(GB 21904—2008)的排放要求。

5. 膜生物反应器

传统的活性污泥工艺广泛应用于各类污水处理中。然而,由于该工艺采用重力式沉淀方式进行固液分离,存在一系列问题,例如固液分离效率不高、处理装置的容积负荷较低、占地面积大、出水水质不稳定、传氧效率低、能耗高以及剩余污泥产量大等。

在这种背景下,一种新型的水处理技术——膜生物反应器(membrane bioreactor,MBR)应运而生。MBR技术是一种将超滤膜或微滤膜分离技术与生物处理技术相结合的污水处理工艺。超滤膜和微滤膜组件作为泥水分离单元,能够完全替代传统的二沉池。膜组件能够截留活性污泥混合液中的微生物絮体和大分子有机物,使它们停留在反应器内,这样不仅提高了反应器内的生物浓度,还延长了有机固体的停留时间,显著提升了微生物对有机物的氧化效率。此外,MBR系统几乎不排放剩余污泥,并且具有很高的抗冲击负荷能力。

与传统活性污泥法和其他废水处理方法相比,MBR系统具有多项优势。首先,生物反应器能够有效去除所有悬浮物和大多数可溶性物质,从而保证出水质量较高。其次,MBR具有在生物反应器中去除细菌和病毒等微生物的能力,尤其是病原微生物,这使得它能够产出几乎无菌的废水,减少了对后续彻底消毒的需求,从而降低了相关的健康风险。

然而,在处理工业污水时,MBR工艺需要大量的曝气来确保污水的过滤效果。同时,为了促进原水通过膜组件,需要增加压力,这无形中提高了能耗。这些高能耗不仅增加了企业的运营成本,而且与“双碳”目标中减少碳排放的要求不符。另外，MBR 膜组件的使用寿命通常在 5 年左右，到期后需要更换。这不仅增加了长期运行的成本，也对资源的有效利用和循环使用提出了挑战。

案例(二)

江苏省某污水厂“A^2/O+MBR”处理工艺

江苏省某污水厂的设计处理能力为 5 000 m^3/d，其工艺流程包括以下几个步骤：首先，利用格栅移除大的漂浮物；接着，使用沉砂池降低流速，使砂粒等重颗粒物沉降；然后，通过初沉池进一步去除悬浮固体和有机物，利用自然沉降进行分离；最后，采用活性污泥法，利用微生物群体降解有机物质。出水标准执行的是《城市污水再生利用　城市杂用水水质》(GB/T 18920—2020)。然而，随着环保法规要求的不断提高，现有的处理技术已无法满足新的出水标准要求。

因此，该案例污水厂引入了 A^2/O 工艺处理程序，以强化硝化和反硝化作用，提高氮的去除效率(图 3－6)，并配置了相应的曝气系统，确保好氧池的溶解氧(DO)水平维持在 2～4 mg/L。同时，污水厂还引进了 MBR 工艺，以替代传统的二沉池，从而提高出水悬浮固体的去除效率和出水的稳定性。

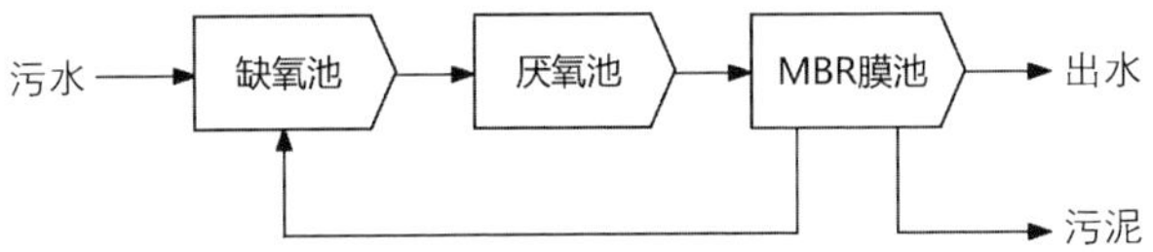

图 3－6　A^2/O+MBR 工艺流程图

在配置 A^2/O 工艺时，该污水厂重点考虑了进水特性和污染负荷。通过运用动态模拟工具，如 BioWin，进行预测性模拟，以确定反应器的大小和各区域的比例。例如，在厌氧区，确保有足够的容积以使有机物充分分解，并产生必要的还原电位，从而促进缺氧区的脱氮作用。在缺氧区，通过调节内循环流量，确保硝酸盐得到有效利用，并为聚磷菌提供适宜条件，以优化除磷效果。在好氧区，则通过精确计算的曝气量，并安装溶解氧控制系统来调节空气供给量，保持适宜的 DO 浓度，满足氨氮硝化的需求，同时避免过度曝气导致的能源浪费。

在配置 MBR 工艺时，根据预期的进水特性和出水标准，选择了耐污染、长寿命的中空纤维膜，材料为聚偏二氟乙烯(polyvinylidene difluoride，PVDF)，膜孔径为 0.1～0.3 μm。在确定膜面积时，不仅考虑了当前的处理需求，还预留了足够的扩展空间，以应对未来处理负荷的增长。

通过对比升级前后的水质数据，结果显示 COD 从 45 mg/L 降至 25 mg/L 以下，BOD 从 10 mg/L 降至 3 mg/L 以下，TN 和 TP 的含量也显著降低，均低于江苏省《城镇污水处理厂污染物排放标准》(DB 32/4440—2022) 中常规污染物的日均排放限值。然而，A^2/O+MBR 工艺的碳排放量高达 2.3 kg/m^3，是单独 A^2/O 工艺的 2.83 倍。因此，未来将碳减排技术与污染减排技术相结合，具有重要的意义。

3.1.2 减污降碳水处理案例

传统污水处理模式的本质在于通过大量能源消耗来提升水质，其碳排放主要来自两个途径：直接碳排放和间接碳排放。直接碳排放主要是由污水中的有机物在生物降解过程中产生的，包括 CO_2、N_2O、CH_4 等气体；而间接碳排放则主要发生在污水处理过程中，包括使用外部化石能源供电和药剂的投加。尽管我国废水处理产生的温室气体排放量在全社会排放总量中的比例不到 1%，但甲烷和氧化亚氮的排放量在社会总排放量中的比例均超过 5%，使得污水处理成为我国非二氧化碳温室气体的重要排放源之一。因此，污水处理行业在碳减排方面扮演着至关重要的角色。

在国内外，许多污水处理厂已经开始响应“减污降碳协同”的绿色发展理念，走上了绿色发展的道路。这些“绿色”污水处理厂以实现“碳中和”为最终目标，在确保出水符合排放标准的同时，实现了水资源的再生利用和营养物质的回收。

本节通过整合国内外的成功实践案例，旨在总结和提炼这些实现出水可持续、能源零消耗、物质可循环的创新方案和前沿技术，为我国未来污水处理技术的发展提供有价值的启示和借鉴。

案例(三)

北京市高安屯再生水厂——减污降碳协同发展

高安屯再生水厂位于北京市东北部，其处理规模达到 20×10^4 m^3/d。污水处理工艺流程图如图 3-7 所示，主体工艺为 A^2/O +砂滤池，处理后的出水被送往再生水用户或退水至坝河。污泥处理中心的设计规模为 1 836 t/d(污泥含水率为 80%)，污泥来源包括外厂脱水后的污泥和高安屯再生水厂自身产生的污泥。污泥处理的主体工艺为热水解+厌氧消化+板框脱水，消化过程中产生的沼气用于燃烧产生蒸汽，供热水解使用，剩余的沼气则通过发电机发电。

高安屯再生水厂采用了多项先进工艺，不仅在优化水处理效果方面取得了显著成效，同时也降低了能耗。在污泥消化方面，高安屯再生水厂应用的热水解厌氧

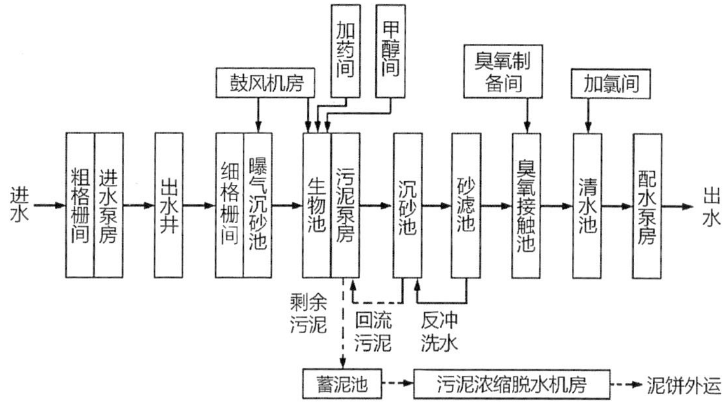

图3-7 污水处理工艺流程图

消化工艺与传统工艺相比，提高了水处理效率，消化停留时间减少了30%，有机物分解率超过50%，脱水效率提升了25%，沼气产率提高了40%，用地节约了20%，粪大肠菌群数低于检出限值。在消化液处理方面，高安屯再生水厂采用的厌氧氨氧化高效脱氮技术，减少了约30%的能耗，并降低了消化液回流对总氮负荷的影响。

同时，高安屯再生水厂还实现了资源和能源的回收利用。该厂通过协同处理餐厨垃圾与污泥，不仅提高了能源回收效能，还解决了餐厨垃圾的处理问题。此外，该厂还利用光伏发电技术，实现了多能耦合和综合利用。在污泥处理和处置方面，该厂提供了一套可复制的典型整体解决方案，年均产出高品质营养土23.87万吨，这些营养土被广泛用于土地改良、林地建设及矿山修复等领域，实现了污泥资源化利用和回归土地的目标。

通过采取节能降耗和回收能源的碳减排措施，高安屯再生水厂有效降低了设备能耗，并利用智慧化控制技术提升了运营管理的精细化水平。同时，水厂回收了污水和污泥中的能源，利用清洁能源实现了降碳目标。具体措施和成效如下。

① 水区：对进水泵、砂滤池进水泵、自用水泵等多处水泵进行节能优化。进水泵作为大功率电器，减少其频繁开启可有效降低能耗。优化水力流程，加装导流装置以减少水力损失，降低水泵扬程，从而减少水泵的单耗。2021年10月8日至18日进水泵日均电量为14 007 kW·h，平均电单耗为0.068 $kW\cdot h/m^3$，与2021年10月前进水泵日均单耗0.078 $kW\cdot h/m^3$ 对比，电单耗降低了0.01 $kW\cdot h/m^3$。

② 泥区：对热水解进行运行优化，当温度、含水率不同时，热水解采用不同的运行模式。对热水解降温水进行回用，热水解一级换热器热水注入浆化罐。

③ 清洁能源：高安屯厂利用厂区沉淀池、板框机房、柱塞泵房等屋面的空闲区

域，安装分布式光伏发电面板，光伏发电用于高安屯厂运行。高安屯厂设置 $4.65\times10^4\ m^2$ 光伏板，光伏装机容量为 2 270 kW，年发电量约为 $204\times10^4\ kW\cdot h$。在高安屯厂中，污泥通过厌氧消化过程生成大量沼气，而沼气作为清洁能源，可以通过热电联产(combined heat and power，CHP)技术为再生水厂供能、供热。随着《北京市生活垃圾管理条例》的实施，居民家庭厨余垃圾分出量大幅增长，通过餐厨、厨余垃圾与市政污泥协同处理，可增加再生水厂的沼气产量和沼气发电量，减少碳排放。清洁能源发电量除满足自用外，还有 14%～28%的冗余量。

④ 全厂碳中和核算：经过对厂内直接碳排放、间接碳排放综合核算，全年产生 36 648.34 吨 CO_2 碳排放。通过节能降耗、能源回收、使用清洁能源等手段，年碳减排量可达到 37 043.93 吨 CO_2，碳中和率为 101%。

综上所述，北京市高安屯再生水厂运行稳定，通过节能降耗和回收能源、使用清洁能源等手段，完成了能源自给，碳中和率为 101%，同时通过产品资源利用改良土地 10 万余亩。

案例(四)

上海化学工业区污水处理厂——一体化污水处理模式

上海化学工业区位于上海市南部、杭州湾北岸，规划总面积为 29.4 平方千米。园区主要以石油和天然气化工为核心产业，重点发展合成新材料、精细化工等石油深加工产品，形成了乙烯、异氰酸酯、聚碳酸酯等多元化的产品系列。基于其开创的一体化污水处理模式，园区实现了污水处理厂的长期稳定运行和污水达标排放，同时确保了对各类污染物的高效去除。相较于传统分散式污水处理模式，该模式在节能、节约资源和降低碳排放方面表现优异。此外，园区还在生态湿地净化、绿色能源利用、废物转能源利用、减污降碳数字化平台等方面进行了积极探索。

① 一体化污水处理模式：上海化学工业区通过分类收集、分质处理，实现了水质全过程实时监控、专管专送、分线处理和应急处理，确保了污染物的高效去除，保障了出水长期稳定达标排放。一体化污水处理模式在碳减排方面具有显著优势，对推动石化行业及产业园区废水处理减污降碳协同发展，助力行业绿色、高质量发展起到了重要作用。

② 分类收集：园区内设有清洁雨水、生活污水、污染污水和无机污水四种收集管道。清洁雨水可直接排入杭州湾，其他类型污水需经污水厂处理。

③ 分质处理：有机废水、生活污水经收集后进入污水厂进行分质处理，根据不同企业废水来源，分别进入有机碳处理线、硝化处理线及反硝化处理线，处理后进

行臭氧氧化深度处理,再经出水调节池后排入杭州湾。高盐废水经有机碳处理线后进入出水调节池处理,达标后排放。

④ 末端管控:企业雨水排口安装阀门和在线监测系统;无机废水排口安装在线留样系统,国控重点企业安装在线监测系统;污水处理厂处理后,分别在有机、无机和总排口安装在线监测系统。

⑤ 生态湿地:上海化学工业区的生态湿地为人工湿地,面积约33公顷,自2008年建成运行,是我国首次利用生态湿地处理化工污水的尝试。2017年,湿地采用“蜻蜓湿地”概念进行改造,提升了净水功能和生态景观效果。目前湿地正在扩建,扩建后将提高园区的碳汇能力,助力实现“双碳”目标,展现生态文明建设创新模式。该湿地还将融合自然生态、湿地净化、科普宣教、智慧管控等功能,打造特色湿地公园。

⑥ 能源利用:上海化学工业区中法水务污水处理厂通过利用绿色电力和污泥资源化,探索了减污降碳的实施路径。计划建设的光伏发电项目将用于满足污水处理厂的电力需求,并采用合同能源管理模式进行运营,预计能源消纳率可达100%。污水处理厂产生的污泥经过加药和离心脱水处理后,由园区内的危废焚烧厂焚烧转化为蒸汽和电能,实现了污泥的资源化利用和园区企业的协同处置与再利用。这一模式可向其他同类产业园区推广实施。

⑦ 减污降碳创新数字化平台:上海化学工业区中法水务减污降碳创新数字化平台于2024年1月正式运行,构建了减污降碳协同指数。平台汇总了一体化供排水设施的能源、药剂、电力消耗量、污染物处置能力及处理效率数据,并通过动态图表展示碳排放和碳资产信息。该平台的实施为打造“智碳”管理模式提供了范例,可供其他水务公司和产业园区借鉴。

案例(五)

北京东坝再生水厂——“3R Water未来水处理技术”

北京东坝再生水厂作为国家“十三五”重大水专项“面向未来污水处理厂关键技术研发与工程示范”课题的示范工程,是全国首个采用“3R Water未来水处理技术”的智慧型污水处理厂,集资源转化、能源回收、低碳于一身,为全国污水处理行业的技术升级提供了引领。

在技术层面,东坝再生水厂的主体工艺采用了低碳双泥龄复合脱氮工艺(图3-8)。传统污水处理仅经过简单预处理后便进入生化池,采用传统活性污泥法进行处理。而在东坝再生水厂,所有进厂污水首先通过“3R Water”的高效碳磷浓缩

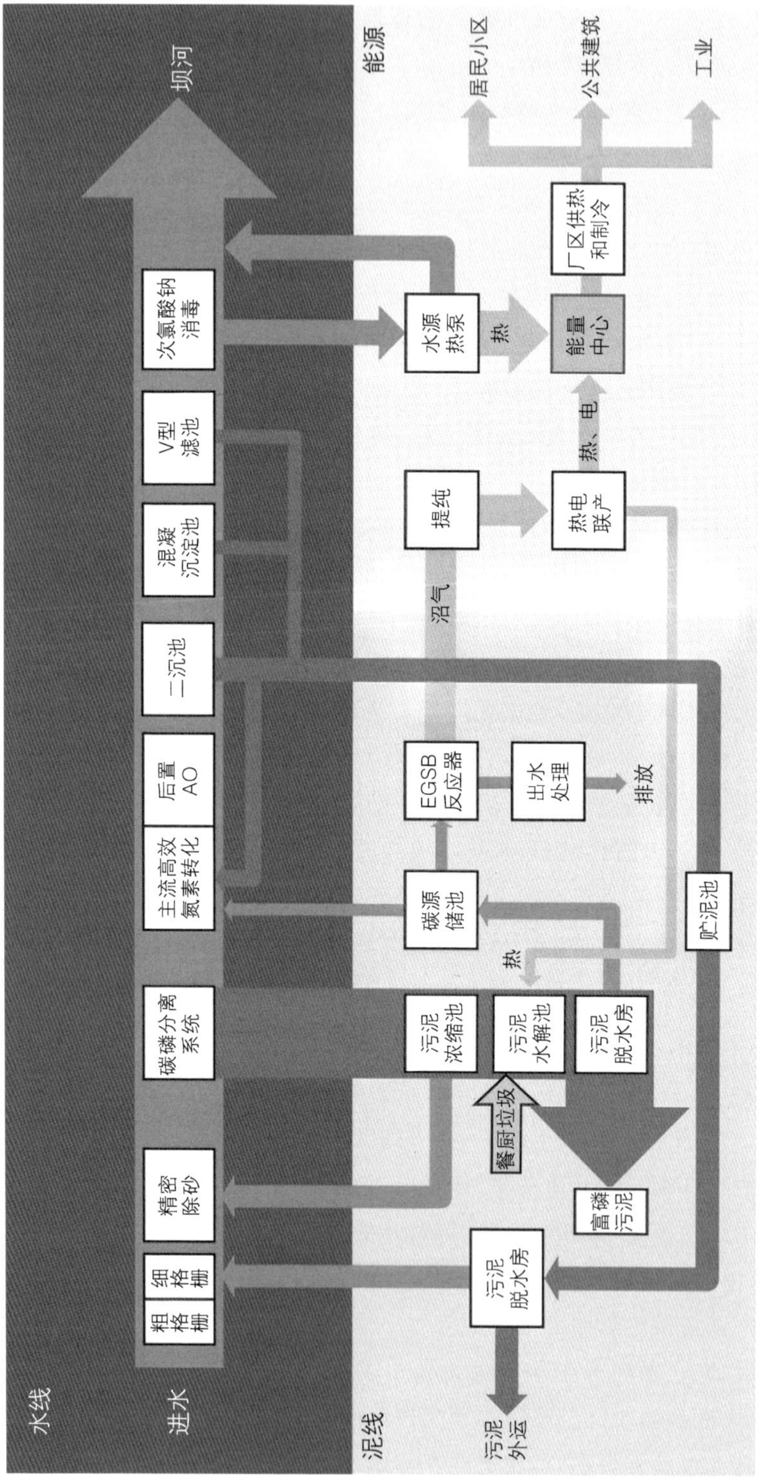

图 3-8　东坝再生水厂工艺流程图

设备进行处理，将污水中的有机污染物分为固态和非固态两部分。只有非固态的有机污染物进入后续处理环节，而固态有机物和约 70%的磷则进入资源和能源提取处理线。在 1 吨水中，非固态（可溶解＋胶态）的有机污染物通常只占 30%～50%，这部分是真正需要且适合进行生化处理的。相较于传统污水处理厂，东坝再生水厂在设计时兼顾了各种污染物的转化需求，将水力负荷提升了 30%，并将水力停留时间缩短至 15 小时，显著减少了污水处理厂的占地面积。

在资源转化方面，进厂污水中的 50%～70%固态有机物被分离后，全部进入能源提取线。这些固态有机物通过水解、提取、厌氧产甲烷等工序转化为沼气，并实现统一收集和再利用。而在传统污水处理厂中，这些有机污染物会在曝气池中经过好氧转化过程，最终以 CO_2 形式释放到大气中。根据理论测算，通过资源和能源回收处理线，处理 1 吨污水回收的能量（以热量计）是消耗量的 4 倍。未来，污水厂不仅能实现能源自给自足，还能向外界输送多余的沼气和热能。

运行监测数据显示，在同等能耗条件下，东坝再生水厂的水质在北京所有再生水厂中名列前茅。在污水处理过程中，该厂还能提取甲烷用于发电和供热。在满足最严格的出水标准的同时，东坝再生水厂的电耗比普通水厂降低了 30%，成本降低了 15%。

案例（六）

苏州工业园区第二污水处理厂——5.72 MW 分布式光伏电站

2023 年 7 月，中新集团旗下中新绿发控股子公司中新绿色能源（苏州）有限公司（简称“中新绿能”）投资、建设和运营的苏州工业园区第二污水处理厂 5.72 MW 分布式光伏电站项目成功并网发电。该项目目前是苏州最大的“光伏＋污水处理”项目。

（1）每年减排二氧化碳 3 486 吨

该项目利用厂区约 4.4 万平方米的反应水池上空及建筑屋顶，铺设了 550 Wp 高效单晶硅光伏组件 10 400 块，预计年均发电量约为 581 万千瓦时，基本实现就地全部消纳。每年可节约标准煤约 1 743 吨，减少二氧化碳排放约 3 486 吨。

（2）创新建设，集约利用

污水处理厂水池的跨径大、管线多、障碍物高，这一直是光伏行业建设的难题。经过周密的调研和科学创新，苏州工业园区第二污水处理厂采用了“钢结构＋预应力钢索”的新型支架形式，通过模块化架空安装有效解决了技术与成本的兼容性问题，确保了电站的稳定、可靠运营。此外，这种设计不占用土地资源，不影响污水处理，同时考虑了绿化植物的生长需求，实现了空间资源利用的最大化。

(3) 加快污水处理绿色低碳化

苏州工业园区第二污水处理厂是江苏省首座完全按照太湖流域污水排放标准建设的污水处理厂，日处理能力达到30万吨，主要负责收集和处理工业园区南部的市政污水，并实现24小时不间断运行。电站项目的投运将引入可再生电力供应，改变用能性质，优化用能结构，推动污水处理过程向绿色低碳转型，助力循环经济产业园近零碳基础设施示范区的创建。

中新绿能的“光伏＋基础设施”应用场景日益丰富，工业园区污泥处置厂、危废处置厂、集中供冷供热能源中心等光伏电站项目已建成并网，餐厨垃圾处置厂等光伏电站项目正在加速推进中。

案例(七)

江苏宜兴城市水资源概念厂——资源循环工厂

宜兴城市污水资源概念厂是一项具有实践意义的重点项目，其目标是将传统污水处理厂转型升级为资源循环利用的工厂。该项目不仅减轻了污水处理厂对周边环境的影响，还将原本封闭的污染治理设施转变为环境友好、对外开放、面向未来且具有科普教育功能的可持续基础设施，从而将传统污染治理工厂升级为生态友好、资源再利用的现代概念工厂。

宜兴城市污水资源概念厂采用了多点进水多级A/O生化技术，工艺流程如图3-9所示。该技术能够有效利用污水中的碳源进行反硝化，同时通过初沉污泥的发酵水解回收碳源，大幅降低了污水处理厂的运行成本。宜兴城市污水资源概念厂由水质净化中心、有机质协同处理中心和生产型研发中心“三位一体”的生态综合体构成，包括日处理能力2万吨的水质净化中心、日处理能力100吨的有机质协同处理中心和生产型研发中心，这一模式颠覆了传统污水处理厂的形式，将污水处理厂的功能从污染物削减扩展到城市能源工厂、水源工厂、肥料工厂等多重应用场景。宜兴城市污水资源概念厂作为绿色低碳转型的标杆工程，其技术革新体现在以下几个方面。

① 通过厂区污泥和外源有机废弃物的协同厌氧发酵，实现了厂区内65%～85%的总能源自给率，水质净化中心更是实现了100%能源自给。

② 自2021年10月正式运行以来，积极开展“水-肥-气”综合利用，构建了良性物质循环体系。

③ 采用初沉＋水解系统有效回收碳源，将水解发酵产生的上清液和污泥脱水滤液回流至厌氧区，回流液中富含的挥发性脂肪酸(volatile fatty acid，VFA)显著

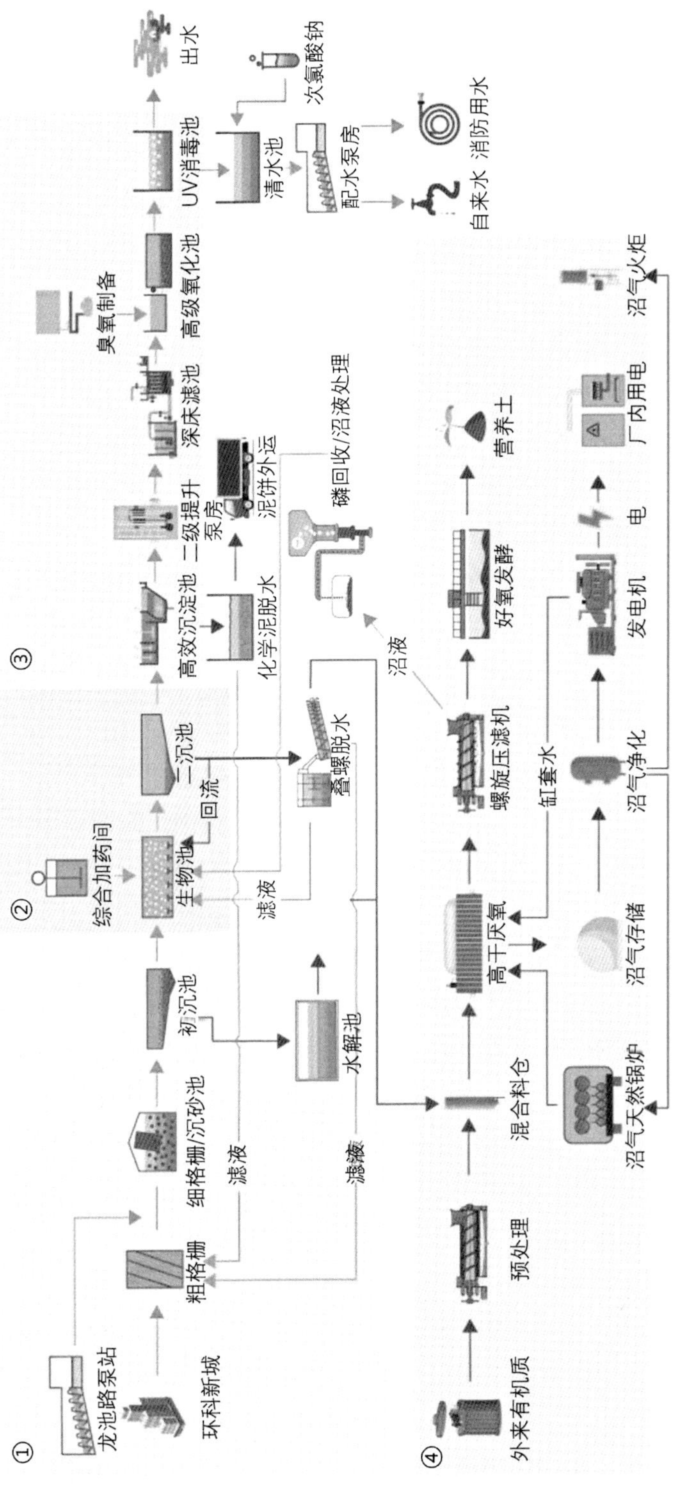

① 预处理 ② 生物处理工艺优化 ③ 深度处理 ④ 有机质协同处理单元

图 3-9 宜兴城市污水资源概念厂工艺流程图

提升了厌氧释磷效果，并为反硝化提供了优质碳源，提高了污泥活性，加快了脱氮除磷的进程。

④ 采用 ClaWon® 一体化多效澄清系统及 SADeN® 活性自持深度脱氮系统实现了深度脱氮除磷。

⑤ 采用 UV/H_2O_2/O_3 耦合联用的高级氧化技术，实现了同时脱色、去除 COD 和降解新污染物(emerging contaminants，ECs)的作用，对 ECs 的去除率可达 80%。

⑥ 有机质协同处置：以高干厌氧为核心的能量高效回收与资源深度转化集成技术与装备，实现了污泥、畜禽粪便、秸秆、蓝藻等有机废物的协同处置，不仅解决了区域内有机废弃物的污染问题，还生产了生物天然气和有机肥等资源化产品。

经过技术改造，以处理能力 10 万吨/日的水厂为例，一年可节约碳源费用高达 150 万元。污水处理部分实现了高水平的脱氮除磷(出水 TN<3 mg/L、TP<0.1 mg/L)，且性价比明显优于国内现行污水处理厂。有机质协同处理中心能够处理污泥、蓝藻、餐厨垃圾和秸秆，以产生能源(能源自给率>60%)和肥料。

案例(八)

丹麦 Ejby Mølle 污水处理厂——能源自给率达 188%

欧登塞(Odense)是丹麦的第三大城市，该市最大的 Ejby Mølle 污水处理厂拥有 70 000 m^3/d 的处理能力。污水处理厂的污水处理工艺包括预处理、雨水处理、污水处理、污泥处理以及沼气利用。

该污水处理厂的高能量回收率得益于其对污泥消化工艺的持续改进。厂内采用了延时消化的方法(Torpey 工艺)，其中污泥消化脱水上清液通过侧流厌氧氨氧化工艺进行单独的脱氮处理，这有助于降低高氨氮回流至主流生物处理单元所造成的高能耗和外加碳源消耗。厌氧消化后的生物固体部分被回流至厌氧消化罐内，污泥停留时间(SRT)延长了约 10%，从而提高了厌氧消化的性能。此外，Ejby Mølle 污水处理厂还研究了膜曝气生物反应器(membrane aeration biofilm reactor，MABR)工艺，以提高曝气过程中的氧利用率。同时，该厂还采用多种技术来提高厌氧消化效率，例如根据不同负荷灵活调整消化池的水力停留时间。截至 2020 年 8 月，该污水处理厂水力停留时间为 31 天。

此外，Ejby Mølle 污水处理厂还对进水口进行了翻新，为沉砂池配备了能效更高的风机，并设计了新的控制策略。通过运营报表进行能耗全流程动态分析，并全面应用节能设备，这些措施使得沉砂池每年节省约 31 000 kW·h 的电耗。同时，该厂与当地热能公司合作，安装了 20 MW 的热泵，以利用出水的热能。通过沼气热电联产技术，高效利用了厌氧消化产生的约 260 万立方米/年的甲烷。为了进一步提升管理效能，Ejby Mølle 污水处理厂开发了一套污水处理厂智能管理系统。通过智能运营改造、终端监控和故障解决团队的保障，实现了污水处理厂的集约化管理。2019 年，Ejby Mølle 污水处理厂的能源自给率就已达到 188%。

案例（九）

美国 Howard F. Curren 污水处理厂——实现资源化与能源回收

美国 Howard F. Curren 污水处理厂的处理能力为 20.5 万立方米/日，进水 BOD_5、TSS 及 TN 浓度分别为 200 mg/L、150 mg/L、32 mg/L。污水处理流程如图 3－10 所示。由于受纳水体的背景磷浓度高于该厂的进水磷浓度，因此该厂不需要进行除磷处理。该污水处理厂的主要目标是脱氮和去除碳源，处理后的出水 $BOD_5<5$ mg/L，TSS<5 mg/L，TN<3 mg/L，可直接排入希尔斯伯勒湾。

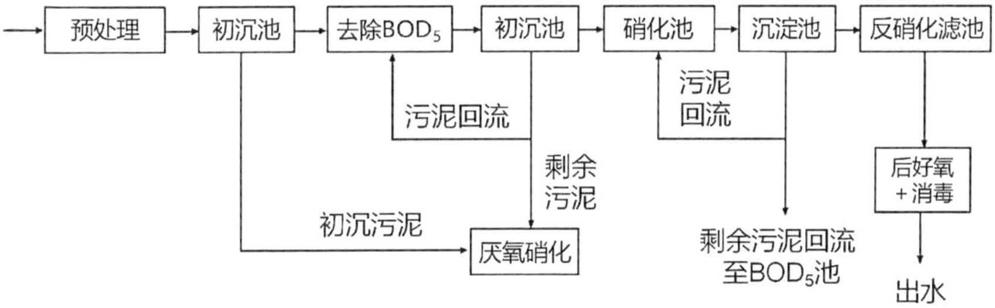

图 3－10 美国 Howard F. Curren 污水处理厂工艺流程图

Howard F. Curren 污水处理厂实现资源化和能源回收的方式有以下 3 种，如图 3－11 所示：

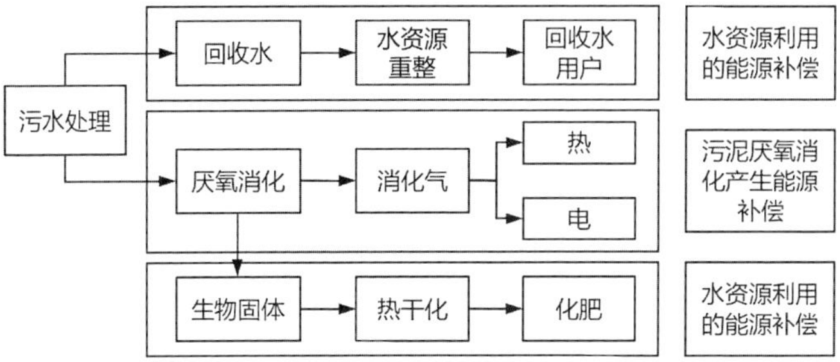

图 3－11 Howard F. Curren 污水处理厂资源回收路径

① 污水资源化：通过对污水进行处理，使出水达到标准后，将其用于厂区、农

业灌溉和工业用水。

② 能源回收：污水厂通过厌氧消化产生甲烷，利用 5 个 500 kW 的热电联产设备将甲烷转化为电能和热能。每日的电能产量为 36 025 kW·h，从而实现能源的回收。

③ 污泥处理：厌氧消化后的污泥，一部分通过热干化技术制备成肥料，该厂每天可以干化污泥量为 59 吨；另一部分未经热干化的污泥直接作为补充土壤使用，运至农业用地。

通过水资源利用及营养盐回收补偿能源，美国 Howard F. Curren 污水处理厂可实现 110%的运行能耗自给及 61%的全厂能源自给。

案例(十)

荷兰 Amersfoort 污水处理厂——污水处理新框架 NEWs

荷兰应用水研究基金会(STOWA)在 2008 年就提出了以资源、能源回收为目标的未来污水处理新框架(NEWs)，这个框架将传统的仅关注污水再生(中水)的资源回收方法转变为以磷回收和能源转化为核心的新理念。NEWs 是 Nutrient(营养物)＋Energy(能源)＋Water(水)＋factories(工厂)的缩写，它代表了在可持续理念下，污水处理厂实际上是一个集营养物、能源和再生水于一体的生产工厂。

(1) 100%能量自给，每年对外供电约 200×10^4 kW·h

荷兰 Amersfoort 污水处理厂的最大处理量为 8 900 m^3/h，改造前后的污水处理工艺均为初沉池＋曝气池＋二沉池＋砂滤池(图 3-12)。处理后，满足 TN＜10 mg/L、TP＜0.2 mg/L 的出水标准。

Amersfoort 污水厂实现“能源工厂”目标的关键新措施有两点：

① 采用污泥热压水解技术以提高消化负荷。污泥微生物细胞在高温(150～200 ℃)高压下发生裂解，以提高污泥水解生物利用率、增加厌氧消化负荷及甲烷产量。

② 热电联产技术(CHP)。消化产生的甲烷通过 CHP 转化为热能和电能，从而实现对污水能源的回收。热电联产产生的热量可通过双向换热器来为消化反应器供热并驱动水解过程，减少了传统高压水解过程中对蒸汽供热的需求。

(2) 实现磷回收，每年可产生 500 吨鸟粪石颗粒

Amersfoort 污水处理厂的污泥年处理能力为 12 000 吨干污泥，其中 40%来自 Nijkerk、Soest 及 Woudenberg 地区的初沉池、二沉池的剩余污泥和消化污泥。污

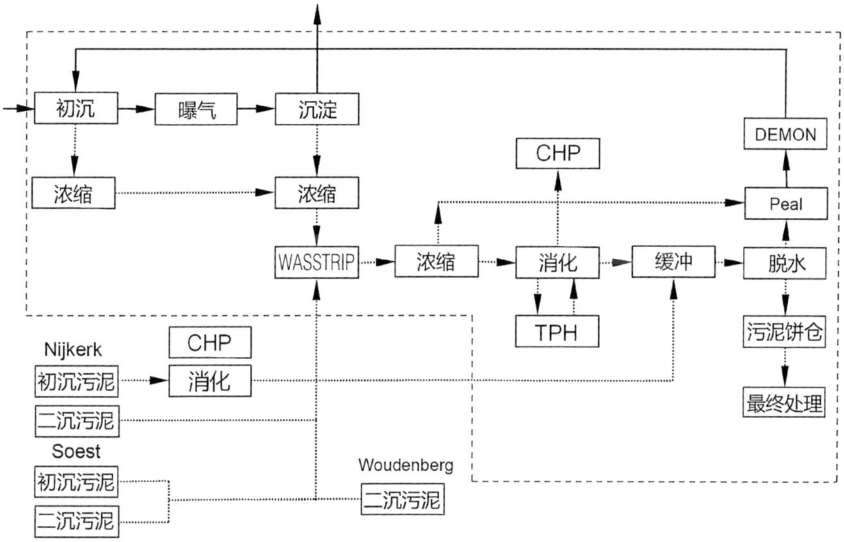

图3-12 升级改造后的Amersfoort厂污水处理工艺
(郝晓地、金铭、胡沅胜,2014)

泥经过磷分离单元(WASSTRIP工艺)、浓缩、厌氧消化等工艺单元处理后实现“能源工厂”的目标。剩余污泥首先在磷分离单元的厌氧区利用聚磷菌释放胞内的PO_4^{3-}、Mg^{2+}、K^+,然后通过浓缩单元将磷浓缩至浓缩液中,实现部分PO_4^{3-}从固体中分离。浓缩后的污泥继续进入污泥厌氧消化反应器中,在实现产能的同时产生高PO_4^{3-}、NH_3浓度的消化液。分离后的富磷浓缩液和消化液通过Peal单元以高纯度鸟粪石颗粒的形式实现磷回收。

综上所述,Amersfoort污水处理厂通过联合使用这两种关键技术,不仅实现了污水厂能耗的自给,还能持续提供约2×10^6 kW·h的清洁电能输送到外部电网,成为名副其实的“能源工厂”。

案例(十一)

面向鱼类安全的水力发电技术——平衡生态安全与能源未来

水力发电作为全球领先的可再生电力资源,其重要性显而易见。根据2022年国家统计局发布的能源产品产量数据,水力发电的量级甚至超越了其他所有可再生能源的总和,成为清洁能源领域的支柱。它不仅为电网提供了丰富的清洁能源,还在应对气候变化、减少碳排放方面扮演了关键角色。

尽管水力发电作为一种清洁能源具有显著的环境优势,但其建设和运营过程对河流生态系统,尤其是鱼类种群,造成了不可忽视的影响。具体来说,水坝的建设直接改变了河流的自然流动状态和生态结构，干扰了鱼类的迁徙、繁殖和生存。为了应对这一挑战，包括美国、加拿大和欧洲各国在内的多个国家政府已经实施了一系列政策措施，目的是减轻水力发电对河流生态系统的负面影响。随着环境法规的不断健全和加强，老旧水电站面临着技术升级或退役的选择。这不仅是对现有清洁能源供应体系的考验，也是推动行业技术创新、实现更环保和可持续水力发电模式的重要机遇。

在这样的背景下，一系列新技术应运而生，如鱼类安全涡轮机等。这些技术的目的是通过优化水力发电设备的设计和运行方式，减少对鱼类等水生生物的影响，从而在确保能源供应的同时，更好地维护河流生态系统的健康和稳定。这些技术的研发和应用，不仅体现了水力发电行业对环境保护责任的积极承担，也为实现清洁能源与生态环境和谐共生的目标提供了坚实的支撑。

Natel Energy公司以提升性能和保障鱼类生存为两大核心目标，专注于改进水力发电厂的涡轮机设计。通过降低叶片的移动速度、增加叶片前缘的厚度和弯曲度，该公司成功开发了一种“鱼类安全气囊”，显著减少了鱼类在通过涡轮机时的死亡率。实验数据显示，Natel的涡轮机设计在保护鱼类方面取得了显著成效，有望成为未来水电站改造的首选方案。

尽管改变涡轮机设计并不能解决所有环境问题，但Natel的技术已在美国缅因州、俄勒冈州和奥地利等地得到应用，并展现出广阔的应用前景。随着技术的不断成熟和成本的降低，Natel的鱼类安全涡轮机有望在更多水电站得到广泛应用，为生态平衡和清洁能源的可持续发展作出贡献。

总体而言，新型废水处理中的减碳工作重点集中在以下三个方面：源头减碳、过程控碳、末端固碳。这需要对供水和污水管网进行改造和修复，优化污水处理工艺，更换高能耗设备，并实施智能化管理。在供热和供电过程中，可以利用废水和污泥中的热量和有机质来减少碳排放。此外，通过再生水的循环利用和构建生态缓冲区、湿地等水生态系统，可以进一步增强末端固碳能力。实现“双碳”目标正在加速污水处理科技创新的步伐，低碳技术、创新设备、健康水质、行业标准化、智能控制的发展趋势日益明显。污水处理行业应抓住当前的历史机遇，利用最新的科技进步，构建协同碳减排、健康、智能化的新体系。

3.2 “双碳”与大气污染治理

大气污染是一个影响全球的环境问题，它给生态系统、人类健康以及气候变化带来了严重的挑战。工业大气排放的治理关键在于减少污染物的排放量，为此，多种污染物去除技术相继问世。脱硫、脱氮和脱硝技术是用于控制硫氧化物(SO_x)和氮氧化物(NO_x)排放的主要手段，这些技术已经在发电厂和化工厂等领域广泛应用。同时，颗粒物去除技术，如电除尘器和过滤器，能有效减少固体颗粒物的排放。对于挥发性有机化合物(volatile organic compounds，VOCs)的控制，吸附、氧化和催化等方法是常用的处理手段。随着技术的持续发展，这些去除技术变得更加高效和环保，有助于减轻工业排放对环境的影响。

3.2.1 大气治理主流技术

1. 烟气除尘技术

烟尘是大气污染的主要来源之一，它不仅直接威胁空气质量，还对人体呼吸系统及环境造成长期危害。烟气除尘技术旨在通过一系列技术措施，捕集并去除烟气中的颗粒物，从而净化烟气并确保其达到排放标准。

(1) 干式除尘技术

干式除尘是指在不改变烟气特性的条件下进行除尘的一类技术，具有效率高、不易导致二次污染等优点，最常见、最高效的干式除尘技术包括电除尘和过滤除尘。

电除尘器，也称为电集尘器，主要利用静电和电场的相互作用来实现颗粒物的捕集和去除。其工作原理如下：首先，待处理的烟气在进入电除尘器前进行预处理，以去除大颗粒物和水分；随后，烟气进入电场区域，在高压电极的作用下，烟气中的带电颗粒物在电场力的作用下沉积到集尘电极上，形成除尘层，从而实现颗粒物的去除；最后，净化后的烟气通过出口排放至大气。

过滤除尘则是利用过滤材料来捕集颗粒物，广泛应用于工业烟气治理。常见的过滤除尘器有袋式除尘器和滤筒除尘器等。其工作原理是：烟气进入袋式除尘器后，在均布板的作用下，含尘烟气均匀分布到各个仓室并与滤袋表面接触；大颗粒物通过惯性作用被捕集，小颗粒物则被滤袋表面的纤维网过滤捕集。滤袋上积累的颗粒物形成灰层，需要定期清理以维持除尘效果，同时确保净化后的烟气得以排放。

(2) 湿式除尘技术

湿式除尘技术主要是指利用水喷淋将颗粒物去除，从而实现烟气净化的一类技术。常见的湿式除尘设备包括喷淋塔、湿式电除尘器等。其中，湿式电除尘器结合了湿式除尘和电除尘技术，能够有效去除烟气中的细小颗粒物。其工作原理如下：首先，烟气进入湿式电除尘器进行预处理，随后除尘器喷嘴喷出微细的水雾，使烟气与水滴充分接触；烟气中的颗粒物与水滴发生碰撞并吸附到水滴表面，最后含水的颗粒物与水滴沉积到除尘器底部的集尘槽中；净化后的烟气通过出口排放。

2. 烟气脱硫技术

烟气脱硫技术是指采用一系列技术手段，将燃煤、燃油等燃烧过程中产生的烟气中的二氧化硫（SO_2）转化为无害的硫酸盐，以实现净化废气的目的。这项技术在燃煤电厂、工业锅炉等大气污染源的治理中扮演着关键角色。烟气脱硫的基本原理是利用化学反应来处理二氧化硫，常见的烟气脱硫方法主要有湿法脱硫和干法脱硫两种。

（1）湿法脱硫技术

湿法脱硫是利用液态吸收剂与烟气接触，从而实现二氧化硫的吸收。常见的吸收剂包括石灰石、石灰乳、苏打灰等。脱硫过程中，二氧化硫溶解在吸收剂中，生成亚硫酸或硫代硫酸根离子，反应见式（3－1）、式（3－2）：

$$SO_2+CaCO_3+H_2O \longrightarrow CaSO_3\cdot H_2O+CO_2\text{（石灰石法）} \tag{3-1}$$

$$SO_2+NaOH \longrightarrow NaHSO_3\text{（苏打灰法）} \tag{3-2}$$

湿法脱硫技术具有脱硫效率高、废弃物易于处理等优点，但同时也存在着能耗高、脱硫剂消耗大等问题。

（2）干法脱硫技术

干法脱硫是直接将脱硫剂喷入烟气中，与二氧化硫发生反应。常见的脱硫剂包括活性炭、液态氨等。脱硫过程中，活性炭吸附二氧化硫生成活性炭硫酸盐，反应见式（3－3）：

$$SO_2+C \longrightarrow COS\text{（活性炭喷射法）} \tag{3-3}$$

液态氨法主要是使氨气和烟气进行反应来脱硫，反应过程中形成的硫酰胺经进一步反应得到硫酸铵，反应见式（3－4）：

$$SO_2+NH_3+O_2 \longrightarrow NH_4HSO_4\text{（液态氨法）} \tag{3-4}$$

干法脱硫技术相对于湿法脱硫技术来说，具有能耗低、废弃物产生量少等优势，但需要注意的是，干法脱硫技术对粉尘的处理较为困难。

3. 烟气脱硝技术

烟气脱硝技术是一种用于控制大气氮氧化物污染的重要环保措施，其主要目的是降低燃煤电厂等燃烧过程中产生的氮氧化物（NO_x）排放量。烟气脱硝技术广泛应用于国内外的能源、化工、钢铁、纺织、食品等各个行业。烟气脱硝技术的原理是通过催化剂促进氨和 NO_x 之间的化学反应，将 NO_x 转化为氮气和水。

目前，主流的烟气脱硝技术包括选择性催化还原法（selective catalytic reduction，SCR）、活性炭（焦）法、氧化吸收法等。其中，SCR 法和活性炭（焦）法是《关于推进实施钢铁行业超低排放的意见》中明确推荐的脱硝方法。但是，活性炭（焦）法很难稳定实现 NO_x 的超低排放，现在部分企业已选择在活性炭装置后增设 SCR 脱硝装置。SCR 法已经成为焦炉烟气脱硝的主流工艺。

根据布置位置的不同，SCR 法可以分为脱硫前脱硝和脱硫后脱硝。若烟气从焦炉排出后直接进入 SCR 脱硝系统，即进行脱硫前脱硝，催化剂容易因烟气中的焦油、碳粉、煤粉等杂质堵塞。因此，将脱硝系统设置在脱硫除尘装置之后，已成为行业内的共识。目前，脱硝催化剂在低温下对 H_2O 和 SO_2 的抗中毒能力普遍较弱，焦炉烟气脱硝系统的运行温度通常设计在 200 ℃以上。但烟气经过脱硫除尘后，温度降低是不可避免的。为了满足脱硝系统的温度要求，并保持烟囱的热备状态，应尽量减少脱硫过程中的烟气温降。相比湿法脱硫，半干法/干法脱硫技术具有烟气温降小、SO_2 脱除率高、设备腐蚀程度低、无废水排放等优点，更适合焦炉烟气净化。2015 年，中冶焦耐（大连）工程技术有限公司在宝钢湛江钢铁炼焦工序实施了全球首例“旋转喷雾半干法脱硫除尘 SDA＋低温 SCR 脱硝”工程。经过几年的探索与实践，焦炉烟气脱硝技术逐步形成了“SDA＋低温 SCR 脱硝”和“干法脱硫 SDS＋低温 SCR 脱硝”两种代表性工艺。

案例（十二）

首钢球团脱硫脱硝工艺

首钢球团拥有两条氧化球团生产线，年总产能达到 320 万吨。其采用的链篦机-回转窑工艺是我国早期引进的球团生产工艺。为了响应国家及唐山市的环保政策，自 2013 年起，公司开始致力于烟气净化治理。到了 2018 年，年产能 120 万吨的球团生产线成功实施了电除尘器＋密相塔半干法脱硫＋中低温 SCR 脱硝技术，成为我国该工艺领域首个达到排放标准的单位，满足了河北省的超低排放标准。

脱硫脱硝的工艺路线包括：电除尘器→密相塔脱硫系统→脱硫布袋除尘器→GGH 换热器高温段→SCR 脱硝系统→GGH 换热器低温段→主引风机→烟囱。其中，SCR 脱硝系统采用低温工艺，反应温度控制在 260～280 ℃，涉及氨站、蒸发喷射、催化剂反应、烟道及换热系统。首钢球团的脱硫脱硝工艺流程图见图 3－13。

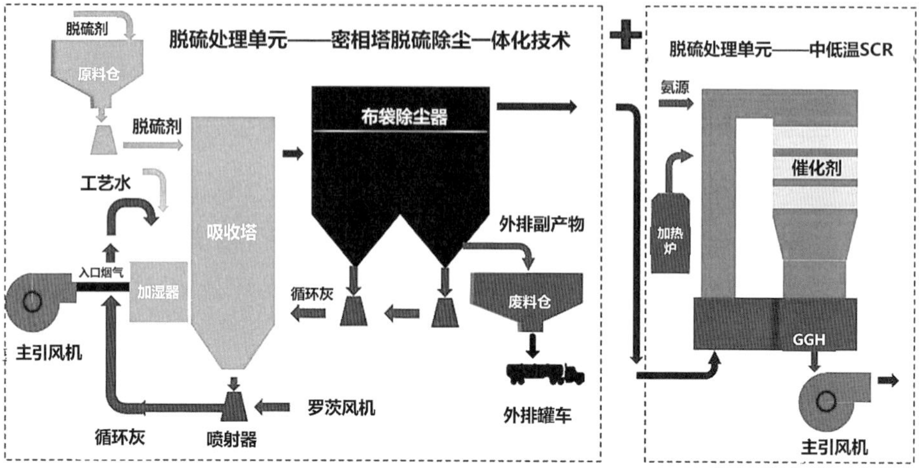

图 3-13 首钢球团脱硫脱硝工艺流程图(易陆杰、蒋林海、李建等,2022)

通过改造脱硫塔底部的灰斗,解决了积灰和结块的问题,确保了脱硫剂能够全面参与循环,提高了循环量和加水量,从而提高了脱硫效率。同时,对工艺管道、水泵和搅拌装置进行了优化,提升了脱硫剂的循环速率和浓度,实现了“密相”脱硫,进一步提升了脱硫效果。增加水量使得烟气、脱硫剂和水的混合更加均匀,进一步提高了脱硫效果。在入口烟气高硫精矿配比和 SO_2 浓度提升的情况下,成功将外排烟气的 SO_2 浓度控制在 180 mg/m^3 以下,达到了环保要求。

4. 挥发性有机物废气治理技术

大气环境中挥发性有机物(VOCs)废气治理技术,主要是通过吸附技术来处理空气中的 VOCs。所使用的方法具体如下。

(1) 直接吸附法

在实际操作中,可以选择吸附能力较强、纤维表面较为均匀的活性炭,对浓度较高的有机物废气进行直接吸附处理,其吸附效率可以达到 90%,且设备简单、投资较小、吸附效果好。

(2) 吸附循环法

该方法使用纤维状活性炭对有机气体中的 VOCs 进行高效吸附和去除,然后通过水蒸气反吹解吸。操作时需确保有足够的水蒸气用于解吸过程。

(3) 吸附-催化燃烧法

该方法将吸附和催化燃烧法的优点结合在一起,可大幅提升气体的处理效果和品质。在具体运行过程中,首先可以使用蜂窝活性炭开展吸附作业,并在吸附达到饱和状态之后引入热空气开展解吸，随后将完成解吸之后的排气导入燃烧床进行无焰燃烧，将所产生的热量进行回收。此方法在节能降耗和废气净化方面效果显著。

(4) 冷凝处理技术

利用冷凝技术来处理挥发性有机废气，其工作原理是将有机废气直接送入冷凝器，经过吸附和吸收后，将富集的废气送入冷凝器，通过冷凝液分离，可以使有价值的有机物得到高效的循环和使用。在有机废气处理中，运用冷凝处理技术可以获得更好的净化效果，原因在于该技术利用材料在不同温度下具有不同的饱和蒸气压这一特性，在提高或降低系统温度之后，气态污染物就会被冷凝，与废气高效分离。在实际操作中要加强对废气的净化操作，要注重结合冷凝技术、吸附技术和其他净化手段等，从而提高废气净化效果。

(5) 光催化氧化技术

在实际应用中会利用一定波段的高能紫外辐照，粉碎挥发性有机物废气的分子结构，随后利用特殊的催化氧化剂，使之产生电子空穴，在与氧气和水进行充分接触之后，所形成的高浓度臭氧活性颗粒会与有机废气分子反应，从而将有机废气大分子直接降解为小分子物质。同时，在利用光催化氧化技术来治理有机废气时，要综合考虑紫外光波长、实际照射强度、使用催化剂种类等因素。实际应用中通常会优先使用 TiO_2，由于光线越强，催化剂的活性就会越大，进而提升废气的处理效率和效果；也可通过加入一些金属颗粒来提高 TiO_2 的催化活性。

(6) 低温等离子体技术

该方法通过在外加电场作用下使气体介质放电，产生大量高能电子。这些高能电子与 VOCs 分子发生碰撞，引发一系列等离子体物理和化学反应（如电离、解离、激发等），从而将 VOCs 中的有机物降解为无毒无害的小分子物质（如二氧化碳和水），达到处理 VOCs 的目的。该方法不但对去除 VOCs 效果显著，而且可以避免二次污染的产生。在具体的操作过程中，由于低温等离子体技术的应用涉及高压放电，所以在应用时要注重对周围环境的控制，以免出现事故。在需要时还可对周围环境进行实时监控，使相关装置得以有效运行，从而确保整体废气处理工作的正常进行。

案例(十三)

郑州某彩印有限公司印刷车间 30 000 m^3/h 有机废气治理项目

郑州某彩印有限公司主要生产各种 PE、增强 PE、高低压白袋彩袋等多元化彩印包装产品。公司之前采用的排气方式较为粗放，风量高达 80 000 m^3/h，废气浓度为 800～900 mg/m³。为了提升环保水平，该公司于 2017 年 6 月引入了 30 000 m³/h 的旋转式蓄热氧化炉（regenerative thermal oxidizer，RTO），并对热风系统进行了改造。改造后，三条生产线的废气风量降至原风量的 40%左右，VOCs 浓度稳定在 2.7 g/m³，这不仅满足了 RTO 自运行的要求，还通过热水换热系统实现了余热的回收。废气中的 VOCs 在 RTO 中高效燃烧，温度超过 800 ℃，有效地分解了有机物，达到了排放标准。

废气的处理流程如下：首先由旋转式 RTO 主风机引入旋转气体分配室，均匀分配后进入 5 个蓄热室进行预热。预热后的废气进入热氧化室进行氧化分解，在助燃燃料的帮助下或当废气浓度足够时，有机物被充分氧化分解。氧化温度保持在 800 ℃以上，产生的高温洁净气体随后进入另外 5 个蓄热室放热，热量存储在陶瓷蓄热体内，并通过烟囱排放。通过吹扫风机，部分洁净气体被抽取到另一个蓄热室进行吹扫，将未反应的有机物反吹到氧化室进行分解。多余的热量通过换热阀、换热器和水泵循环，用于车间的生产设备供热。

第三方检测结果显示，车间印刷废气收集效率超过 95%，RTO 废气排气筒进口的 VOCs 平均浓度为 2.7 g/m³，总排口的 VOCs 浓度降至 26.9 mg/m³，处理效率超过 99%，符合《大气污染物综合排放标准》(GB 16297—1996)和《工业企业挥发性有机物排放控制标准》(DB 12/524—2020)的要求。

3.2.2 减污降碳大气治理案例

2013—2020 年，我国在大气污染防治方面采取了一系列重大减排工程和综合治理措施，包括燃煤电厂超低排放改造、非电行业深度治理、散煤清洁化替代、燃煤锅炉综合整治、移动源排放管控、VOCs 综合治理、扬尘综合治理等。这些措施有效地降低了大气污染物的排放量。同时，由于大气污染物和温室气体具有“同根同源同过程”的特性，一些结构性减排措施，如淘汰落后产能、整治燃煤锅炉等，也实现了二氧化碳（CO_2）的协同减排。研究显示，2013—2020 年间，我国累计净 CO_2 减排量达到 24.3 亿吨，占同期 CO_2 累计排放总量的 3.1%。随着生态环境保护工作的深入推进，传统空气治理手段的减排空间逐渐缩小。根据中国工程院的评估，与《大气污染防治行动计划》实施阶段（2013—2017 年）相比，“蓝天保卫战”实施阶段（2017—2020 年）我国主要大气污染物的减排幅度已明显收窄，为了支撑空气质量的持续改善，必须要在传统治理手段之外，从结构调整方面发掘更大的污染物减排潜力。

大气污染防治措施能够有效推动二氧化碳的减排。通过“蓝天保卫战”的主要措施，已经累计减排了4.9亿吨CO_2。因此，需要推动减污降碳协同增效，实现生态环境质量从量变到质变的转变。科技创新是推动解决生态环境问题的关键。应加强减污降碳协同增效的基础科学和机理研究，加强氢能冶金、CO_2合成化学品、新型电力系统等关键技术的研发。同时，加快重点领域绿色低碳共性技术的示范、推广、系统集成和产业化步伐。

案例(十四)

戈尔脱硝催化滤袋——助力减污降碳

在环保治理领域，多污染物协同治理已成为一种高效的策略。该策略重点在于脱硝系统、除尘系统和脱硫装置之间的协同效应，确保各装置在高效去除主要目标污染物的同时，也能协同处理其他污染物，为下游装置提供更优质的脱污环境。这种协同治理方法不仅提升了治理效率，也有效降低了成本。

面对这一行业趋势，戈尔公司凭借其领先的技术实力，创新推出了GORE® DeNO$_x$脱硝催化滤袋。该产品独特地实现了一体化的氮氧化物和颗粒物超低排放，氮氧化物排放可控制在低于50 mg/m^3（标准状况），颗粒物排放低于5 mg/m^3（标准状况）的极低水平。更值得一提的是，GORE® DeNO$_x$脱硝催化滤袋还能协同处理二噁英/呋喃等污染物，展现了其多功能、高可靠性和优异的性价比。

与传统SCR技术相比，GORE®脱硝催化滤袋具有以下三大优势。(1) 多污染物协同治理，运行成本较低，更经济：相较于传统SCR技术需要分别使用除尘器和SCR塔进行除尘和脱硝，GORE®脱硝催化滤袋在去除颗粒物的同时实现脱硝，简化了工艺流程，降低了整体系统运行阻力，从而有效降低了运行成本。(2) 无须添加新设备，操作便捷，更省心：对于石灰窑、焦炉、热风炉或垃圾焚烧等应用，使用GORE®脱硝催化滤袋的用户无须额外购置新设备。虽然在烧结、水泥应用中仍需新增收尘器和喷氨系统，但相比SCR反应系统，这已是“化繁为简”。这种“极简化操作”不仅避免了额外空间的占用，还极大减少了因设备调整导致的大规模停机，操作简单便捷，使用户更加省心。(3) 低阻节能、长寿命，运行成本更低：GORE®脱硝催化滤袋采用高性能GORE®膨体聚四氟乙烯(ePTFE)透气膜实现低压差，高效的滤袋清洁能力可以实现更长的清洁周期，并延长滤袋的使用寿命。

GORE®脱硝催化滤袋无须增加新设备，不会增加系统运行阻力和热损耗，同时能够实现尘硝协同脱除的技术，形成了一种多污染物协同治理、“双减双降”的工艺路线。目前，GORE®脱硝催化滤袋已广泛应用于法国、意大利、中国、德国等多个国家的垃圾焚烧、水泥、钢铁、化工等重点行业，其显著效果获得了高度认可。

案例(十五)

某集团有限责任公司 360 m^2 烧结机烟气内循环技术的应用

随着钢铁行业超低排放政策在全国范围内的推广实施，以及“双碳”目标背景下“协同降碳”需求的提升，邯郸市、临汾市、唐山市等地已经出台了相关政策，要求所辖钢铁企业在规定期限内完成烟气循环改造，技术政策的需求显得尤为迫切。业内专家和众多企业指出，我国自主研发的烧结烟气内循环技术满足了国家减污降碳协同治理的需求，在改善烧结生产过程和减污降碳方面相比同类技术具有明显优势。

该项目在某集团有限责任公司 2＃360 m^2 烧结机上应用后，效果显著。项目应用前，烧结机外排烟气量为 86.6×10^4 m^3/h(标准状况)，固体燃耗为 53.7 kg/t(烧结矿)，NO_x 排放量为 150.6 吨/月，CO 排放量为 3 676.3 吨/月。项目应用后，外排烟气量降至 68.89×10^4 m^3/h(标准状况)，固体燃耗降低至 48.6 kg/t(烧结矿)，NO_x 排放量降至 119.1 吨/月，CO 排放量降至 2 821.0 吨/月。

该项目的技术原理是：根据烧结风箱烟气排放特征的不同，在不影响烧结矿质量的前提下，选择特定风箱段的烟气循环回到烧结台车表面，用于热风烧结。这样做既减少了烧结烟气和污染物的排放总量，又使得烟气的显热全部用于供给烧结混合料，从而实现热风烧结，降低烧结固体燃料消耗，改善表层烧结矿的质量，实现减污降碳的协同治理。

工程投运后，实现了吨矿烟气量减排 20.9%，年减排烟气量达 13×10^8 m^3，有效降低了 2＃360 m^2 烧结机的污染物排放总量。固体燃耗降低了 9.4%，CO_2 减排达到 4.1 万吨/年，同时实现了 CO 减排 1.03 万吨/年，NO_x 减排 378 吨/年，显著改善了环境空气质量指标，环境效益显著。

案例(十六)

上海某生活垃圾末端处置中心工程项目

上海某公司具备每日处理生活垃圾 1 000 吨的设计能力，年焚烧处理量约为 33.3 万吨，拥有两台高效炉排焚烧炉和一台 18 MW 汽轮发电机组，年发电量可达 1.2 亿度。自 2013 年 12 月开工建造，至 2016 年 5 月正式运营。截至 2024 年 5 月，该公司已连续稳定运行近 8 年。其间，该公司共处理了 229.55 万吨生活垃圾及一般整治垃圾，累计发电量达 8.89 亿度，上网电量为 7.13 亿度，为城市垃圾处理和能源回收做出了重要贡献。

在技术工艺方面，该公司采用了一系列先进设备和技术。焚烧炉设备采用了日本荏原HPCC往复式机械炉排炉，确保了垃圾的高效、完全燃烧。烟气处理系统则采用了“SNCR脱硝+干法（活性炭、消石灰）+布袋除尘+湿法脱酸+GGH烟气再热”的复合技术，排放标准严格遵循欧盟2000标准（EU2000/76/EC），部分指标甚至超过了欧盟现行标准。此外，该公司在环保方面也做出了积极努力。通过膜反渗透工艺处理渗滤液、工业废水和生活污水，实现了90%的清水回用，达到了近零排放的目标。在臭气防治方面，该公司采用垃圾坑顶层薄膜密封工艺及空气幕等手段，有效防止了臭气泄漏。飞灰处理则通过固化后，送往专业填埋场进行安全填埋。

3.3 “双碳”与土壤污染治理

长期以来，金属冶炼、电镀、化工、农药等工业企业在生产过程中不可避免地排放污染物，导致了大量污染地块的形成。在我国，土壤污染问题相当严重，主要污染类型为无机污染，其次是有机污染，复合型污染相对较少。这些污染主要来源于工业生产中的重金属、石油等污染物，以及农业生产中化肥和农药的过量使用。

在实现“双碳”目标的背景下，采用基于自然的解决方案来治理土壤污染显得尤为重要。耕地作为农业生产的核心要素，不仅是重要的碳汇来源，也是关键的固碳环节。研究显示，我国耕地资源丰富、分布广泛，具有重要的生态功能，其碳汇和固碳潜力巨大。以固碳为例，假设以我国18亿亩耕地为基数，土壤平均容重为1.2吨/立方米，通过秸秆的综合利用，可以显著提高土壤有机质含量1%，这相当于从大气中净吸收约306亿吨二氧化碳。因此，通过土壤修复和治理来提升耕地的固碳能力，不仅有利于土地的保护和合理利用，还能对碳循环产生正面影响，实现污染减排、农业增产、环境净化等多赢的局面。

本节将深入探讨当前主流的土壤处理技术，并探讨在“双碳”目标指导下，土壤处理领域如何采用和应用更加环保、节能的新型技术。

3.3.1 土壤治理主流技术

1. 土壤置换技术

土壤置换技术是指使用未受污染的土壤来替代或部分替代受污染的土壤，其目的是降低土壤中重金属的含量、提高土壤的环境容量，从而实现土壤修复的目标。这种技术适用于面积较小的污染土壤修复。需要注意的是，被置换出的污染土壤必须进行妥善处理，以避免造成二次污染。土壤置换可以通过挖掘污染土壤和引入新土壤来完成。在挖掘过程中，深层挖掘污染区域，可以使污染物扩散到更深的土层，从而达到稀释和自然降解的效果。引入新土壤则是在污染土壤中添加清洁土壤，通过覆盖在表层或与污染土壤混合，降低金属浓度。但该技术操作复杂且成本较高，通常适用于面积小、污染程度重的浅层土壤。

2. **水泥窑协同处置技术**

水泥窑协同处置技术是利用水泥回转窑内的高温环境、气体长时间停留、大热容量、良好的热稳定性、碱性条件以及无废渣排放等特点，在水泥熟料生产过程中，对污染土壤进行焚烧和固化处理的技术（图 3－14）。

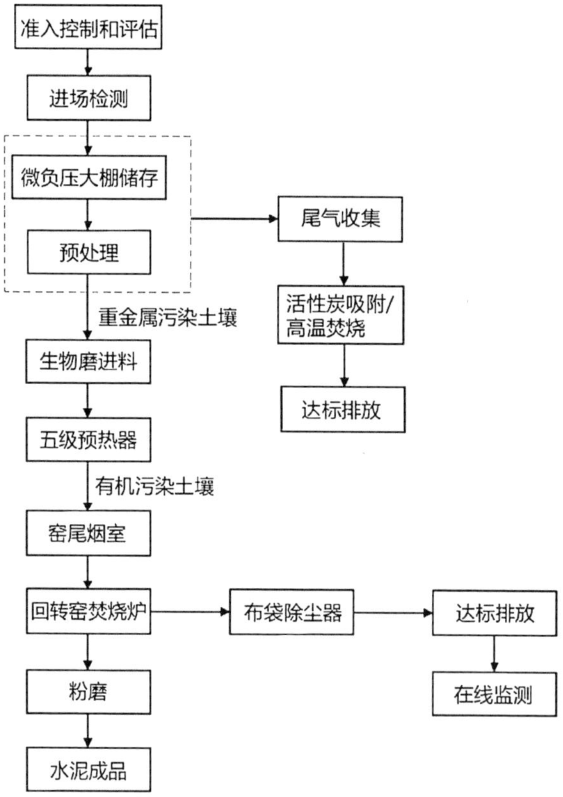

图 3－14　污染土壤水泥窑协同处置过程工艺流程
（Zou D、Wang X、Wu C 等，2020）

水泥窑协同处置技术成熟、适用范围广泛、处理量大，且资源化利用程度较高。然而，值得注意的是，污染土壤的掺量和污染物类型需要严格控制。在水泥窑焚烧过程中，必须确保烟尘和水泥产品的质量符合国家相关标准。此外，由于水泥窑并不能真正降解重金属污染物，采用该技术处理重金属污染土壤实际上是对高浓度污染土壤进行固化或稀释，依然存在污染扩散的潜在风险。

3. 土壤淋洗修复技术

土壤淋洗修复技术涉及向污染土层施加淋洗液，以促进污染物的溶解或迁移。该技术通过水力压头推动淋洗液穿过污染土壤，依据多相分配原理，将土壤中的污染物转移到淋洗液中，并对淋洗液中的污染物进行回收处理(图3-15)。应用淋洗技术时，需选择合适的淋洗剂，常用的淋洗剂包括水、无机淋洗剂、螯合剂、表面活性剂等。淋洗剂的作用机制通常涉及溶解、络合、吸附、静电作用、离子交换和氧化还原等过程。根据实施方法，土壤淋洗可分为原位淋洗和异位淋洗，且可以与其他修复技术联合使用，以更有效地达到修复目的。

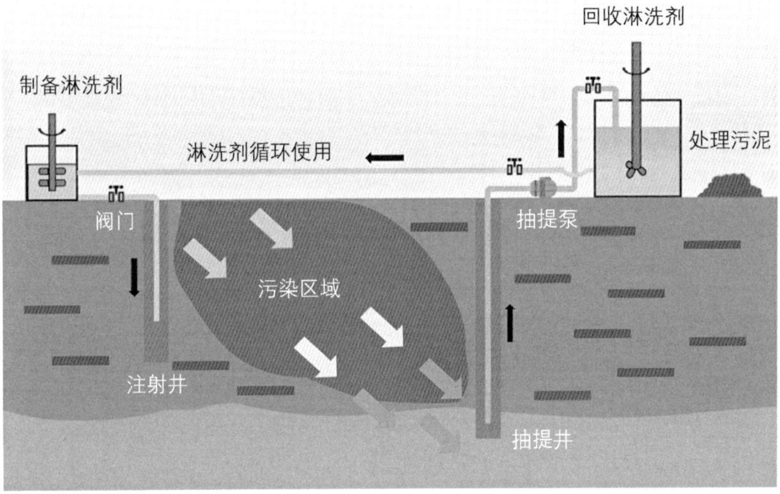

图3-15 原位淋洗工艺示意图(张桐，张展华，胡杰华等，2022)

在原位土壤淋洗过程中，污染土壤保持原位不动。通过注射井或喷淋头等加压设备将淋洗剂注入污染土层，液体在重力作用下渗透进土壤缝隙，与土壤内部的污染物发生反应，并将其带出土层。随后，使用地面抽提装置收集洗脱液，并进行集中处理。

土壤淋洗修复技术具有高效、周期短、工艺简便、操作性强以及能与其他修复技术联合应用等优点。然而，该技术也存在一些局限性，主要表现在以下几个方面：对于黏土等低渗透性土壤，土壤淋洗修复技术的修复效果不理想，应用难度较大；土壤中淋洗剂残留可能造成土壤和地下水的次生环境污染；此外，淋洗剂的成本通常较高。因此，该技术更适用于大粒径污染土壤的修复。

4. 原位固化/稳定化技术

通过施加机械力，在原位向污染介质中加入固化剂/稳定化剂，并在充分混合后，使其与污染介质和污染物发生物理和化学反应，可以将污染土壤固化为具有低渗透系数的完整结构体，或将污染物转化为化学性质不活跃的形态，从而降低污染物在环境中的迁移和扩散能力。

固化和稳定化是两个不同的过程。固化是通过固化剂将土壤中的重金属包裹或在其表面形成一层惰性材料覆盖层，减少重金属与土壤的接触面积，防止其在土壤中迁移和扩散。稳定化则是通过化学方法降低重金属的危害性，将其转化为低流动性、低溶解性或低毒性的形式。目前，常用的固化-稳定化剂包括使用石灰、水泥和火山灰等凝胶材料进行固化，以及使用硫酸铁、硫酸亚铁、零价铁粉、磷酸盐、氢氧化钾等药剂进行稳定化。

该方法适用于处理受金属、石棉、放射性物质、腐蚀性无机物、氰化物、砷化合物等无机物，以及农药/除草剂、石油、多环芳烃、多氯联苯、二噁英等有机化合物污染的土壤。不适宜用于处理挥发性有机化合物，也不适用于以污染物总量作为验收标准的项目。

5. 生物堆技术

对于主要含有挥发性和半挥发性、易降解有机污染物的土壤，常用的修复技术包括异地堆放、通风和生物降解。在土壤结构较为松散、透气性良好，且有机污染物易于降解的情况下，可以采用通风生物堆法来修复受污染的土壤。通风生物堆法是将土壤挖掘后堆放在配有渗滤液收集系统的区域，通过提供适量的水分、养分和氧气，来促进微生物的生长和分解土壤中的有机物。

各类土壤处理工艺优缺点如表 3-1 所示。

表 3-1 各类土壤处理工艺优缺点

类别	修复方法	原理	优点	缺点
物理修复	客土法/换土法	将洁净土壤与污染土壤混合以降低污染物浓度/将洁净土壤代替全部污染土壤	修复周期短，操作简便	仅适用于小型污染场地的浅层土壤，成本较高
	热处理法	通过热效应，使土壤温度升高，从而让污染物挥发	对挥发性土壤污染物去除效果较好，可回收重金属	应用范围窄，能耗较高，可能导致大气污染
	电化学法	通过电场中离子的定向移动，基于电化学的氧化还原反应去除重金属和有机污染物	污染物去除效率高，修复速度快，对土壤性质扰动小	不适合水分含量高的土壤和非均质土壤，能耗较高

续 表

类别	修复方法	原 理	优 点	缺 点
化学修复	固化/稳定化法	采用惰性物质包裹污染物,减少污染物与土壤的接触面积/向污染土壤中添加稳定剂降低污染物的迁移和生物有效性	有效降低污染物的环境风险,修复成本低、操作简便、周期短	污染物总量并未降低,修复效果不稳定,需长期监测
	淋洗法	淋洗剂在吸附、离子交换、络合等作用下提取土壤中的污染物	能够实现对污染物的永久去除,修复周期短,对高浓度污染土壤具有良好的修复效果	可能会带来二次污染,需考虑淋洗废水的处理问题
	氧化/还原法	采用氧化剂或还原剂与土壤中的污染物发生氧化或还原反应	可降低土壤重金属环境毒性,有效去除有机污染物	对土壤性质破坏程度较高
生物修复	植物修复	通过植物的根际稳定和转运机制去除污染物	修复成本低,操作简便,环境友好,无二次污染	修复周期长,对光照、温度、污染物含量和土壤性质有一定要求
	微生物修复	通过微生物的吸附和代谢机制去除污染物		

3.3.2 减污降碳土壤治理案例

土壤既是二氧化碳的重要排放源,也是碳汇的重要组成部分。如果在土壤修复过程中忽视了将“双碳”目标作为核心考量,不仅可能加剧碳源的排放,还可能削弱土壤作为碳汇的固碳能力,这对实现“双碳”目标构成了双重挑战。因此,为了达成“双碳”目标,在设计土壤修复项目时,应当优先考虑采用低能耗、低排放的修复技术。在全面考虑治理范围、成本、工期等多重约束条件的基础上,通过最小化对土壤的干扰,降低土壤修复项目中的“碳风险”,以实现更加绿色、低碳的土壤治理。

本节系统梳理了在“双碳”目标背景下,土壤绿色低碳治理的创新策略和前沿技术,旨在为我国未来土壤治理技术的发展提供理论支持和实践指导,推动土壤修复领域向更加环保、高效的方向发展。

案例(十七)

有机污染场地原位化学氧化和智能化控制修复技术

有机污染场地原位化学氧化和智能化控制修复技术通过搅拌或高压旋喷等方

法，依据污染物浓度梯度，分批次、分类别向受污染的土壤或地下水中加入缓释、高效的氧化药剂，以实现氧化降解的目的。针对一般性有机污染土壤和地下水[污染物浓度超过《土壤环境质量　建设用地土壤污染风险管控标准（试行）》(GB 36600—2018)标准筛选值的0～2倍]，采用自主研发的碱活化过硫基药剂进行处理；对于超高浓度有机污染土壤和地下水（污染物浓度超过GB 36600—2018标准筛选值2倍以上），则使用小分子有机酸和螯合剂(EDTA－2Na)改良的Fenton试剂及活化过硫酸盐药剂进行复配修复，通过活化释放的自由基形成双氧化系统，增强氧化能力，降解有机污染物。在修复施工过程中，利用水环境中的多源混合噪声监测参数进行模拟计算，以确定最优工艺运行条件，实现了在将土壤或地下水中污染物转化为无毒或相对毒性较小物质的同时，对修复过程和工艺的智能化控制。该技术可减少药剂使用量15%，部分含氯有机物降解率可提升20%，具体工艺路线见图3－16。

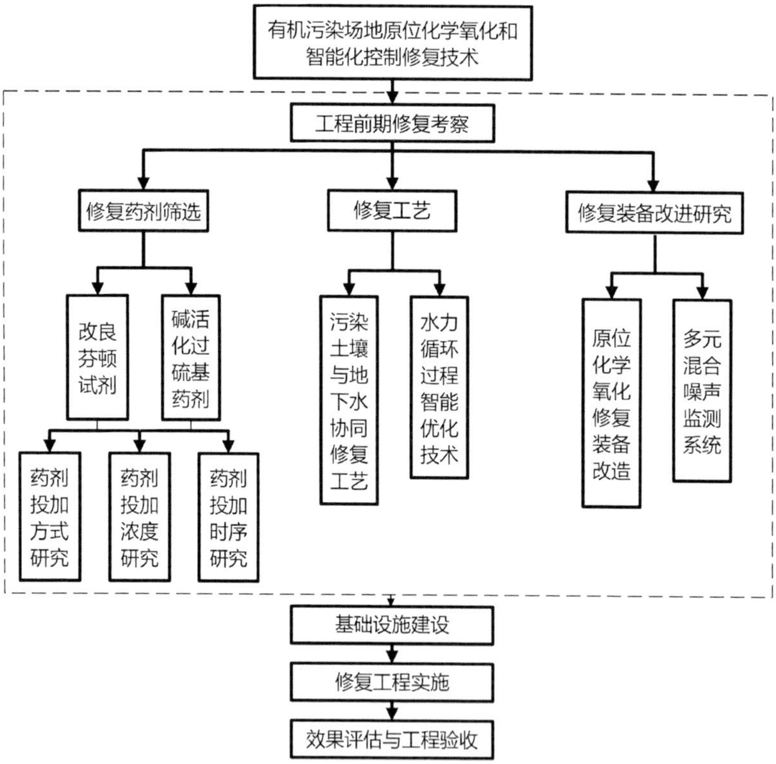

图3－16　有机污染场地原位化学氧化和智能化控制修复技术工艺路线图

主要创新点：

① 研发了具有高滞留特性的强氧化修复药剂，该药剂通过多自由基团构成的双氧化系统增强了氧化性能。同时，利用小分子有机酸和螯合剂提升了药剂的滞

留性能，拓宽了药剂的pH适用范围，从而提高了氧化降解效率。

② 研制了原位和异位化学氧化修复装备，通过“精准注入—迁移缓释—强化氧化—抽出处理”的过程以及水力循环的周期性运行方式，实现了精准修复。

③ 建立了在混合噪声驱动下的有机污染物降解动力学模型，揭示了多源混合噪声对水环境中有机污染物降解过程的影响机制。此外，发明了基于风险—成本两级管控的水力循环过程优化技术，实现了动态精准控制。

该技术已成功应用于25个项目，累计修复土壤约37.3万立方米，修复地下水约4.3万立方米。近年来，我国对位于市区范围内的工业企业实施了“退城进园”战略，目前约90%的农药等生产企业已搬迁或正在搬迁至工业园区，留下了大量待修复再利用的有机污染场地。该技术成果不仅解决了含农药、氯代有机物、苯系物及石油烃等污染场地的修复治理难题，而且对于焦化、染料、医药、石油化工等行业污染场地的修复具有重要的推广和应用价值。

案例(十八)

多种重金属污染土壤同步固化—稳定化修复技术

多种重金属污染土壤同步固化—稳定化修复技术阐述了重金属污染土壤硅铝基材料同步修复的作用机制，并开发了“临界粒径—低碱激发—常温制备”的固废基环境材料绿色制备技术。研发了特细固废的“射流搅拌强化传质”技术及相应的泥浆固液射流搅拌成套装备，使得修复材料用量减少了30%。同时，开发了重金属离子晶格钝化的常温化学固化技术，使土壤压实度达到95%，综合施工成本比传统技术降低了30%，从而实现了重金属污染场地的安全利用(图3-17)。

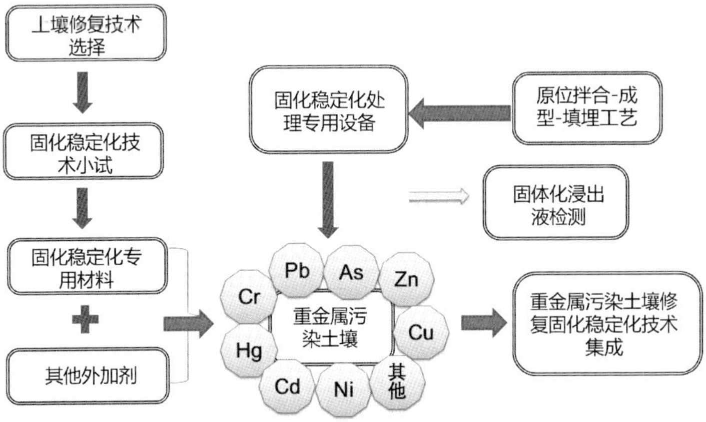

图3-17 多种重金属污染土壤同步固化—稳定化修复技术示意图

主要创新点：

① 开发了土壤固化剂，与现有技术相比，修复后土壤浸出毒性降低 1 个数量级，增容比降低 30%，长期稳定性更优，与国际最先进的重金属稳定化技术水平相当。

② 靶向修复材料与应用装备实现了国产化，修复成本较国外同类产品降低 40%。

该技术已在武汉原染料厂、大庆石化总厂化工废料填埋场、宜昌田田化工场地、蒙古国乌兰巴托贮灰场等 60 余项工程中应用，实现了 1 万亩土地的安全利用，并同步实现了污染场地的无害化与资源化。

案例(十九)

重金属污染土壤芦竹修复及生态板材制造技术

植物修复技术利用植物的吸收、固定、挥发、降解等机理来去除或分解转化污染物质，从而恢复或改善土壤系统的功能。这种技术是一种低成本、非破坏型的原位污染土壤修复与土壤资源保护方法。为了推动植物修复技术的实际应用，采用了生长迅速、生物量大的芦竹来修复污染土壤，并对修复后收获的植物进行资源化利用，确保污染土地所有者在修复期间也能获得良好的经济收益。修复模式如图 3－18 所示。

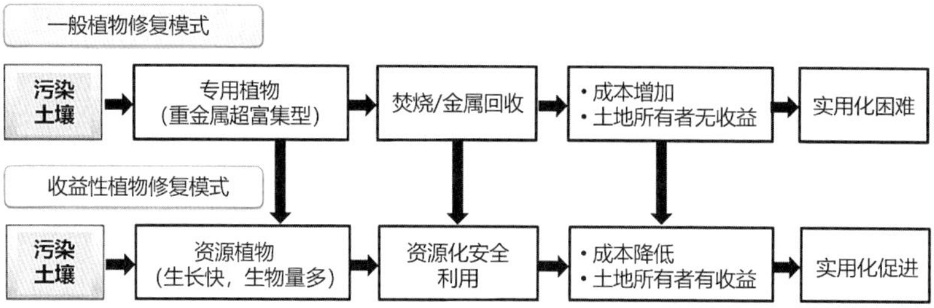

图 3－18　芦竹修复及生态板材制造技术图

芦竹具有高生物产量、全生育期无明显病虫害的特点，不仅适用于重金属污染土壤的修复，还是恢复荒地植被和防沙固土的优良植物，具有重要的生态价值。该技术使用芦竹修复重金属污染土壤，并以富集重金属的芦竹秸秆为原料，利用不含甲醛的改性异氰酸酯(MDI)作为胶黏剂，将秸秆纤维固化为牢固的整体，生产人造板材。

主要创新点：

① 利用土壤修复后的秸秆制作人造板技术，为重金属污染土壤修复后植物资

源化安全利用提供了一条技术路径,既解决了我国污染土壤的绿色可持续修复问题,又缓解了人造板原料的短缺问题,实现了植物修复产业链的闭环。

② 采用真空纤维分离技术,提取植物茎秆中的"强力韧性纤维",并结合完全不含甲醛的 MDI 生态黏合剂进行加工,制成的人造板材比普通板材更加坚固。

该技术已在两个不同地区、不同汞污染程度的农田土壤修复示范工程中得以实施。通过田间应用示范,证明芦竹作为汞污染土壤修复植物,能够适应不同区域、气候和土壤类型,并对不同汞污染程度的土壤均具有较好的修复效果。修复后收获的芦竹秸秆用于制造人造板,实现了重金属污染农田"边修复边利用"的收益型植物修复模式。

3.4 "双碳"与固废污染治理

我国对于固体废物的处置遵循"无害化""减量化""资源化"的政策原则。这意味着通过生物化学技术等手段处理固体废物,确保其不会对人体健康造成损害,也不会对环境造成污染。具体方法包括卫生填埋、垃圾焚烧、厌氧发酵等。同时,还对固体废物进行科学回收和再利用,以减少固废的总量。此外,通过合理配置资源和综合运用各种资源,科学控制废物产生的源头,以实现减量化的目标。

3.4.1 固废治理主流技术

1. 固废的处理方法

固体废物在处理前需进行预处理,通过分选将固废中的可回收物、不可回收物、有机物、无机物等进行分类。不可回收的无机物,如砖石瓦砾,经处理后可用作路基材料或其他建筑材料的生产。城市中的餐厨垃圾等有机物可用于发酵,通过微生物降解产生沼气,可用于家庭供暖或发电,最终降解产物经处理后可作为有机肥料。预处理后的固体废物被送往相应的处理站点进行以下几种处理。

(1) 焚烧处理技术

在固体废物处理过程中,焚烧处理技术被广泛采用。应用此技术时,工作人员首先需要对固废进行初步分析,将可燃物质从固废中分离出来,并送入高温焚烧炉中进行处理。同时,利用先进技术对焚烧过程中产生的 CO_2 和其他尾气进行过滤、处理和达标排放。焚烧后的残渣可以填埋,或用于生产水泥等建筑材料,实现资源的二次利用。焚烧技术能够迅速减少固废体积,通常可减少至原体积的84%。目前,许多城市在处理固废时,已将焚烧技术与水泥生产等技术相结合,这不仅提升了固废处理效率，还增加了经济收益。然而，需要注意的是，焚烧前对固废进行分类处理会增加焚烧过程的复杂性和成本。

(2) 堆肥处理技术

堆肥处理技术是一种将固体废物中的有机成分作为原料，与人畜粪便以及其他植物残渣混合，通过堆肥过程使其腐熟，最终转化为有机肥料的处理方法。这种技术的堆肥原理、材料和肥分组成与性质与传统的厩肥相似，因此也被称为人工厩肥。尽管堆肥处理技术的工艺相对简单，但仍在不断改进中。例如，可以通过使用厌氧和好氧微生物对固废进行发酵处理。需要注意的是，在城市现代化进程中，产生的固废种类繁多，并非所有固废都适合用同一种微生物进行发酵。因此，为了确保堆肥处理技术的有效性，需要提高其针对性。工作人员需要分析固废的特性，并据此选择合适的微生物种类和堆肥方式，以确保微生物能够有效分解固废中的有机物质。

(3) 填埋处理技术

针对城市居民日常生活中产生的生活垃圾，在做好分类处理后，可以进行无害化填埋处理。厨余垃圾等有机固废在填埋后，通过发酵和腐化作用，有助于改善土壤质量。建筑垃圾中的弃土和弃料可用于地基和路基的填筑，而钢结构可以作为废铁回收，装饰装修产生的废弃塑料也具有较高的回收价值。

填埋处理技术主要包括三种方式：传统填埋、卫生填埋和生态填埋。传统填埋方式由于对土壤环境造成较大污染，目前已不被市场接受。卫生填埋方式虽然对传统填埋进行了改进，但填埋场产生的气体、颗粒物和渗滤液仍可能对周围生态环境造成影响，因此仅适用于无害无毒物质的处理。此外，卫生填埋方式还需占用大量土地资源，存在土地资源浪费的问题。

生态填埋方式则是对卫生填埋的进一步优化。它要求对填埋场进行封顶处理，以控制填埋场的差异沉降，同时确保不影响土地资源的有效利用。例如，可以在填埋场上方进行建筑物或公园的建设。与另外两种填埋方法相比，生态填埋技术更为安全、经济、高效，且更加环保。它能够在减少环境污染的同时，实现土地资源的可持续利用。

2. 固体废物的资源化利用

我国在固体废弃物的资源化处理方面，近年来取得了显著进展，但与日本、欧美国家相比，仍存在一定差距，特别是在固体废弃物资源化提取的关键技术上较为落后。我国的固体废物资源化处理主要包括以下几种方式。

(1) 物质回收。即对固体废弃物中的可回收物质进行回收，如纸张、玻璃、金属等。

(2) 转化利用。通过技术手段,将固体废弃物或其中某些成分转化为新的可利用物质。例如,对有机物进行堆肥、发酵,对塑料、橡胶进行裂解制取燃油等。

(3) 能源转化。利用化学技术或生物技术释放固体废弃物中的能量,如垃圾焚烧发电、垃圾填埋场填埋气体收集利用等。

当前,我国固体废弃物的总量较大,增长速度较快,但处理和回收利用水平相对较低,导致环境问题日益严重。主要原因在于我国人口基数大,居民环保意识不足,固体废弃物分类回收体系不完善,许多可回收的废纸、废塑料等被随意丢弃,既增加了固体废弃物产量,又造成了严重的资源浪费。我国作为发展中国家,在经济快速发展的同时,环境问题愈发突出。尽管近年来环保力度不断加大,但仍然难以实现经济发展与环境保护的平衡。许多企业过于追求利益,忽视了对固体废弃物的控制和处理。此外,固废处理设备技术相对落后,相关政策法规也有待进一步完善,这些因素都制约了我国固体废弃物处置与回收利用的发展。

3.4.2 减污降碳固废治理案例

据统计,2019 年,我国各类固体废弃物的产生量约为 100 亿吨。其中,煤矸石、粉煤灰、尾矿、工业副产石膏、冶炼渣、建筑垃圾和农作物秸秆等七类固体废弃物的年产生量均超过 1 亿吨,具有量大、环境影响显著、利用前景广阔的特点,因此被统称为"大宗固废"。这些废弃物是资源综合利用的关键领域。数据显示,2019 年,我国大宗固废总产生量约为 62 亿吨,占全部固体废弃物总量的约 62%。目前,大宗固废的累计堆存量约为 600 亿吨,年新增堆存量近 30 亿吨,这不仅占用了宝贵的土地资源,还造成了水-土-气复合污染的问题,成为引发环境和安全问题的主要因素之一。

党的十八大以来,我国将资源综合利用纳入生态文明建设的"五位一体"总体布局。在生态和环保要求不断提升的背景下,大宗固废的综合利用成为绿色低碳循环经济的关键,对实现碳达峰、碳中和以及建设美丽中国具有重要意义。大宗固废的利用已从低效分散转向高效规模,取得了显著进展。在"双碳"目标背景下,其综合利用在节约资源和减少排放方面发挥了重要作用,是实现碳达峰、碳中和的重要途径。例如,利用固废生产建材可以显著减少开采、运输等环节的能耗和碳排放。中共中央、国务院于 2024 年 8 月 11 日印发的《中共中央　国务院关于加快经济社会发展全面绿色转型的意见》,是中央层面首次对加快经济社会发展全面绿色转型进行系统部署的重要文件。意见提出了系列目标:到 2030 年,节能环保产业规模达到 15 万亿元左右;非化石能源消费比重提高到 25%左右;营运交通工具单位换算周转量碳排放强度比 2020 年下降 9.5%左右;大宗固体废弃物年利用量达到45亿吨左右等。因此，在“十四五”期间，应进一步强化大宗固废的高效利用，降低资源消耗和排放强度，为碳达峰、碳中和目标提供有力支持。

大宗固废以其显著的资源特性，在建材制备中展现出巨大潜力，显著减少开采、运输及破碎研磨等环节的能耗，带来显著的综合节能降碳效益（图3-19）。例如，利用固废生产砂石骨料，每吨建筑垃圾可以减少3.7千克二氧化碳排放；高炉矿渣作为水泥掺和料，每吨水泥可以节约50%的能耗；2吨农作物秸秆的热值相当于1吨标准煤，其综合利用可以减少2.66吨二氧化碳排放。大宗固废的综合利用集环保、循环经济和节能降碳于一体，成为碳达峰、碳中和目标下固废处理的新方向。因此，在“十四五”碳达峰关键时期，应加强其合理高效利用，降低资源消耗和排放强度，积极推动碳达峰、碳中和目标的实现。

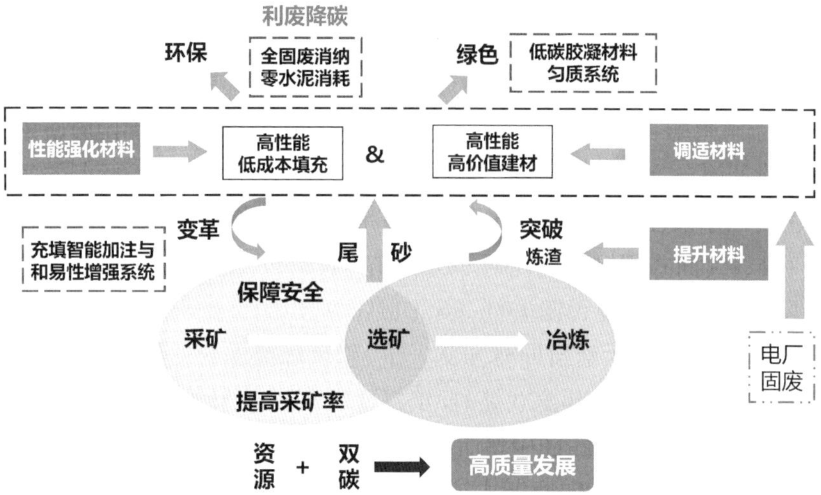

图3-19　矿山、冶炼、火电行业大宗固废全消纳与高值资源化变革性技术体系(陈一宁、刘俐媛、崔皓等，2023)

案例(二十)

徐州丰县大宗固废资源循环利用项目EOD模式案例

徐州市拥有丰富的煤炭资源，过去十多年来，发展煤矸石烧结砖是解决徐州及周边地区煤矸石历史堆存和资源化利用难题、实现固废资源化的重要手段。然而，当地普遍存在煤矸石制砖企业规模小、设备落后、污染处置设施不完善的问题。

研究团队以丰县作为徐州“无废城市”建设试点重点项目的基础，设计了一套符合当地生态环境保护需求且适应地方产业发展水平的EOD(生态导向开发)模式。该模式将煤矸石资源化利用、河道清淤综合整治等公益性项目与产业发展项目相结合，以集聚化、产业化、生态化、市场化为导向，通过产业链的延伸，实现了无须政府财政投入、依靠社会资本和市场主体运营的生态环境治理与产业发展一体化实施项目，促进了生态环境与特色产业的融合发展。

该试点项目成功构建了固废、中水及能源再生链，实现了固废和废水的零排放。具体成果包括：废塑料转化为运输托盘，余热发电为多个项目提供能源，屋顶光伏发电减少了对外部电能的依赖，并显著提升了节能降碳效益。例如，煤矸石的综合利用减少了矿产开采和烧结流程，有力地推动了可持续发展。

配套节能降碳设施及其他降碳效益：

在实施大宗固废综合利用的过程中，项目采用了多种高科技、智能化、绿色低碳的技术手段，以同步实现降碳目标。在煤矸石综合利用的过程中，不仅以煤矸石替代了生产原料，还利用了煤矸石的余热进行发电，通过热电联产实现了碳资源的高效利用，从而达到了降碳效果(表3-2)。

此外，项目还建设了屋顶光伏、风电、水电等减碳项目，以实现能源的清洁化和低碳化。在园区内，配备了占比达50%的绿色运输工具，如小型电动车等，以减少运输过程中的碳排放。

重点项目和企业被要求配备高新化的生产设备，并对生产全流程进行监控，以确保满足清洁生产的要求，进一步降低碳排放。这些措施共同构成了一个综合性的节能降碳体系，为园区的可持续发展提供了有力支撑。

案例(二十一)

新疆某公司专注工业固废循环利用——废料里“淘”出绿色财富

新疆某公司长期专注于工业固废的循环利用，多年来，石河子市工业企业产生的粉煤灰、炉渣等工业废渣废料被运送至该公司，经过加工处理，转化为绿色建材，如太阳能光伏管桩PC装配式构件、混凝土加气块和轻质隔墙板等，有效地实现了大宗工业固废的循环利用。

近期，该公司的加气块生产车间正进行技术改造，预计开春投产后，这个投资4 000多万元进行技改的新车间将成为公司自动化生产的样板间。改造后，生产线工人数量将从60人减少到20人，生产效率大幅提高。新车间将利用粉煤灰、炉渣等固体废料，每日生产加气块等建筑材料3 300多立方米，预计全年产能达60万立方米，消耗40多万吨粉煤灰等工业固废。

此外，该公司高度重视科技在固废循环利用中的应用。该公司不仅成功将脱

表 3－2 煤矸石综合利用项目效益分析

项目种类	序号	项目名称	项目类型	主要处理对象	项目法人单位	起止年限	建设内容	效益分析
煤矸石综合利用项目	1	利用污泥、淤泥、污染土协同处置煤矸石烧结砖技改项目	扶改项目	煤矸石	江苏某环保集团有限公司下辖子公司	2019—2022	(1) 以煤矸石、页岩为原料，煤矸石所含热量作为内燃料，生产烧结多孔（空心）砖 2.4 亿块。(2)无生产废水排放，废气处理设施包括脱硫、除尘、脱硝、活性炭吸附、脱白等处理工艺，加装在线监测系统	(1) 综合利用煤矸石 47 万吨，协同处置污泥及污染土 30 万吨。(2) 建设污染土制砖预处理示范项目 1 项，参与制定团体标准 1 项，申报发明专利 5 项。(3) 代替黏土及页岩资源 70 万吨，煤矸石自热制砖，节约煤炭及燃气，共计降碳 7.3 万吨
	2	利用污泥、淤泥、污染土协同处置煤矸石烧结砖扩建项目	新建项目	煤矸石		2021—2022	(1) 以煤矸石、粉煤灰、市政污泥、工业污泥、印染污泥，造纸污泥、清淤河道淤泥、污染土壤等为原料，生产烧结多孔砖 4.8 亿块。(2) 实现了预处理、制砖、烧结、打包等一系列自动生产	(1) 固废综合利用煤矸石 69 万吨，并且协同处置污泥及污染土 60 万吨。(2) 科技创新：建设污染土制砖自动化生产线示范项目 1 项，参与制定团体标准 1 项，申报发明专利 8 项。(3) 节能降碳：代替黏土及页岩资源 140 万吨，节约煤炭及燃气共计降碳 715 万吨
	3	利用煤渣、煤矸石多孔砖配套发电项目	新建项目	煤渣、煤矸石		2019—2022	(1) 利用煤矸石制砖余热发电，并实现蒸汽利用。(2) 废气处理设施涵盖了脱硫、除尘、脱硝、活性炭吸附及脱白等处理工艺，并配备了在线监测系统	(1) 科技创新：建设煤矸石制砖余热发电示范项目 1 项，参与制定团体标准 1 项，申报发明专利 5 项。(2) 节能降碳：利用余热进行发电及取热，每小时产生蒸汽 70 吨，共计能源利用型降碳 10.2 万吨

硫石膏转化为高品质建材，还研发出了新型地质聚合物材料，通过替代传统原料来降低成本。

目前，该公司年处理固废量接近 510 万吨，综合利用率超过 90%，显著降低了二氧化碳排放，同时生产的建材也实现了高产值。此外，公司还积极参与“无废城市”建设，推动了当地固废循环利用和产业发展，为环保事业和可持续发展做出了积极贡献。

案例(二十二)

基于大宗固废的烧结淤泥砖复合保温墙体系统

近年来，随着国家对环保和节能要求的不断提升，节能低碳建筑已经成为行业发展的必然趋势。某材料公司成功研发了一款由新型淤泥、建筑弃土煤矸石等烧结复合保温多孔砖砌筑的建筑墙体。这款墙体产品凭借其独特的环保理念和卓越的性能特点，在建筑领域引起了广泛的关注。

该产品以城市废弃资源为主要原料，包括淤泥、建筑弃土和煤矸石等，通过物料配比和现代工艺设备的处理，将传统烧结砖技术的精髓与现代科技巧妙结合，生产出了具有自保温功能的复合建筑墙体。这种墙体系统不仅实现了城市固废 100%的无害化和资源化利用，而且在生产过程中不产生任何二次污染和废渣。据统计，该墙体系统每年能够处理高达 35 万吨的固废，相当于节约标准煤 7.2 万吨，减少二氧化碳排放 17.6 万吨，节约黏土资源 21 万吨，并释放土地面积 4.55 万平方米。

除了在环保方面的显著优势，该墙体系统还拥有优异的性能特征。通过在墙体空腔内复合保温材料，以及在砌体孔洞内配置拉结钢筋和浇筑灌浆料，形成了整体稳定的预制装配式自保温构件。这种墙体不仅防火安全、经济合理，而且保温节能效果显著，与主体结构同寿命。

思考题

1. 请说明有哪些主流污水治理技术，并阐明其特点及适用场景。

2. 当前中国污水处理厂在能效和碳排放方面存在哪些问题？如何通过技术创新（如高效泵、搅拌器、曝气系统等）和管理优化（如负荷管理机制、能源回收系统等）来降低能耗和碳排放？

3. 请说明有哪些主流大气处理技术，并阐明其特点及适用场景。

4. 请举例说明现代废气治理技术如何实现减污降碳、协同增效。

5. 请说明有哪些主流土壤治理技术，并阐明其特点及适用场景。

6. 请举例说明现代土壤修复技术如何实现减污降碳、协同增效。

7. 说明有哪些主流固废处理技术，并阐明其特点及适用场景。

8. 从新型固废处理技术案例中，对于未来的减污降碳协同治理工作可以获得哪些启发？

参考文献

[1] Wang S, Yang J, Jin X, et al. Strategies to enhance the catalytic activity of MoS_2 in advanced oxidation processes: A review[J]. Separation and Purification Technology, 2025, 356(PB): 129841 - 129841.

[2] Jin X, Lu J, Li J, et al. Iron-cobalt loading carbon nitride bimetallic catalyst activates peroxymonosulfate for bisphenol A degradation[J]. Journal of Cleaner Production, 2024, 471143392 - 143392.

[3] Zhou Y, He Y, Gao M, et al. Efficient photocatalytic NADH regeneration with Rh-loaded Z-scheme mediator-free system[J]. Chinese Chemical Letters, 2024, 35(2): 108690.

[4] Jin X, Guo J, Hossain F M, et al. Recent advances in the removal and recovery of phosphorus from aqueous solution by metal-based adsorbents: A review[J]. Resources, Conservation & Recycling, 2024, 204107464.

[5] Jin L, Zhang G, Tian H. Current state of sewage treatment in China[J]. Water Research, 2014, 66: 85 - 98.

[6] 刘佩青，姚青，沈华，等. 水厂臭氧发生器的经济运行分析[J]. 净水技术，2021，40(4)：85 - 89.

[7] Miklos D B, Remy C, Jekel M, et al. Evaluation of advanced oxidation processes for water and wastewater treatment-A critical review[J]. Water Research, 2018, 139: 118 - 131.

[8] 陈坤，杨德敏，袁建梅. 芬顿氧化/混凝/气浮/厌氧好氧组合工艺处理抗生素类制药废水[J]. 水处理技术，2021，47(09)：136 - 139.

[9] Xiao K, Liang S, Wang X, et al. Current state and challenges of full-scale membrane bioreactor applications: A critical review[J]. Bioresource technology, 2019, 271: 473 - 481.

[10] Khan M J, Wibowo A, Karim Z, et al. Wastewater treatment using membrane bioreactor technologies: Removal of phenolic contaminants from oil and coal refineries and pharmaceutical industries[J]. Polymers, 2024, 16(3): 443.

[11] 郝晓地，金铭，胡沅胜. 荷兰未来污水处理新框架——NEWs 及其实践[J]. 中国给水排水，2014，30(20)：7 - 15.

[12] Huang H, Ma R, Ren H. Scientific and technological innovations of wastewater treatment in China[J]. Frontiers of Environmental Science & Engineering, 2024, 18(6): 72.

[13] Islam A, Teo S H, Ng C H, et al. Progress in recent sustainable materials for greenhouse gas (NO_x and SO_x) emission mitigation[J], Progress in Materials Science, 2023, 101033.

[14] 夏少波,段璐,王建朋,等.生物质烟气除尘技术实验研究[J].科学技术与工程,2023,23(19):8457-8463.

[15] 周刚,钟剑锋,赵海宝,等.电除尘器安全在线检测预警研究及应用[J].洁净煤技术,2024,30(S1):495-498.

[16] 程卫民,周刚,陈连军,等.我国煤矿粉尘防治理论与技术20年研究进展及展望[J].煤炭科学技术,2020,48(2):1-20.

[17] 黄海亮,白浩隆,付亮亮,等.以高含水石灰石作为脱硫剂的半干法烟气脱硫技术基础研究[J].洁净煤技术,2024,30(S2):393-400.

[18] 徐梦蝶,王建芳,葛璟麟,等.生物法烟气脱硝工艺研究进展[J].环境工程技术学报,2022,12(6):2049-2056.

[19] 易陆杰,蒋林海,李建,等.优质球团矿产品多元化低成本清洁生产技术开发与应用[J].烧结球团,2022,47(1):95-103.

[20] 赵琳,张英锋,李荣焕,等.VOC的危害及回收与处理技术[J].化学教育,2015,36(16):1-6.

[21] 陈孟秋,王钰,杨登尧,等.载铂多级孔ZSM-5分子筛用于邻二甲苯的“吸附-催化燃烧”循环脱除[J].无机材料学报,2019,34(2):173-178.

[22] 陈伟.包装印刷有机废气处理技术探究[J].环境工程,2014,32(7):100-104.

[23] Wu M Y, Huang H B, Leung D Y C. A review of volatile organic compounds(VOCs) degradation by vacuum ultraviolet(VUV)catalytic oxidation[J]. J Environ Manage, 2022, 307: 114559.

[24] 夏诗杨,米俊锋,杜胜男,等.低温等离子体处理挥发性有机物的研究进展[J].应用化工,2021,50(4):1130-1135.

[25] 生态环境部大气环境司.专家解读|持续推进三大结构调整,以空气质量改善助推高质量发展.[EB/OL].(2023-12-22)[2024-06-15]. https://www.mee.gov.cn/zcwj/zcjd/202312/t20231222_1059725.shtml.

[26] 吴晟旻,顾龙友,赵震乾.自然资源管理视角下的土壤污染治理实施路径——基于江苏省的调查与思考[J].中国国土资源经济,2023,36(10):12-18.

[27] 赵沁娜.城市土地置换过程中土壤污染研究进展评述[J].土壤,2009,41(03):350-355.

[28] Zou D, Wang X, Wu C, et al. Dechlorination of municipal solid waste incineration fly ash by leaching with fermentation liquid of food waste[J]. Sustainability, 2020, 12(11): 4389.

[29] 张桐,张展华,胡杰华,等.淋洗技术在土壤污染修复中的应用与挑战[J].环境化学,2022,41(11):3599-3612.

[30] Gusiatin Z M, Kulikowska D, Klik B. New-generation washing agents in remediation of metal-polluted soils and methods for washing effluent treatment: A review [J].

International Journal of Environmental Research and Public Health, 2020, 17(17): 6220.

[31] Yan M, Lu C, Dading Z, et al. Stabilization of Pb, Cd, and Zn in soil by modified-zeolite: Mechanisms and evaluation of effectiveness[J]. Science of the Total Environment, 2022, 814. 152746.

[32] 李东明,施烈焰. 污染土壤复合式物化与生物处理工艺[J]. 中国环保产业,2011(7): 47-50.

[33] Mai X, Tang J, Tang J, et al. Research progress on the environmental risk assessment and remediation technologies of heavy metal pollution in agricultural soil[J]. Journal of Environmental Sciences, 2025, 149, 1-20.

[34] 牟思宇,谢宇斌,杨箫滢. 我国固体废物利用处置现状与对策研究[J]. 有色金属(冶炼部分),2023(9): 1-10.

[35] 孔祥蕊,董玥岑,张蒙雨,等. 生活垃圾焚烧飞灰处理技术研究进展[J]. 化工进展,2024, 43(7): 4102-4117.

[36] 刘闯,姜悦,吴志博,等. 超高温菌好氧堆肥技术对餐余垃圾中油脂、盐分的处理效果研究[J]. 环境污染与防治,2024,46(5): 613-617+625.

[37] 孟杰,曹梦,魏桂芹,等. 垃圾渗滤液处理专利技术分析[J]. 现代化工,2023,43(10): 13-18.

[38] 刘社建. 生态兴则文明兴——评姚婷《工业固体废物资源化利用研究》[J]. 上海经济研究, 2023(2): 2+129.

[39] 陈一宁,刘俐媛,崔皓. 大宗固废资源循环利用项目 EOD 模式案例研究[J]. 建筑经济, 2023,44(S2): 204-207.

[40] 马呈忠. 废料里“淘”出绿色财富[N]. 经济日报,2024-01-30(012).

第 4 章

“双碳”与能源转型

中国作为世界上最大的发展中国家，向国际社会作出“2030 年前碳达峰、2060 年前碳中和”的庄严承诺，此举彰显了大国的使命与担当，不仅为全球能源与气候治理合作注入强大动力，而且为世界绿色低碳发展带来了巨大机遇。

“减排”与“增汇”是实现“碳中和”的两个关键途径。所谓“减排”，是指通过减少化石能源的使用、提升清洁能源消费比例，从源头上降低 CO_2 的排放；而“增汇”则是指针对大气中已存在的 CO_2，通过捕捉、利用和封存等技术手段，将其转化为具有高附加值的化学品，并储存于植物、土壤、海洋等载体中。在推进碳中和目标的过程中，世界各国正逐步调整能源结构，降低对非可再生能源的依赖，提升可再生能源在能源体系中的比重。我国也在持续优化能源结构，致力于发展清洁高效的可再生能源，推动新能源技术的应用。

4.1 碳中和背景下的能源结构转型

4.1.1 传统能源

传统能源，也称为常规能源，是已被人类广泛利用并在人类生活和生产中发挥重要作用的能源。传统能源通常是指煤炭、石油、天然气、水能和核(裂变)能。其中，煤炭、石油、天然气和核(裂变)能属于不可再生能源，它们在自然界中经过亿万年形成，储量有限且无法在短期内再生。相比之下，水能是可再生能源，它依赖水循环，理论上可以持续利用。在不可再生能源中，煤炭、石油和天然气属于化石燃料，是在地质历史中由生物遗体或沉积物经过压缩和变质过程形成的。

4.1.1.1 化石燃料

1. 煤炭

煤炭作为燃料的使用历史已超过两千年。自 11 世纪起，煤炭的开采逐渐发展起来，它开始被用作建筑材料和冶金工业的燃料。在 18 世纪的资本主义产业革命之后，煤炭成为主要的能源。19世纪初，随着电的发明，煤电在全球电力生产中占据了统治地位，煤炭的消费量也随之迅速增长。直到20世纪中叶，煤炭在世界能源结构中一直保持着主导地位。

（1）煤炭的形成

煤是由古代植物遗体在特定的地理环境下，经过复杂的生物化学和物理化学作用转化而成的一种可燃性沉积岩，这一转化过程被称为成煤作用。

成煤作用分为两个主要阶段：泥炭化阶段和煤化阶段。在泥炭化阶段，植物遗体被泥沙覆盖，在缺氧条件下，在厌氧细菌的作用下分解，形成泥炭。随后进入煤化阶段，这一阶段又包括成岩作用和变质作用两个子阶段。在成岩作用过程中，泥炭在沉积物的压力作用下被压实、脱水、胶结，最终形成褐煤。而在变质作用过程中，随着褐煤的进一步深埋和遭受高温高压的影响，水分和挥发分含量减少，碳含量增加，从而形成烟煤。烟煤如果继续经历更深层次的变质作用，则会进一步转化为无烟煤。

（2）煤炭的分类

根据成煤物质和成煤条件的不同，煤可以被分为腐植煤、腐泥煤和残植煤三大类。腐植煤是由高等植物的残体经过成煤作用形成的；腐泥煤则是由低等植物和浮游生物的遗体经过成煤作用形成的；而残植煤是由高等植物残体中最稳定的部分，如孢子、角质层、树脂、树皮等，经过成煤作用形成的。在自然界中，腐植煤的分布最广、蕴藏量最大、用途也最为多样，因此成为人们研究的主要对象。煤化程度指的是煤从泥炭到无烟煤的转化程度。根据煤化程度的不同，腐植煤可以进一步分为泥炭、褐煤、烟煤和无烟煤四大类。其中，泥炭的煤化程度最低，而无烟煤的煤化程度最高。

根据中国国家标准化管理委员会发布的《中国煤炭分类》（GB/T 5751—2009），我国的煤炭共分为14类，以干燥无灰基挥发分 V_{daf} 和黏结性指标 G 为分类指标（表4-1）。实际上，对于 $G>85$ 的煤、长焰煤、褐煤等，还需要借助辅助指标进行分类。焦炭的黏结性和强度，即煤的胶结性，是评价煤的重要特性指标之一。根据煤的胶结性差异，可以将煤分为粉状、黏结、弱黏结、不熔融黏结、不膨胀熔融黏结、微膨胀熔融黏结、膨胀熔融黏结和强膨胀熔融黏结等8类。

表4-1 中国煤炭分类

序号	类 别	代 号	挥发分 V_{daf}/%	黏结性指标 G	发热量 Q_{net}/(MJ/kg)	着火温度 /℃
1	无烟煤	WY	≤10.0		>20.9	>700
2	贫煤	PM	>10.0～20.0	≤5	>18.4	600～700

续 表

序号	类 别	代 号	挥发分 V_{daf}/%	黏结性指标 G	发热量 Q_{net}/(MJ/kg)	着火温度 /℃
3	贫瘦煤	PS	>10.0～20.0	>5～20		
4	瘦煤	SM	>10.0～20.0	>20～65		
5	焦煤	JM	>20.0～28.0	>50～65		
6	肥煤	FM	≥10.0～37.0	>85		
7	1/3 焦煤	1/3 JM	>28.0～37.0	>65		
8	气肥煤	QF	>37.0	>85	>15.5	400～500
9	气煤	QM	>28.0～37.0	>50～65		
10	1/2 中黏煤	1/2 ZN	>20.0～37.0	>30～50		
11	弱黏煤	RN	>20.0～37.0	>5～30		
12	不黏煤	BN	>20.0～37.0	≤5		
13	长焰煤	CY	>37.0	≤35		
14	褐煤	HM	>37.0	≤30	>11.7	250～450

在化工领域，气煤、肥煤、焦煤、瘦煤主要用于炼焦。对于动力用煤，一般根据 V_{daf} 的大小简单划分为无烟煤、贫煤烟煤和褐煤。$V_{daf}\leqslant10\%$ 的为无烟煤，$V_{daf}>10\%$ 的为烟煤，$V_{daf}>37\%$ 的为褐煤。

(3) 煤炭资源储量

《中国矿产资源报告(2023)》显示①，2022 年中国主要能源矿产储量为：煤炭 2 070.12 亿吨、石油 38.06 亿吨、天然气 65 690.12 亿立方米、煤层气 3 659.69 亿立方米、页岩气 5 605.59 亿立方米。中国煤炭储量前五的地区是山西、陕西、新疆、内蒙古和贵州，我国不同煤种的储量比例见表 4-2。

我国煤炭储量的平均硫分为 1.1%，硫分小于 1%的低硫、特低硫煤占 63.5%，主要分布在华北、东北、西北和华东的部分区域；含硫量大于 2%的中硫、高硫煤占 16.4%，主要分布在南方、山东、山西、陕西和内蒙古西部的部分区域。我国煤炭的

① 中华人民共和国自然资源部. 中国矿产资源报告 2023. 北京：地质出版社，2023.10.

灰分普遍偏高，一般为 15%～20%，灰分低于 10%的特低灰煤占全国储量的 15%～20%，主要在大同、鄂尔多斯等区域。

表 4－2　我国不同煤种的储量比例　　单位：%

炼焦用煤				非炼焦用煤								合计
气煤	肥煤	焦煤	瘦煤	其他	贫煤	无烟煤	弱黏煤	不黏煤	长焰煤	褐煤	其他	
14	3.25	10	4	0.75	6	9	2	13	12	13	13	100

（4）煤炭生产与消费

我国“富煤、贫油、少气”的能源特点决定了以煤炭为主的能源消费结构。2023 年，我国煤炭消耗量达 30.5 亿吨标准煤，占一次能源消费总量的 55.2%，近两年煤炭消费占比稳定在 55%左右，我国仍是以煤为主要能源的国家。截至 2023 年年底，我国煤电装机容量为 11.6 亿千瓦（表 4－3），占电力总装机容量的 39.9%；全年煤电发电量 5.39 万亿千瓦时，占总发电量的 58.4%。

表 4－3　我国煤电装机容量及分布　　单位：万千瓦

地　区	2020 年	2025 年	2030 年	2050 年
华北地区	30 800	32 541	31 055	7 200
华东地区	22 246	21 085	18 725	1 876
华中地区	13 579	12 848	12 153	2 300
东北地区	9 645	9 382	9 196	2 798
西北地区	16 274	18 373	18 346	11 216
西南地区	2 833	3 045	3 029	1 800
南方地区	13 364	12 864	12 497	2 810
全　国	108 741	110 138	105 001	30 000

我国煤炭燃烧产生的 CO_2 排放量约占能源活动碳排放总量的 40%。同时，煤炭燃烧还排放了约占全社会总量 15%的 SO_2、10%的氮氧化物，以及大量的烟尘、粉尘、炉渣、粉煤灰等污染物。

2. 石油

石油因其运输便捷和能量密度高，成为最重要的运输驱动能源，同时也是许多工业化学产品，如溶剂、化肥、杀虫剂和塑料等的重要原料。早在公元前 10 世纪之前，古埃及、古巴比伦和印度等古代文明就已经开始采集天然沥青，并将其用于建筑、防腐、黏合、装饰和制药等多个领域。19 世纪初，随着工业革命的推进，石油成为关键能源。最早的商业化石油开采始于美国宾夕法尼亚州的石油热潮。进入 20 世纪，中东地区逐渐成为主要的石油生产地，世界各国也纷纷开始探索和开采石油资源。

(1) 石油的形成

石油是一种黄色、褐色或黑色的流动或半流动的黏稠可燃性液体。它的形成始于古代大量生物死亡后与其他淤泥物质一同沉积在水底，并在好氧细菌和厌氧细菌的作用下转化。细菌活动停止后，这些有机质进入了一个以低温为主导的地球化学转化阶段，并经历了生物和化学转化过程，最终形成了石油。这一过程不仅与含有机质的沉积物形成岩石的过程相关，还受到多种因素的影响，包括细菌活动、温度条件、作用时间以及催化剂等。具体过程如下。

① 有机质沉积于被水体覆盖的海盆或湖盆中，水层隔绝了空气，从而在沉积环境中形成了无氧条件。尽管水体中存在一定量的氧气，但这些氧气在氧化部分有机质后便消耗殆尽，使得大部分有机质得以在无氧环境中保存。

② 在低洼地区，大量的泥沙及其他矿物质迅速埋藏了其中的有机体，形成了一个与空气隔绝的还原性环境。随着地壳的运动，水生和陆生生物的遗体与泥沙等物质一起沉积，逐渐累积形成了富含有机质的沉积层。

③ 随着沉积盆地的持续沉降，沉积物层逐渐增厚。在细菌活动、压力、温度和其他地质因素的共同作用下，有机淤泥经历了压实和固结作用，逐渐转化为沉积岩石，形成了生油岩层。

④ 在成岩阶段，沉积物中的有机质经历了复杂的生物和化学转化过程，失去了 CO_2、H_2O、NH_3 等成分。在缩合和聚合作用下，剩余的有机质通过腐泥化和腐殖化作用形成了干酪根，这就是石油和天然气的前身。这一过程是当前广泛认可的石油有机成因理论，即晚期成油说(或称干酪根说)。

⑤ 干酪根分为腐泥型、腐殖型和腐泥-腐殖型。在成岩阶段，随着温度的升高，有机质发生热催化作用，大量转化为石油和天然气。

石油生成后，需历经漫长的运移与聚集过程，才能够形成油田。油气集中储存的区域被称作“储油构造”，其主要包含以下部分：① 储油层，它为油气提供储存空间；② 盖层，这是位于储油层之上的不渗透层；③ 圈闭，即形成油气封堵条件的结构。总体而言，储油构造的形成得益于地壳运动所引发的一系列地质过程，可以概括为“生、储、盖、运、圈、保”这六个字。即“生”——石油生成，“储”——储油层存储，“盖”——盖层覆盖，“运”——油气运移，“圈”——圈闭形成，“保”——油气保存。

(2) 石油的分类

石油的主要成分是由 C、H 组成的烃类，如烷烃、环烷烃、芳香烃等，这些烃类的含量约占石油总量的 95%～98%。此外，石油中还有微量的金属元素，如 Na、Pb、Fe、Ni、V 等，以及少量的 O、N、S，这些元素通常以化合物、胶质、沥青质等非烃类物质的形式存在。石油的元素组成见表 4-4，其成分因产地的不同也存在显著差异。

表 4-4 石油中的元素组成

元素	C	H	O	N	S	微量元素
含量	85%～90%	10%～14%	0%～1.5%	0.1%～2%	0.2%～0.7%	100 mg/L

由于石油的组成极其复杂，市场上通常采用以下几种分类方法：

① 按石油的密度分类，可将石油分为轻质、中质、重质和特重质石油。

② 按石油中的硫含量分类，硫含量小于 0.5%的为低硫石油，硫含量为 0.5%～2.0%的为含硫石油，硫含量大于 2.0%的为高硫石油。在世界石油总产量中，含硫石油和高硫石油约占 75%。石油中的硫化物对石油产品的性质影响较大，加工含硫石油时应对设备采取防腐蚀措施。

③ 按石油中的蜡含量分类，蜡含量为 0.5%～2.5%的为低蜡石油，蜡含量为 2.5%～10%的为含蜡石油，蜡含量大于 10%的为高蜡石油。

(3) 石油资源储量

① 世界石油资源

截至 2023 年，全球已发现油田四万余处，气田两万余处。这些油田和气田基本位于地壳的六大稳定板块和大陆架周边地区。在 156 个较大的盆地中，油田和气田的分布呈现出显著的不均匀性：从东西半球分布来看，约 3/4 的石油储量集中在东半球，1/4 的石油储量集中在西半球；从南北半球分布来看，石油储量主要集中在北半球；从纬度分布来看，石油储量主要集中在北纬 20°～40°和 50°～70°两个纬度带内。波斯湾、墨西哥湾两大油区和北非油田均位于北纬 20°～40°内，该纬度带集中了世界石油储量的 51.3%。在 50°～70°纬度带内，北海油田、俄罗斯伏尔加及西伯利亚油田、阿拉斯加湾油区等都享有盛名。

② 我国石油资源

我国石油资源总量较为丰富，截至 2024 年，已探明的石油储量达到 38.5 亿吨。然而，我国人均石油资源量仅为世界平均水平的 18.3%，即人均石油资源严重不足。根据我国产油省（自治区、直辖市）的基础储量数据，可以看出我国的石油储量地理分布极不平衡。东北三省（黑龙江、吉林、辽宁）的石油储量占全国总储量的 34.7%，而西部地区的陕西、甘肃、青海、宁夏和新疆的石油储量则占总储量的 27.2%（表 4-5）。

表 4-5 我国产油省（自治区、直辖市）基础储量数据 单位：万吨

黑龙江	吉林	辽宁	陕西	甘肃	青海	宁夏	新疆
62 197	16 530	17 010	19 885	8 727	4 377	140	41 883
天津	**河北**	**内蒙古**	**四川**	**云南**	**广西**	**广东**	**海南**
3 075	16 339	5 526	345	12	175	140	41

我国石油资源的品质相对较差，油田规模普遍较小，缺少世界级的大型油田。在已发现的五百多个油田中，除了大庆、胜利等主要油田外，其余油田普遍面临原油品位较低、埋藏深度大、类型复杂、开采工艺要求高等问题。在剩余的可采储量中，超过 50%属于低渗油、特低渗油、稠油以及埋藏深度超过 3 500 米的油藏。虽然我国石油资源总量较为可观，但作为发展中国家，且人口基数庞大，石油资源的开采难度较大，这导致我国石油的后备可采储量相对有限。

(4) 石油生产与消费

石油的消费途径主要分为两种：一是作为交通运输燃料，这一用途大约占到全部石油消费的三分之二；二是作为工业生产原料，占比约为三分之一。我国 2023 年全年原油加工量达 7.35 亿吨，其中生产成品油（包括汽油、煤油、柴油）4.05 亿吨，占原油加工总量的 55.1%。然而，考虑到经济增速、汽车保有量、交通限制措施以及新能源汽车的推广等因素，预计未来石油的能源属性将逐渐减弱，而其作为材料属性的比重将逐渐增强。石油消费将逐步从“能源化”时代转向“材料化”时代。

石油资源未来的发展可能性主要包括以下几点。一是石油需求将受到替代能源发展速度的影响。尽管未来石油消费仍有增长的可能，但是电动汽车、燃料乙

醇、煤制油等替代能源的发展预计将会在一定程度上减缓石油需求增长的步伐。二是石油消费格局将经历重大变化。深度炼化一体化是实现“石油材料化”的关键途径，也是改变我国石油消费格局的重要策略，这将有助于从根本上提升我国资源的综合利用效率和对基础化工材料的自主保障能力。三是石油的对外依存度将持续上升。随着石油消费需求增速的放缓以及消费结构从能源向材料的转变，预计到2050年，我国对石油的外部依赖程度可能达到80%。因此，迫切需要加快构建一个全面而综合的石油安全体系。

与煤炭相比，全球石油消费量在2000—2023年呈现结构性调整，年均增长率1.08%。亚太地区自2003年超越北美，成为全球石油消费量占比最高的地区，2023年占比达42.6%，北美、欧洲分别降至21.3%和14.7%，消费重心进一步东移。与煤炭相比，全球石油消费量的分布相对更为均衡。2023年，全球石油消费量达185.4艾焦耳(EJ)①，较疫情前(2019年)增长2.3%，但消费格局发生深刻变化。消费量前三位的国家/地区为：美国，33.2 EJ，占全球石油总消费的17.9%；中国紧随其后，消费量约为31.8 EJ，占比为17.2%；欧盟的消费量约为18.5 EJ，占比为10.0%。在中国石油消费量及其在全球的消费占比逐年增加的同时，美国和欧盟的消费量及其占比则呈现出逐年下降的趋势。

3. 天然气

天然气燃烧时发热值高，对环境污染较小，其形成过程与石油相似，但更为简化。通常，天然气是由地下经过多年积累的有机物质在分解过程中，伴随着压力的变化而形成的。

(1) 天然气的组成和特性

天然气主要由甲烷、乙烷、丙烷和丁烷等烃类组成，其中甲烷占80%～90%，其余成分主要包括二氧化碳、水、硫化氢和其他含硫化合物。根据来源的不同，天然气可以分为气田气和油田气，还包括可燃冰(天然气水合物)。不同种类的天然气成分略有差异：气田气的主要成分是甲烷，相对分子质量为16，低位发热量为36.4 MJ/m^3；油田气则含有一定比例的乙烷、丙烷等，相对分子质量分别为30和44，低位发热量为48.38 MJ/m^3；可燃冰则较为特殊，它由水和天燃气分子组成，外层是水分子构架，核心是天燃气分子，其中大部分是甲烷，因此天然气水合物也称为甲烷水合物。1 m^3 的可燃冰(固体)可以释放出168 m^3 的甲烷和0.8 m^3 的水蒸气，因此，可燃冰是一种高能量密度的能源。

① 1艾焦耳=10^{18} 焦耳(1 EJ=10^{18} J)。

（2）天然气资源

天然气是一种蕴藏量丰富、清洁且使用便利的优质能源。然而，由于其储运难度大、市场准入难度高、投资规模大和回收期长等特点，许多国家的天然气工业发展普遍比石油工业落后 30～40 年，发展过程呈现出先慢后快的趋势。与石油类似，世界天然气储量的分布也非常不均匀，主要集中在中东、俄罗斯和东欧地区，这三个地区的天然气储量合计约占世界天然气总储量的 70%。值得注意的是，随着天然气开发技术的不断进步，天然气探明储量也在逐渐增加。

① 世界天然气资源

在需求和价格的共同推动下，2021 年全球天然气产量达到了 4 万亿立方米，同比增长了 1 754 亿立方米，增幅为 4.8%。北美、俄罗斯-中亚、中东地区的天然气产量位列全球前三，分别为 11 358 亿立方米、8 960 亿立方米和 7 149 亿立方米，增速分别为 2.4%、10.9%和 4.2%。2021 年，全球新增天然气储量达到 1.04 万亿立方米，世界天然气剩余可采储量为 192 万亿立方米。根据某信息服务公司的统计，2021 年全球石油和天然气勘探开发投资支出为 3 470 亿美元，较 2020 年增加了 450 亿美元，增幅为 15%，但这一数字仍远低于近十年的平均水平（4 800 亿美元）。

② 我国天然气资源

我国的天然气储量较为丰富，这些资源主要集中在中部、西部地区以及海域。然而，埋深超过 3 500 米的天然气储量占比达到 58%，位于自然地理环境恶劣的黄土地带、山地和沙漠的天然气储量占比为 64%。与石油类似，我国相较于其他产气大国而言，缺少世界级的大型气田。2021 年，全国天然气新增探明地质储量为 16 284 亿立方米，其中常规气（含致密气）、页岩气和煤层气的新增探明地质储量分别达到 8 051 亿立方米、7 454 亿立方米和 779 亿立方米。同年，全国天然气产量达到了 2 076 亿立方米，同比增长了 7.8%，天然气产量连续五年增长超过 100 亿立方米[①]。

我国天然气地质资源量和可采资源量分布见表 4-6，其中中部地区、新疆和海洋大陆架是我国天然气的主要分布区域。

全国气田气剩余可采储量中，四川省占比为 24.5%，鄂尔多斯地区占比为 17.8%，塔里木盆地占比为 15.7%，南海莺琼盆地占比为 18.0%；在油田气剩余可采储量中，松辽平原占比为 21.8%，渤海湾地区占比为 40.3%，准噶尔盆地占比为 14.0%，吐哈盆地占比为 9.6%。

① 国家能源局. 中国天然气发展报告(2022). 北京：石油工业出版社.[2023-07-21].

表 4-6　我国天然气地质资源量和可采资源量分布

区　域	地质资源量/($\times 10^{10}$ m^3)	比例/%	可采资源量/($\times 10^{10}$ m^3)	比例/%
东　北	1.3	2.8	0.2	2.1
华　北	2.7	5.7	0.5	5.15
江　淮	0.4	0.8	0.5	5.15
中　部	11.5	24.4	2.7	27.8
新　疆	11.9	25.2	2.6	26.8
甘　肃	2.3	4.9	0.3	3.1
其他地区	3.3	7.0	0.3	3.1
大陆架	13.8	29.2	2.6	26.8
合　计	47.2	100	9.7	100

我国95%的煤层气储量分布在晋陕、内蒙古、新疆、冀豫皖和云贵川渝等含气区。山西是全国煤层气资源富集程度最高、开发潜力最大的省份之一。数据显示，截至2022年年底，山西省非常规天然气累计探明地质储量11 635.12亿立方米，其中煤层气探明地质储量7 604.2亿立方米。在山西省，沁水和河东煤田的煤层气储量最为丰富，占全省煤层气总储量的80%。沁水盆地的煤层气田资源分布集中、埋深较浅、可采性好，甲烷含量在95%以上，是全国第一个勘探程度高、储量稳定、开发潜力大的煤层气气田。大力发展煤层气工业不仅可以减轻我国石油和天然气的供应压力，还能有效改善煤矿的安全生产条件。从环境保护的角度来看，甲烷是一种强效温室气体，其温室效应是二氧化碳的20倍，因此，开发利用煤层气能有效地减少甲烷的负面影响，保护大气环境。

(3) 天然气生产与消费情况

我国天然气消费量持续增长，从2000年的245亿立方米跃升至2023年的3 902亿立方米，年均增速超10%，在能源消费结构中的占比从2.2%提升至9.5%。我国最主要的天然气消费行业包括工业、居民生活、电力和交通运输领域，2023年这些主要消费领域占比分别为35%、20%、18%和9%。与传统燃煤发电技术相比，天然气发电对环境的影响较小(表4-7)，其在发电、交通运输、城市燃气和工业等重点领域的消费和利用优势明显。

表4-7 我国气电与煤电污染物排放比较

指 标	气 电	煤 电
全生命周期 CO_2 排放量[g/(kW·h)]	490	820
二氧化硫排放量限值(mg/m^3)	35	100
氮氧化物排放量限值(mg/m^3)	50	100
粉尘排放量限值(mg/m^3)	5	30

天然气消费占比持续上升，预计在实现“碳达峰”之后，天然气将成为唯一持续增长的化石能源。作为最清洁的化石能源，天然气对于保持低碳能源系统的韧性、安全性和稳定性至关重要。在固定源产生相同热值的情况下，天然气的 CO_2 排放量仅为煤炭的59%。2020年，我国天然气在一次能源消费中的占比不到10%；预计到2035年，我国天然气需求量将达到6 100亿立方米，其在一次能源消费中的占比将达到15%；到2050年左右，我国天然气需求峰值将达到6 500亿立方米，占一次能源消费的15%左右。

天然气的未来发展趋势主要涵盖以下几个方面。一是天然气将成为需求增长最快的化石能源，特别是在中国；二是天然气在优化能源结构和减少 CO_2 排放方面将发挥重要作用，未来在可再生能源发电调峰、分布式能源系统和综合能源供应中仍将扮演关键角色；三是天然气供应安全问题将变得更加突出，预计到2050年中国天然气对外依存度将超过90%，资源安全成为重要的考量因素。

天然气是过去20年里消费量增长速度最快的一次能源之一。2020年全球天然气消费量较2000年增加了60%，其中增长幅度最大的地区是中东地区，增长率为201.31%，年均增长率高达5.71%。目前，全球天然气消费量最大的地区为北美地区，占比27%；其次是亚太地区，占比23%；欧洲、中东和独联体地区的天然气消费量各占14%。根据消费增长趋势，中东地区在后期有望成为第三大天然气消费地区。

从增速来看，北美地区的天然气消费量在2008年之前相对平稳，之后则保持了稳定增长。相比之下，亚太地区则持续保持着高速增长，年均增长率高达5.4%，仅次于中东地区。2020年，全球天然气消费量最大的国家依然是美国，其消费量达到了29.95 EJ；其次是俄罗斯，消费量为14.81 EJ；中国的天然气消费量在2020年约为11.90 EJ，占亚太地区消费总量的约三分之一。在碳排放政策的大环境下，全球天然气消费量预计将继续保持上升趋势。

4.1.1.2 水力发电

水力发电，作为一种利用河流径流势能的一次能源，其特点在于能够将自然界中的水能直接转化为电能，属于一种可再生且无污染的清洁能源。水力发电站通过收集天然水流中的水能，驱动涡轮机和发电机，从而产生电能。水电开发对于河流的综合治理和利用具有正面影响，它对于推动国民经济发展、改善能源消费结构、减轻煤炭和石油消费带来的环境污染具有重要意义。

与火力发电和核能发电等常规能源发电方式相比，水力发电能够直接将水能转换为电能，无须经过热能转换的中间过程。因此，在水电站的建设过程中，一次能源建设和二次能源建设是同步完成的。水力发电具有以下特点：① 水能属于可再生能源，可持续性强；② 能够实现江河水能资源的综合利用；③ 长期运营成本低，效率高，经济性强；④ 不污染环境，清洁环保；⑤ 水能可以储存和调节，功能性强。

1. 水力发电的基本原理

在地球引力作用下，水携带着泥沙对河床和岸坡进行冲刷，从高处向低处流动，这说明水在流动过程中具备一定的能量。水位越高，水量越大，所蕴含的能量也越大。与其他能量形式相似，水能可以通过人工手段转化为电能。水力发电便是利用水流推动水轮机，将水的势能和动能转换为机械能，再进一步转化为电能的过程。水力发电的基本原理如图 4 - 1 所示。

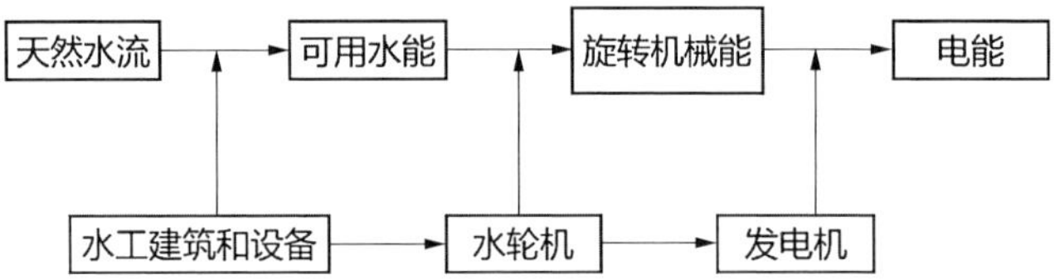

图 4 - 1 水力发电的基本原理

为了实现水力发电，需要建造一系列建筑物来构成水力发电系统。水力发电系统的基本组成部分包括：水库、引水系统、水轮机室、水轮机、尾水渠、传动装置、发电机、控制与保护设备、输配电设备、水电站厂房以及水工建筑物等。

2. 水电站的分类

按照不同容量分类，水电站的容量为 1 001～12 000 kW 的属于小型水电站，101～1 000 kW 的属于小小型水电站，而 100 kW 以下的则归类为微型水电站。国家发展和改革委员会规定：电站装机容量超过 75×10^4 kW 的为特大型水电站，$(25\sim75)\times10^4$ kW 的为大型水电站，$(2.5\sim25)\times10^4$ kW 的为中型水电站，小于

2.5×10^4 kW 的为小型水电站，$(0.05\sim2.5)\times10^4$ kW 的为小(1)型水电站，小于 0.05×10^4 kW 的为小(2)型水电站。

水力资源的开发方式根据集中的落差来选择，主要分为堤坝式、引水式和混合式三种。不同开发方式建设的水电站，其枢纽布置和建筑物组成也会有所不同。

(1) 堤坝式水电站

堤坝式水电站是通过在河流上建造水坝(或闸门)，以提升水位形成水位差，通过水管或隧道将水库中的水输送到厂房，并利用水轮发电机进行发电的。根据厂房位置的不同，堤坝式水电站可以分为河床式和坝后式两种。

① 河床式水电站：其厂房直接建在河床或渠道上，与坝(或闸)位于一条直线上或成一定角度，厂房作为坝体(或闸体)的一部分，与坝体共同承受水压力。这种形式常见于平原地区低水头的水电站。在具有落差的引水渠道或灌溉渠道上，也常采用此种形式。

② 坝后式水电站：其厂房位于大坝下游，与坝体建筑分离，不承受水压力。这种形式适用于水头较高的水电站。

(2) 引水式水电站

引水式水电站通过引水建筑物集中水头，通常在河道上建造引水堤坝或闸门，将河水引入渠道。引水渠道包括明渠、隧洞和管道。当水电站水头较低(6～10 m)时，可以直接通过渠道将水引至厂房；当水头较高时，则需要通过压力水管将水流送至水轮机。通常在渠道末端建造压力前池，以提高水流压力，再通过压力水管将水流引入水轮机。

(3) 混合式水电站

混合式水电站结合了堤坝式和引水式水电站的特点，其水头由拦河坝和引水渠道共同形成。当地形上游平缓、下游坡降较陡时，适宜在上游筑坝形成水库，调节水量；在下游则建设引水渠道和设置压力水管，以集中较大的落差。大多数混合式水电站都与防洪、灌溉设施相结合。

水电作为一种广泛应用的清洁能源，在 2020 年的消费量占到了一次能源总消费量的 7%。在 21 世纪的第一个 20 年中，亚太地区的水电消费量增长最为显著，而其他地区的水电消费量则大体保持稳定。2020 年，全球水电消费量最高的国家是中国，消费量达到了 11.74 EJ，占全球水电总消费量的 30.77%，相比 2000 年增长了 5 倍以上。在北美、南美和欧洲地区，水电消费量最高的国家分别是加拿大、巴西和挪威。加拿大和巴西的水电消费量占其一次能源消费量的比例超过了 25%，而挪威对水电的依赖程度最高，其水电消费量在一次能源消费中的占比接近 65%。

3. 水能特点

我国的水电资源约占世界总量的 15%，在我国的能源结构中占据着重要地位。到 2020 年，我国的常规水电装机容量达到了 33 867 万千瓦(表 4-8)。其中，抽水蓄能的装机容量为 3 100 万千瓦，占常规水电装机容量的 9.15%；水电的发电量达到了 1.36 万亿千瓦时，占总发电量的 17.8%。水电作为仅次于火电的第二大电源，在现阶段是经济性最佳的电源之一。全球水电的平均度电成本为 0.25～0.5 元/千瓦时，低于火电、风电和光伏发电的平均成本。考虑到技术进步导致成本下降、水电资源开发条件日益复杂等因素，预计水电的度电成本将稳定在 0.3～0.5 元/千瓦时，或小幅上涨。

表 4-8　我国常规水电装机容量及分布　　　　单位：万千瓦

地　区	2020 年	2030 年	2050 年	2060 年
华北地区	272	443	684	684
华东地区	2 054	2 100	2 100	2 100
华中地区	5 939	6 133	6 940	6 940
东北地区	808	823	1 242	1 242
西北地区	3 385	4 411	4 966	4 966
西南地区	8 873	15 639	24 816	25 815
南方地区	12 536	14 594	16 390	16 390
全　国	33 867	44 143	57 138	58 137

但我国水能开发面临两方面的问题。一是水能资源开发潜力有限。到 2020 年，全国水力资源的开发率约为 50%，而待开发的水能资源中有 82%集中分布在西南地区的云南、贵州、四川、重庆和西藏等五个省、直辖市、自治区。目前这些地区的水能资源可开发容量不足 7 亿千瓦，未来的提升空间受限，预计装机容量可以达到约 4.9 亿千瓦。二是如果按照开发上限过度发展水能，可能会引发地质生态环境问题以及相关的负面效应。

4.1.2　我国能源转型的现状与展望

我国自 2009 年起正式提出减少单位 GDP 的 CO_2 排放的要求，在能源发展过程中越来越重视生态环境保护，并开始实施能源、环境和气候的协同治理策略。受到环境约束，中国的能源政策主要包含以下三个方向：一是减少以煤炭为主体的现有能源体系中的 CO_2 等温室气体排放；二是推动可再生能源技术的发展；三是控制大气污染等环境问题。由于 CO_2 排放和大气污染具有相同的根源，我国在“十四五”规划期间将重点推进大气雾霾治理和减污降碳的协同工作，而在“十五五”规划期间则倾向于通过碳治理来推动大气污染防治等气候行动。目前，我国在前期工作的基础上，提出构建一个清洁、低碳、安全、高效的能源体系，具体措施包括：着力控制化石能源使用总量，同时提高能源利用效率，实施可再生能源的替代方案，深化电力体制改革，构建以可再生能源为主体的新型电力系统。然而，在新能源、市场监管、电力安全监管等方面，我国尚未出台相应的法律法规政策，存在规章制度及规范性文件约束力不足等潜在问题。我国环境能源政策目标规划的时间演变如图 4－2 所示。

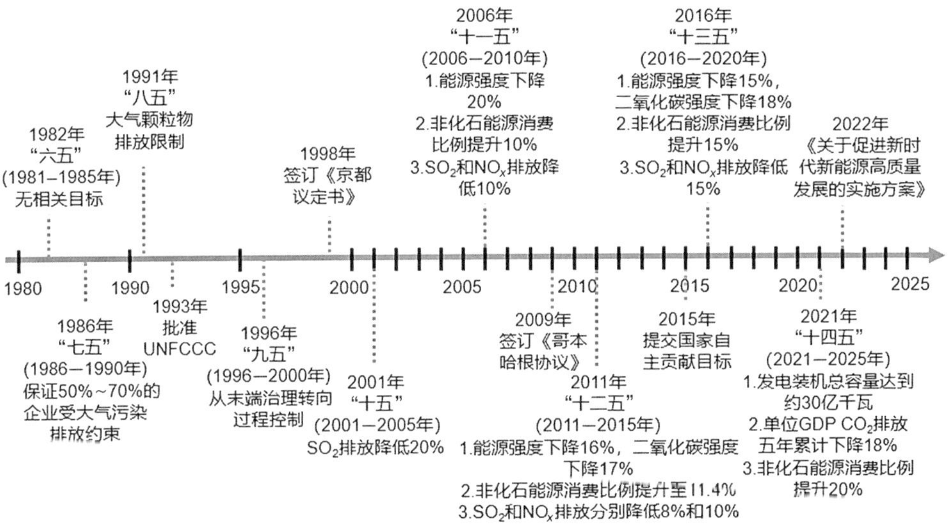

图 4－2 我国环境能源政策目标规划的时间演变

目前，煤炭在我国能源消费结构中占据着重要地位，同时也是我国电力供应的主要来源。将主体能源和主体电源从煤炭转向可再生能源，是优化我国能源结构的关键，这需要供需双方的共同努力。核心的优化策略是提升电力能源系统的灵活性，这要求能源布局以可再生能源为中心，最终构建一个以可再生能源为主，天然气等非可再生能源与可再生能源发展相协调的新型能源体系。

表 4－9 为全球主要国家/地区的能源气候战略目标。欧盟作为全球应对气候变化问题的领导者，其碳排放峰值水平为 45 亿吨 CO_2，并承诺到 2050 年实现碳中

和。我国预测的碳排放峰值水平将达到约106亿吨，计划在2030年前实现碳达峰，在2060年前实现碳中和。我国的碳排放峰值水平大约是欧盟的2.4倍，但我国从碳达峰到碳中和的时间只有欧盟计划的一半，这意味着我国面临的减排挑战比工业发达国家更为严峻，减排幅度也更大，这进一步对能源部门的快速转型提出了更高的要求。

表4-9 全球主要国家/地区的能源气候战略目标

国家/地区	能源气候战略目标
欧盟	2050年前实现碳中和，2030年温室气体净排放量较1990年至少减少55%
法国	依靠可再生能源和核能，2050年实现净零排放
德国	2045年实现碳中和，比原计划提前5年；2030年温室气体排放比1990年减少65%，超过欧盟减排55%的目标
英国	2035年温室气体排放量较1990年减少78%；2035年电力系统实现100%清洁无碳供电
加拿大	2035年起禁止销售燃油新车，2050年实现净零排放
美国	2035年实现电力行业净零排放，2050年实现温室气体净零排放
俄罗斯	2050年温室气体净排放量在2019年排放水平上减少60%，同时较1990年排放水平减少80%，并在2060年前实现碳中和
日本	2050年实现净零排放；2050年可再生能源发电占比提升至50%～60%
韩国	2030年温室气体排放量较2018年下降35%，2050年实现净零排放
印度	2030年前减少碳排放100亿吨，2070年实现净零排放
中国	力争2030年前达到CO_2排放峰值，努力争取2060年前实现碳中和

4.1.2.1 能源转型的驱动力

1. “双碳”目标加速推动能源结构转型

根据国际能源署的数据，全球能源供应总量从1971年的230.2 EJ增至2019年的606.5 EJ，增幅超过1.6倍。截至2019年，全球石油、煤炭和天然气等化石能源的供应量在全球能源供应总量中的占比仍然超过80%，而可再生能源的供应占比不到15%。根据2023年《世界能源统计年鉴》的数据，2022年全球一次能源消耗量达到了历史最高点（图4-3），其中增量的大部分来自非经合组织国家

(图 4-4)。尽管我国可再生能源的总量位居全球首位,但由于能源消费体量巨大,化石能源的占比仍然较高。

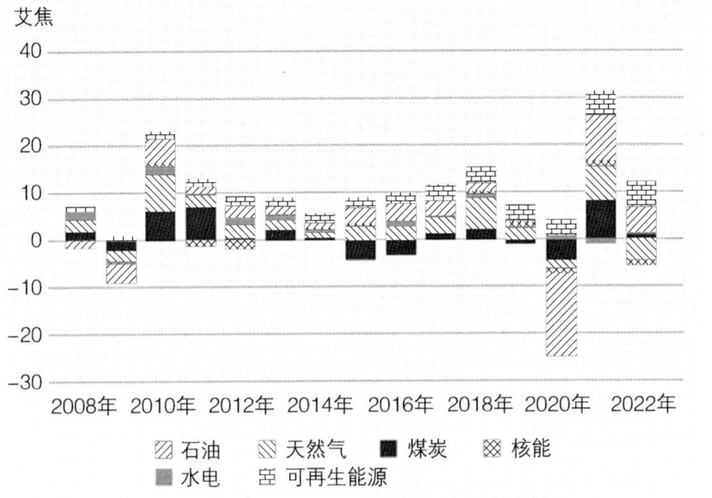

图 4-3 一次能源变化趋势(按燃料划分)

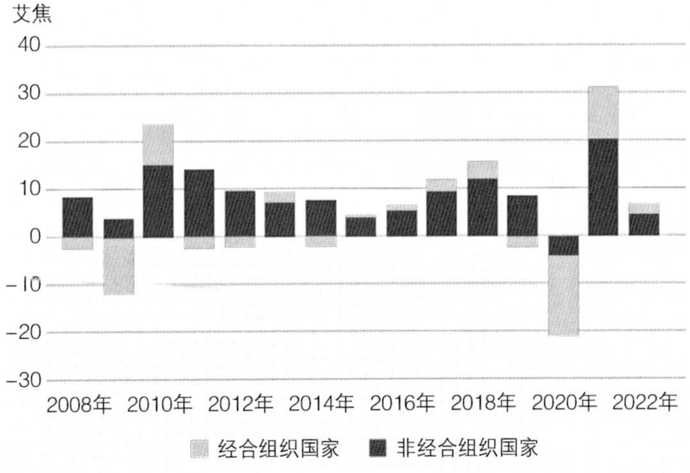

图 4-4 一次能源变化趋势(按地理区域划分)

数据来源:能源研究院《世界能源统计年鉴》(2023 年版)

2. 国家能源安全的重要性

近年来,全球能源格局经历了巨大变化。从欧洲开始,世界各国加速了从化石能源向可再生能源的结构转型,加大对太阳能、风能和水能等可再生能源的资金投入,创造发展机会,推动相关行业的技术创新和产业升级。根据国际能源署的数据,可再生能源有望在三年内成为全球最大的电力来源。

能源转型对于应对全球面临的紧迫挑战至关重要,这些挑战包括气候危机、促进经济增长、增加就业和保障粮食安全。能源转型将重塑全球格局,并触发这个时代最重大的工业变革。根据国际能源署(IEA)的数据,2023年全球清洁能源投资达到了1.8万亿美元。这一数字较之前有显著增长,显示出全球在清洁能源领域的投资力度不断加大。IEA认为,对低碳能源的投资与扩大化石燃料的资本投入已经"持平"。甚至石油巨头英国石油公司也预测,俄乌冲突将促使各国为了能源安全而增加对可再生能源项目的投入,可能导致对石油和天然气的需求比公司预期的更早达到峰值。IEA表示,未来五年可再生能源增长的主要推动力将来自各国对政策的快速响应。美国的《通胀削减法案》将可再生能源的税收抵免延长至2032年,中国的"十四五"规划确保了中国将贡献全球新增可再生能源产能的一半。此外,欧盟推出的REPowerEU一揽子计划为实现其2030年的承诺提供了保障,而印度的新可再生能源装置预计在未来五年内将翻一番。

4.1.2.2 我国能源形势及预测

我国是能源生产大国,也是能源消费大国,能源生产和消费从总量上基本持平。在一次能源消费结构中,煤炭占比最大。随着石油、天然气工业和水电事业的发展,煤炭消费占比有所下降,石油、天然气和可再生能源的消费占比不断提高。

国家统计局显示,2023年一次能源生产总量48.3亿吨标准煤,同比增长4.2%。原煤产量47.1亿吨,同比增长3.4%,保障能源安全稳定供应。原油产量20 902.6万吨,同比增长2.1%。天然气产量2 324.3亿立方米,同比增长5.6%。

2023年,国内经济发展持续回升向好,产生需求拉动,在此大背景下,我国能源消费显著增长。数据显示,2023年能源消费总量57.2亿吨标准煤,比上年增长5.7%。煤炭消费量增长5.6%,原油消费量增长9.1%,天然气消费量增长7.2%,煤炭消费量占能源消费总量比重为55.3%,比上年下降0.7个百分点;天然气、水电、核电、风电、太阳能发电等清洁能源消费量占能源消费总量比重为26.4%,上升0.4个百分点。

1. 能源需求总量

碳达峰后,我国能源需求总量仍将保持增长态势,因此需要在中短期内加速和优化能源消费结构。2023年,我国能源消费总量为57.2亿吨标准煤。预计到2030年,化石能源消费和CO_2排放量将同时达到峰值。但这并不表示我国能源需求总量将停止增长,相反,需求曲线预计将继续平稳上升。根据部分国际机构对我国未来能源消费结构的预测,并结合我国经济发展现状,预计在实现碳达峰目标后，我国能源总需求仍将维持约 10 年的增长期，在 2040 年前后平稳达到峰值，之后需求增长曲线将趋于平稳或呈现缓慢下降趋势。随着化石能源消费达到顶峰，我国必须迅速提升可再生能源的比重，以适应能源总需求的增长，这对我国能源资源结构转型提出了极高的要求。

2. 能源结构变化

清洁能源在能源结构中的比重不断上升，而化石能源的比重相应降低。2023 年，我国煤炭消费占能源消费总量的 55.3%，清洁能源消费占比为 26.4%。预计到 2030 年实现碳达峰目标后，我国将经历一段平台期，经济增速减缓，碳排放增速普遍减缓甚至出现下降。预计届时煤炭、油气和非化石能源的消费比例将达到 4∶3∶3。在此期间，我国需加快构建以可再生能源为主的低碳能源体系，推动交通系统全面电动化，并采用碳汇、CCS 技术和 CCUS 技术，助力我国进入快速减排阶段。2030—2050 年，我国可再生能源将进入大规模替代阶段，能源消费重心逐步向生活消费领域转移，预计可再生能源发电量占比将超过 50%。在此之后，我国应以深度脱碳为核心任务，协调经济发展与减排措施，强化负排放技术和碳汇的应用。预计到 2060 年，我国将基本实现碳中和目标，但化石能源在总能源消费中的比重仍将超过 10%。届时，我国将步入工业化后期，能源需求的重心将从生产领域转向生活消费领域。

3. 未来碳排放强度

我国 2010—2023 年的经济发展与能源消费轨迹表明，碳减排压力与经济增长的平衡仍是核心挑战。因此，需要采取更具约束力的低碳政策，然而，过度减排可能会对经济的平稳运行造成影响。2023 年，我国单位 GDP 的 CO_2 排放量较 2015 年累计下降 26.5%。展望 2030 年，我国单位 GDP 的 CO_2 排放量需降低 65%以上，同时非化石能源在能源消费中的占比应达到 25%。这些量化目标的实现，既符合降低碳强度的目标，也符合优化能源结构的目标，同时这也是对我国能源资源管理能力的一次考验。不同的政策框架强度将直接影响到未来碳排放的规模和趋势。

4. 经济社会指标影响

经济社会发展水平对能源需求和 CO_2 排放目标的设定有着明显的制约作用。2012—2023 年，我国能源消费的年均增长率为 3%，这一增长支撑了国民经济年均 7%的增长速度。2020—2030 年，随着我国工业化和人口向城市集中，能源需求和 CO_2 排放量预计将持续上升。到 2050 年，我国的经济增速预计将放缓至大约 3% 的中低水平，这有望减缓能源需求的增长。然而，鉴于我国经济规模的庞大，碳排放量仍将保持在较高水平。产业结构不断演变，预计到 2050 年，第三产业的比重将达到73%。届时，产业结构、能源结构以及碳排放结构将发生同步变化。我国总人口预计将在2029年左右达到峰值，到2050年将降至大约13.5亿，这在一定程度上将减轻我国资源利用的压力，并增强实现碳中和目标的可能性。随着工业化、城镇化进程的快速推进，城镇化水平预计将达到72%，能源和碳排放的增长点将从生产领域转向生活消费领域。经济社会各项指标的变化对能源需求和CO_2排放目标产生了重大影响。因此，我们需要在更广泛的范围内、更长的时间跨度内分析能源资源状况，以提高决策水平。

案例(一)

宝洁中国：打造绿色工厂，推动产品生产低碳转型

工业领域的能源消费量约占全国总体消费量的65%，这使其成为节能降碳的关键领域之一。作为制造业大国，我国在推动制造业节能降碳方面的工作对实现“双碳”目标至关重要。绿色工厂的建设是推动工业绿色低碳转型、实现制造业碳达峰和碳中和的重要手段。

2022年，工业和信息化部在《工业领域碳达峰实施方案》中明确提出，需大力推动绿色工厂的建设，以促进工业的绿色低碳转型。在这一背景下，江苏宝洁有限公司(简称宝洁太仓工厂)秉承绿色低碳和可持续发展的理念，对工厂的照明、压缩空气系统、冷冻机、废水处理等整个生产流程进行了节能改造，并加强了余热回收和新能源利用等低碳用能措施。目前，宝洁太仓工厂通过引入新的废水处理工艺，实现了工艺废水的零排放。冷冻机的节能改造每年可节约用电1 730兆瓦时。在新能源使用方面，工厂100%使用风能，并利用光伏发电，每年可产生600兆瓦时的电力。此外，使用新能源车辆可减少20 t温室气体排放。

案例(二)

华为数字能源：打造全球首个百万千瓦级“水光互补”电站

大力促进可再生能源发展是实现能源转型的关键举措，而建设大型水风光互补绿色清洁可再生能源示范基地，是发展可再生能源的重要载体。

雅砻江流域水风光互补绿色清洁可再生能源示范基地是列入国家“十四五”规划的全国九大清洁能源基地之一。该示范基地全面建成后，年发电量相当于每年减排二氧化碳约2.5亿吨，这对于增强我国可再生能源的发展实力和推动“双碳”目标进程具有极其重要的意义。

为助力基地建设，华为公司充分发挥其在光伏电站开发领域的丰富经验和在

数字技术、电力电子技术领域的领先优势，打造了全球领先的水光一体的“数智化”光伏电站，其解决了高寒、高海拔、低气压等高原环境下的柯拉光伏电站高效发电、安全运行、智能运维和电网友好等一系列技术难题，首次将全球“水光互补”项目规模提升到百万千瓦级。

柯拉光伏电站的一期项目是目前世界上规模最大、海拔最高的水光互补项目。该项目年均发电量达到20亿度，每年可节约标准煤超过60万吨，减少二氧化碳排放超过160万吨。同时，项目通过“光伏+特色产业”“光伏+就业”等一系列措施，促进了民族地区农牧、旅游、交通等产业的发展，创造了“光伏+N”的综合效益，实现了生态和社会效益的双赢，具有显著的示范引领作用。

案例(三)

国内最早的光伏建筑一体化(BIPV)项目

光伏建筑一体化(building integrated photovoltaic，BIPV)是分布式光伏发电系统的一种，是将光伏组件集成到建筑上的技术，兼具发电功能和建材属性，强调一体化。

光伏屋顶发电效率高，为目前BIPV的主要应用场景。根据所结合的建筑结构构件的不同，BIPV在建筑物中的应用位置包括屋顶、墙体、遮挡装置与部分室外设施。从发电角度来讲，用于建筑屋顶的光伏屋面、光伏采光顶可以获得最长的光照时间和较大的光照面积，经济效益最好。其中平屋顶由于可以把光伏系统安装在最佳的日照角度，能够获得最大发电量。位于建筑立面的光伏幕墙在朝向较好的多高层建筑中可取得最大的光照面积，也是一种较为普遍的应用形式。

作为全球第一座应用太阳能发电系统的五星级BIPV酒店，保定电谷国际酒店项目于2008年10月建成并网发电，项目安装光伏幕墙面积4 111 m^2，一期项目光伏装机0.3兆瓦。该项目是国内晶硅类光伏绿色建材产品首次正式应用到建筑场景中，也是英利嘉盛成立后承建的首个BIPV项目，从方案设计、产品选型、安装结构、并网方式等方面都进行了开创性的尝试。据并网发电到2020年年底这12年间的运行数据显示，项目年均发电量在28万度左右，节能减排效益显著，同时运行稳定，迄今没有发生因使用光伏而导致的质量事故和安全事故。

4.1.3 全球能源趋势与需求分析

4.1.3.1 全球能源转型的新动向

在全球能源模式加速变革的背景下，能源可持续发展已成为国家安全和经济社会发展的核心议题。随着能源危机的加剧和全球气候变化的影响，推动能源绿色低碳转型、加快构建新型能源体系，对于确保国家能源安全、实现“碳中和”目标具有重要意义。

(1) 保障国家能源安全的核心

能源是国家发展的基石，能源安全直接关系到国家的经济稳定与社会安宁。通过大力发展可再生能源、减少对化石能源的依赖，并提升能源利用效率，能够有效降低能源供应中断的风险，从而确保国家能源的稳定供应，为经济社会发展提供坚实的能源保障。

(2) 应对全球气候变化的必然选择

气候变化是全球面临的共同挑战，能源消费是导致气候变化的主要因素之一。推动能源可持续发展、增加清洁能源的比重、减少温室气体排放，是全球应对气候变化、保护地球生态的必然选择。通过能源转型，我们能够为后代留下一个更加宜居的地球家园。

(3) 促进经济社会发展的强大动力

能源是经济社会发展的基础，能源的可持续发展能够为经济社会发展提供稳定、可靠、清洁的能源支持。同时，能源转型还能够带动相关产业的发展，创造就业机会、促进经济增长。通过构建新型能源体系，以实现经济社会与环境的和谐发展。

(4) 推动科技创新的关键领域

能源转型需要科技创新的支撑，而科技创新又是推动能源转型的重要动力。在构建新型能源体系的过程中，我们需要加强科技创新，突破关键技术瓶颈，推动能源领域的技术进步和产业升级。通过科技创新，我们能够更好地开发和利用可再生能源，提高能源利用效率，实现能源的可持续发展。

(5) 促进国际合作的重要平台

能源是全球性问题，需要各国共同应对。通过加强国际合作，共同推动能源转型和可持续发展，能够实现互利共赢，促进全球能源治理体系的完善和发展。在国际合作中，各国可以共享经验、技术和资源，共同应对能源领域的挑战，推动全球能源的可持续发展。

为实现能源可持续发展，需大力发展可再生能源，如太阳能、风能、水能等。这些能源具有清洁、低碳、可再生的特点，能够有效降低碳排放，缓解全球气候变化问题。同时，还需要提高能源利用效率，减少能源消耗和浪费，推动绿色低碳产业的发展。

在能源可持续发展的过程中，科技创新是关键。通过科技创新，可以开发出更加高效、环保的能源技术和设备，提高能源利用效率和环保水平。此外，还需要加强国际合作，共同应对全球能源挑战，推动全球能源可持续发展。

4.1.3.2 全球能源需求的新预测

国际能源署(IEA)和美国能源信息署(EIA)对全球一次能源需求预测结果显示(表 4-10)，到 2030 年，全球一次能源的消费总量将比 2006 年增加 57.2%，年均增长率达到 1.9%，这一增长速度与过去 25 年基本保持一致。具体来看，2006—2015 年全球能源消费的年增速为 2.0%，而 2015—2030 年的增速为 1.8%；预计 2006—2030 年，全球人均能源消费量将从 1.8 吨油当量以 1%的年均增长率持续增加，达到 2.4 吨油当量。

表 4-10 2030 年全球一次能源需求预测

国家类型		能源消费量/亿吨油当量		年均增长率/%
		2020 年	2030 年	2010—2030 年
发展中国家	第一类发展中国家	26.90	30.92	1.7
	第二类发展中国家	42.99	57.22	3.4
	第三类发展中国家	22.46	31.83	3.5
	第四类发展中国家	6.38	7.70	2.1
	合计	98.73	127.67	2.8
发达国家		57.45	56.94	0.4
全球合计		156.18	184.61	1.90

1. 美国

美国在页岩油革命之后一跃成为世界上最大的天然气生产国。到 2020 年，其天然气消费量与石油相当，全年消费量达到 29.95 EJ，位居全球之首。原油和天然气在能源消耗中的比重达到 35%～38%，这一比例显著高于欧盟和中南美洲国家。与此同时，美国可再生能源的消耗也在快速增长，尽管基数较低，但已从 20 世纪初仅占一次能源消费的 1%增至 7%，接近于煤炭和核能的 10%和 8%。

美国的减排成效可以归因于两个方面：一是能源效率的持续提升，即单位 GDP 的能耗持续下降，这确保了在能源消费减少的同时，经济仍能保持稳定增长；二是能源结构的持续优化。自 2016 年起，天然气成为美国最大的发电用能源，发电用煤量迅速下降，这极大地推动了美国的碳达峰进程。2019 年，可再生能源首次超过煤炭成为第三大能源，这成为美国能源结构调整的标志性节点。能源效率的提升和消费结构的优化必然带来成本问题，这需要健全的产业和资源基础来保障能源安全和经济安全。

与欧洲以可再生能源为主、采取激进的碳减排目标政策不同，美国的能源转型是在实现“能源独立”的前提下，推动能源系统的清洁化。主要手段是增加清洁能源(包括核能、可再生能源、天然气和洁净煤)的使用比例。2000 年，美国和德国化石能源占一次能源消费总量的比重分别为 85%和 88.6%，两国能源转型的起点相似；到 2018 年，美国和德国可再生能源占一次能源消费总量的比重分别为 11.4%和 16.6%，德国略好。自 1973 年以来，美国能源生产、消费和进出口情况显示，自 2005 年起，美国可再生能源和核能的生产量快速增长，清洁能源消费比重迅速提高；自 2010 年起，一次能源生产快速增长，到 2019 年美国实现了“能源独立”。根据美国能源展望报告，通过在交通、建筑、工业和商业领域实施节能技术，预计到 2030 年将为美国经济节省 30%的能源消耗。

2. 日本

日本能源消费高度依赖进口，能源自给率不足 10%，属于发达国家中能源自给率较低的国家之一。日本的能源转型战略核心并不只是提高能源自给率，而是注重平衡资源供应的不足与能源技术的优势，将能源技术视为保障能源安全、稳定能源供应、优化能源结构和提升产业竞争力的战略性手段。

日本正在积极推动能源转型。在能源生产方面，日本正在探索多元化的能源供应途径，如加强海上油气勘探、加速可燃冰的商业化开发、启动从澳大利亚和文莱进口液氢的项目等。鉴于日本在 2030 年之前仍将主要依赖火力发电，近年来日本不断扩大整体煤气化联合循环发电系统、燃料电池发电系统、碳捕集与封存等先进技术的应用，加速淘汰落后的热力设备。

日本的能源转型以氢能的广泛应用为显著特征和重要策略，将氢能定位为仅次于电能和热能的主要二次能源，并提出了构建“氢能社会”的愿景，旨在通过氢燃料电池将氢能应用于家庭、工业、交通乃至整个社会。

据了解，资源匮乏的日本长期以来一直积极开发太阳能、风能、核能等新能源，并利用生物质、废弃物、地热能以及燃料电池等技术进行发电。日本政府计划到 2030 年将日本对石油的依赖度从目前的 50%降至 40%，同时新能源消费占比将持续增长。尽管太阳能的研究和利用已取得一定进展，但其开发和利用潜力仍然巨大。除了太阳能电池领域，日本企业还在全球风能市场、地热资源市场、核能市场、燃料电池等领域积极拓展业务。

3. 英国

1990—2019 年，英国温室气体排放量减少了 90%，其中 40%的减排量归功于电力部门的“去煤”措施，另外 40%得益于工业清洁化，最后 10%则来自化石燃料供应行业的小规模化和更清洁的运作，以及天然气输送管道泄漏的减少。英国的大部分减排成就发生在电力部门，到 2020 年，煤炭仅占发电量的 1.6%，全年近一半时间未使用煤炭发电，天然气发电量也下降了 15%。与此同时，英国大幅提升了风电场、太阳能园区和生物能源工厂的产能，并决定继续使用核电。2020 年，英国可再生能源发电量份额(43%)首次超过化石燃料发电量。

英国于 2019 年 6 月正式实施《气候变化法案》，设定了 2050 年实现碳中和的目标，此时英国化石燃料发电的比例已降至约 45%。随后在 2020 年，英国公布了“绿色工业革命 10 点计划”，加大了对风能、太阳能、氢能等可再生能源的开发力度。2022 年 4 月，英国商业、能源和产业战略部(BEIS)发布了《英国能源安全战略》。英国正在积极开发海上风电项目，并计划到 2030 年实现 50 亿千瓦的海上风电装机容量。英国政府还计划开发多达 8 座核反应堆，目标是到 2050 年实现 24 亿千瓦时的核电发电量，约占英国预计电力需求的四分之一。该计划还包括 10 吉瓦时的低碳氢生产，其中至少一半将来自绿色氢。

英国拥有丰富的石油和天然气储量，目前其主要能源消费来自石油和天然气，占比分别为 35%和 38%；可再生能源消费占比也迅速提升，在 21 世纪以来的 20 年间，其占比从 1%增长至 17%。在可再生能源中，风能的占比已提升至 56%，这意味着风能的变化将显著影响英国约 8%的能源供应，而煤炭、核能以及水电的使用则被压缩至非常低的水平。

4. 法国

法国是全球核电在电力结构中占比最高的国家，其核电发电量占比约为 70%，远超其他国家，核电装机容量达到 6 137 万千瓦，仅次于美国。法国曾计划逐步降低核电在能源结构中的比重，转而增加新能源的使用。2015 年 8 月，法国通过了《能源转型绿色发展法案》(Energy Transition for Green Growth Act，ETGGA)，该法案为法国能源转型制定了路线图，计划到 2035 年将核电的占比从 2015 年的 75%降至 50%，并将最高装机容量控制在 6 320 万千瓦以内。

作为世界上核电装机容量较大的国家，法国长期以来主要依赖核能作为能源供应。近年来，为了优化能源结构、应对全球气候变化和满足能源转型的需求，法国开始增加可再生能源的使用，逐步减少对核电的依赖，走上了能源转型的道路。

2022 年 2 月 10 日，马克龙在法国东部的贝尔福(Belfort)发表演讲，提出法国将从 2028 年开始新建 6 个核电机组，首台机组预计在 2035 年前投运。在此基础之上，法国还计划再新建 8 台机组，预计到 2050 年将新增 2 500 万千瓦的核电装机容量。此外，现有的核电机组将在符合安全条件的前提下继续延寿运行，将寿期从 40 年延长至 50 年以上。这一计划是目前欧洲国家中最明确的核能发展计划，也标志着法国核电政策的重要转向。

5. 德国

德国自 20 世纪 70 年代起就开始制定能源计划，目前正积极推动实现 2050 年的碳中和目标。2019 年，德国可再生能源发电量占总发电量的 46%，首次超过化石能源。德国在通过立法降低碳排放、开发和利用可再生能源方面积累了丰富经验。2020 年，德国公布了《可再生能源法》的修正案，旨在进一步推动可再生能源进入电力市场。目前，德国正在实施煤炭退出计划，计划最晚在 2038 年关闭所有燃煤电厂，争取在 2035 年之前完成退煤，并已决定在 2022 年底前分阶段关闭正在运行的 17 座核电站。

德国的能源转型措施主要包括以下三个方面。① 减少能源消耗和提高能源效率。根据德国能源平衡工作组（AGEB）的初步计算，2024 年德国前三个季度一次能源消耗达到 7 538 PJ，一次能源消耗比去年同期下降 2.6%。② 在淘汰核能方面，按照计划，德国在 2023 年已将剩余 3 座核电站全部关停，至此德国境内核电站已全部关闭，完成了去核化目标。③ 在扩大可再生能源利用方面，2024 年德国可再生能源发电量占总发电量的比例达到了 59.4%，创历史新高。其中，风电占比为 31.5%，仍然是最主要的能源来源；光伏发电量同比激增 10.4%至 595 亿千瓦时，占比为 13.8%，成为增长最快的电源类型；水力发电同比增长 10.3%，占比为 4.7%。另外，2024 年可再生能源在一次能源消费中的占比达到了 20%。

德国正在加速能源转型，以可再生能源作为转型的支柱。2022 年，德国联邦政府起草了《可再生能源法》的修正案，目的是加快风能、太阳能等可再生能源项目的进度，并计划到 2030 年，风电和光伏发电将占全部发电量的 80%。原定到 2040 年实现 100%可再生能源发电的目标已提前至 2035 年。根据德国联邦统计局的最新数据，2021 年风能等可再生能源占德国能源的 42.4%，而煤炭、天然气等传统能源占比为 57.6%。

6. 中东国家

中东地区石油天然气储量丰富，2023 年油气产量在全球位居前列。中东地区石油探明储量为 8 359 亿桶，占全球总储量的近一半；天然气探明储量达 75.8 万亿立方米，超过全球天然气总探明储量的 40%。能源消费结构以化石能源为主，可再生能源占比低。根据世界能源统计年鉴数据，2023 年，中东地区石油、天然气的一次能源消费量占比分别为 45.18%、51.41%，化石能源合计占比达到 97.53%，高于全球平均的81.47%。

中东地区拥有丰富的太阳能、风能和地热资源，近年来一直是全球可再生能源成本降低的主要地区之一。可再生能源已经成为新建发电设施中最经济的选择。例如，阿联酋的阿勒马克图姆太阳能公园的900兆瓦光伏发电项目已成为全球成本最低的光伏发电项目之一，其报价为1.7美分/千瓦时。沙特阿拉伯、也门、科威特和阿曼的年平均风速超过7 m/s，被认为是适合发展风电的地区。

对于中东国家而言，发展可再生能源可以增强能源安全并促进产业转型。国际可再生能源组织认为，如果这些国家能够实现其可再生能源发展目标，中东地区电力部门的用水量将减少12%，从而产生显著的综合效益。

4.2 新能源技术分类与应用

新能源是相对于传统化石能源(煤炭、石油和天然气)而言的能源形式，也被称作非常规能源，它的各种形式都直接或间接来源于太阳或地球内部产生的热能，包括太阳能、风能、生物质能、地热能和海洋能，以及由可再生能源衍生出的生物燃料和氢能。相对于传统能源，新能源普遍具有污染少、储量大的特点，对于解决当前全球所面临的严重环境污染和资源枯竭问题具有重要意义。随着全球化石能源的逐渐枯竭和温室气体排放引发的气候问题日益严峻，各国都将未来能源战略的重点转向新能源。新能源产业正日益显现出强大的竞争力和发展潜力。

可再生能源结构客观上要求充分利用大自然和人类科技进步的成果，采用系统科学的理念，推进风光热储互补、水能核能协同以及生物能、地热能和海洋能的补充，加速提高可再生能源比重，形成科学安全的能源结构。要减少CO_2排放并逐步替代化石能源，最关键的方法是发展可再生能源，尤其是风能和太阳能资源。在中长期内，我国遵循“输出与本地消纳互补、集中与分散并重”的原则，将实现可再生能源的高比例发展。图4-5展示了2015—2022年世界各地区可再生能源发电能力，以及到2030年可再生能源发电能力增长预测，缺失的可再生能源容量条(右上角阴影)代表2030年超出当前趋势的3 432亿千瓦可再生能源容量。

4.2.1 风能

风能是一种广义的太阳能。它是一种巨大的、无须补偿、无污染的可再生能源。只要太阳存在，风能资源就永远不会枯竭。将风能转化为电能的开发利用相对简单，无须建立庞大的原料基地，也无须采掘和运输，其转化装置相对简单且成本较低。然而，风能利用也存在一些缺点：① 能量密度低；② 间断性与变化性大，

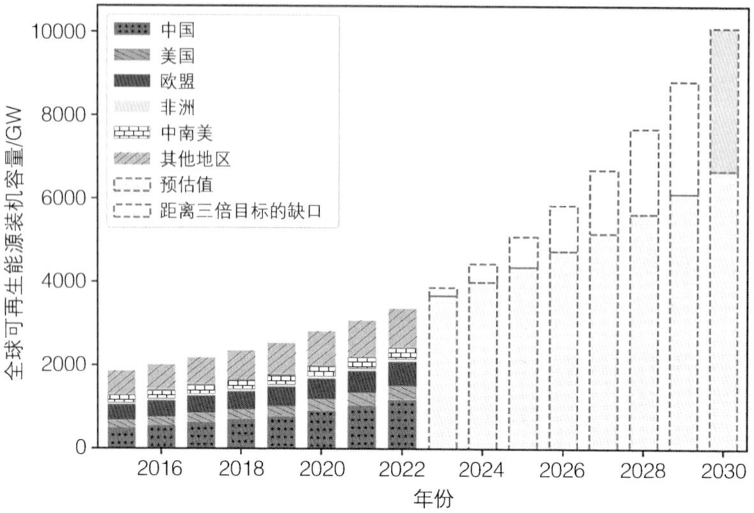

图 4-5　2015—2022 年世界各地区可再生能源发电能力，以及到 2030 年可再生能源发电能力增长预测（Ari Ball-Burack、Xi Xi、Daniel M Kammen，2024）

导致单机容量较小；③ 地点选择具有局限性；④ 在电力系统中所占份额有限。

风能发电是目前全球增长最快速的可再生能源发电方式之一。据国际能源署统计，2019 年全球风能装机容量达到 651 亿千瓦，而 2010 年仅为 200 亿千瓦。截至 2021 年年底，全球累计风电装机容量已达到 743 亿千瓦，其中我国风电装机容量最大，为 281 亿千瓦，占比 38%。其次是美国、德国和印度等国家。近年来，全球风电发电量的年增长率一直保持在 10%左右。

除了规模扩大，技术进步也是风能发电发展的重要趋势。随着风力发电机组容量的逐渐增大，部分大型风电场已经能够像火电站一样，被视为基础负荷的电源。新的风能发电项目在全球范围内不断涌现，亚洲和欧洲是世界上风能发电装机容量最高的两个地区，占全球风能装机容量的 85%。根据 IEA 的预测，到 2030 年全球风能装机容量将增至 1 600 亿千瓦，到 2040 年将增至 3 000 亿千瓦，这表明风能发电在未来的发展前景非常广阔。

4.2.2　光伏

光伏发电是指利用半导体的光伏效应将太阳能转化为电能的技术。得益于我国丰富的太阳能资源以及技术的不断创新，太阳能在发电领域的成本已接近火电成本。自 2010 年以来，10 年间光伏发电单位千瓦造价下降了约 75%。截至 2020

年年底，我国光伏发电装机容量达 2.53 亿千瓦；2024 年上半年，我国光伏发电量同比增长 47%，产业链也已逐渐成熟，未来发展前景巨大。预计到 2035 年，我国光伏装机容量将达到 10 亿千瓦，到 2050 年预计将达到 32.7 亿千瓦（表 4－11、表 4－12）。

表 4－11 光伏发电发展目标 单位：亿千瓦

类 型	2030 年	2050 年	2060 年
集中式光伏装机容量	7	22.7	24.5
分布式光伏装机容量	3	10	11
合 计	10	32.7	35.5

表 4－12 我国太阳能发电装机容量及分布发展目标 单位：万千瓦

地 区	2030 年	2050 年	2060 年
华北地区	24 350	107 851	120 732
华东地区	13 900	44 218	46 400
华中地区	9 300	29 267	36 100
东北地区	5 810	10 454	12 600
西北地区	40 792	126 300	128 982
西南地区	2 000	6 999	8 209
南方地区	6 348	20 112	27 027
全 国	102 500	345 201	380 050

4.2.3 光热

光热发电是一种利用太阳能将光能转化为热能，再将热能转化为电能的发电系统。它的原理是利用聚光器将太阳辐射能聚集在吸热器上，加热吸热介质，将光能转化为热能，然后通过蒸汽发生系统产生高温、高压蒸汽，推动汽轮发电机组发电（图 4－6）。在我国太阳能发电示范项目政策的推动下，全国太阳能热发电新增和累计装机容量近年来实现了迅猛增长。为提高能源利用效率和解决能源消纳问题，风光能和储能技术正逐步实现协同发展。从实践来看，优化能源结构，积极发展风光能、核电等清洁能源，并推动风电、光伏、光热与储能相结合的多能互补综合能源应用模式，已成为能源发展的主要趋势。通过光热电站的储热调节功能，可在一定程度上将风电与光伏的波动性转换为可调节的电力资源。

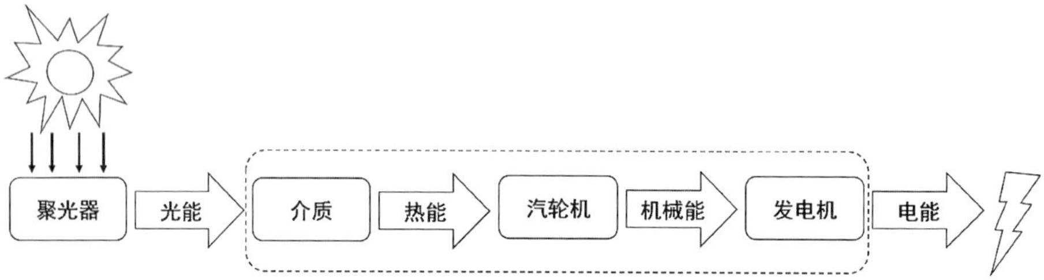

图 4-6　太阳能光热发电原理图

4.2.4　生物质能、地热能等

生物质是指通过光合作用形成的有机体，包括动植物和微生物。我国的生物质资源主要来自各类剩余物和废弃物，如农业废弃物、林业废弃物、畜禽粪便、生活垃圾、污水污泥等。生物质能是太阳能通过植物光合作用固定在地球上的能量，有望成为21世纪的主要新型能源之一。据估算，每年植物固定的能量相当于世界主要燃料消耗量的10倍，但目前已利用的生物质资源尚不足其总量的1%。全球有超过15亿人口依赖生物质作为生活能源。中国拥有广阔的森林、草原和耕地资源，理论上的生物质资源可达每年650亿吨，折合约为33亿吨标准煤，相当于中国目前总能耗的3倍以上。从应用前景看，生物质能虽然比较灵活，可以就近收集原料、就地加工利用，但我国生物质资源总量有限，每年可作为能源利用的生物质资源总量约为4.6亿吨标准煤。2020年，生物质发电装机容量仅为2 952万千瓦。此外，生物质能的经济竞争力较弱，中期经济性不及水电，中长期弱于风光电源，不具备成为主体能源的条件。

地热能，作为一种源自地壳的天然热能，其源头是地球内部的熔岩活动。它以热能的形式存在，并且是火山喷发和地震现象的能量来源之一。地热能的储量丰富、分布广泛、稳定可靠，属于可再生能源。地热发电是其主要的应用方式。2021年9月，国家能源局发布了《关于促进地热能开发利用的若干意见》，提出到2025年，全国地热能供暖（制冷）面积要比2020年增加50%，并在资源条件良好的地区建设一批地热能发电示范项目，使全国地热能发电装机容量比2020年翻一番；到

2035 年，地热能供暖（制冷）面积和地热能发电装机容量将力争比 2025 年再翻一番。根据国家地热能中心第四届指导委员会和技术委员会全体会议的报告，截至 2021 年底，中国地热供暖（制冷）能力达到 13.3 亿平方米。未来几年，中国北方地区地热清洁供暖、长江中下游地区地热供暖（制冷）、青藏高原及其周边地热发电仍将是产业发展热点。然而，地热能的开发利用受到地质条件和开发技术的限制，还面临一些挑战，如地热能供热设备初期投资较高、地下资源勘查评价不充分、各省份资源禀赋和投资回报差异较大、发展不均衡，以及缺乏系统和明确的政策支持等问题。

4.2.5　绿色氢能

氢气作为一种清洁能源，燃烧后仅产生水，无任何污染物，因此具有广泛应用的潜力，是一种重要的低碳工业原料。在工业生产中，氢气可替代焦炭和天然气作为还原剂，降低钢铁生产过程中的碳排放，并可用于合成氨、甲醇、炼油等化学品的制造过程。所谓的氢能，是指通过氢和氧的化学反应释放出的化学能，被誉为“21 世纪的终极能源”。

近期，我国在绿氢工业化规模应用方面取得了零的突破，新疆已建成并投产了国内首个万吨级光伏绿氢示范项目。该项目充分利用了新疆丰富的太阳能资源，通过太阳能发电直接生产绿氢，每年能生产近 2 万吨氢气。这些绿氢将替代塔河炼化过程中的天然气制氢，进而应用于油品生产，实现炼油产品的绿色化。

氢储能作为一种新兴的储能技术，在能源、时间和空间三个方面都具有显著的优势，有望在构建新型电力系统中发挥关键作用。与其他储能方式相比，氢储能技术在新能源利用中保留了时间和能量的优势：① 从新能源的消纳角度来看，氢储能技术在放电时间和容量规模上具有明显优势；② 随着储能时间的延长，规模化储能系统的边际价值会降低，总成本的可负担性也会下降，而规模化储氢的成本比电力储存低一个数量级；③ 氢能可以通过多种方式进行储存，如高压气态储存、低温液氢储存和金属氢化物储存等；④ 与抽水蓄能和压缩空气等大型储能技术相比，氢能储能不受特定地理条件的限制，也不会对地理环境和生态保护造成危害。

氢能可以有效弥补电化学储能的不足，成为未来能源结构转型中发展新型电力系统的重要技术方向。目前，我国在新型电力系统中利用氢能资源既面临机遇也存在挑战。氢储能、电化学储能、抽水蓄能和压缩空气储能技术在性能指标上的对比情况显示，氢储能在储存容量、放电时长等方面均优于其他储能技术，完全能够满足新能源系统的需求（图 4－7）。然而，其投资成本和整体效率与新型电力系统的要求之间仍存在较大的差距。

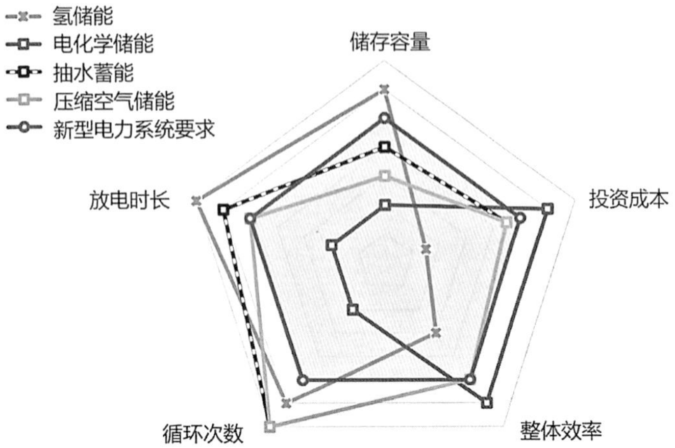

图 4-7 氢储能性能与新型电力系统要求对比(许传博和刘建国,2022)

4.2.6 海洋能

海洋能是指存在于海水中的各种可再生能源,主要包括潮汐能、波浪能、海流能、海水温差能和盐差能等。海洋能的开发是解决沿海和岛屿能源不足的有效途径。鉴于中国沿海地区人口密集、经济发展迅速,岛屿城市的发展必须以保障居民福祉为前提,而电力短缺是制约海岸带开发,尤其是岛屿经济发展的一个重要因素。因此,构建一个经济合理的海洋能发电系统,是解决沿海地区电力短缺问题,并满足岛上居民及驻军能源需求的一种具有前景的方法。我国沿岸、近海及毗邻海域的各类海洋能资源理论总储量约为 6 108.7×10^8 kW(表 4-13),技术可利用量约为 9.81×10^8 kW。

表 4-13 我国各类海洋能资源储量

能源类型		调查计算范围	理论资源储量/(×10^8 kW)	技术可利用量/(×10^8 kW)
潮汐能		沿海海湾	1.1	0.217 9
波浪能	沿岸	沿岸海域	0.128 5	0.038 6
	海域	近海及毗邻海域	5 740	5.74
海流能		近岸海峡、水道	0.139 5	0.041 9
温差能		近海及毗邻海域	366.2	3.66

续 表

能 源 类 型	调查计算范围	理论资源储量 /($\times 10^8$ kW)	技术可利用量 /($\times 10^8$ kW)
盐差能	主要入海河口海域	1.14	0.114
全国海洋能资源储量	—	6 108.7	9.81

4.2.7 源网荷储新型电力系统

相较于可调节的水力发电或生物能源，以及相对稳定的地热能，风能、太阳能等能源属于具有波动性且不可调度的可再生能源，即间歇性可再生能源。为了全面提升能源转化和利用率，可以采用储能技术，这种技术能够将能量储存起来，并在需要时释放使用。储能技术将难以储存的能源形式转换为技术上更为简单、成本更低的储存形式。近年来，全球范围内都在积极发展电网储能(也称为大规模储能)，并提出了“源网荷储一体化”的高效能源解决方案。

“源网荷储一体化”从字面上可以理解为将电源、电网、用户、储能四个方面集成的综合解决方案。根据国家发展改革委和国家能源局在 2021 年 2 月联合印发的《关于推进电力源网荷储一体化和多能互补发展的指导意见》，“源网荷储一体化”的定义是：通过优化整合本地电源侧、电网侧、负荷侧资源，以先进技术突破和体制机制创新为支撑，探索构建源网荷储高度融合的新型电力系统发展路径。

在具体实施方面，“源网荷储一体化”要求充分发挥负荷侧的调节能力，实现就地就近、灵活坚强的发展，同时激发市场活力，引导市场预期。在实施路径上，源网荷储一体化涵盖了区域(省)级、市(县)级、园区(居民区)级三个层次的具体模式。

1. 区域(省)级源网荷储一体化

(1) 引入电源侧、负荷侧、独立电储能等市场主体，全面开放市场化交易。通过价格信号引导各类市场主体灵活调节，培育用户负荷管理能力，提升用户侧调峰的积极性。

(2) 加强全网统一调度，研究建立源网荷储灵活高效互动的电力运行与市场体系。充分发挥区域电网的调节作用，确保电源、电力用户、储能、虚拟电厂参与市场机制的有效实施。

2. 市(县)级源网荷储一体化

(1) 在重点城市推进源网荷储一体化坚强局部电网建设，梳理城市重要负荷。研究局部电网结构加强方案，提出保障电源及自备应急电源配置方案。

(2) 结合清洁取暖和清洁能源消纳工作，开展市(县)级源网荷储一体化示范。研究热电联产机组、新能源电站、灵活运行电热负荷一体化运营方案。

3. 园区(居民区)级源网荷储一体化

(1) 运用技术手段和“互联网＋”新模式，激发负荷侧调节响应能力。

(2) 在城市商业区、综合体、居民区，依托光伏发电、并网型微电网和充电基础设施等，开展分布式发电与电动汽车(用户储能)灵活充放电相结合的园区(居民区)级源网荷储一体化建设。

(3) 在工业负荷大、新能源条件好的地区，支持分布式电源开发建设和就近接入消纳。结合增量配电网等工作，开展源网荷储一体化绿色供电园区建设。

(4) 研究源网荷储综合优化配置方案，提升系统平衡能力。

在“碳达峰碳中和”的大背景下，发展清洁能源既是我国的历史使命，也是历史必然。构建“源网荷储”四维融合互动新型电力系统是电力革命的必由之路。其中，“储”必须成为独立一方，摆脱以往的依附性，才能与“源”“网”“荷”三者有效互动。当前储能投资主要依赖政策驱动或企业责任投资，缺乏因利益驱动的投资。只有建立互动机制，使储能投资成为可盈利的投资，才能吸引社会资本广泛参与，进而促进储能行业的健康成长。

尽管目前储能建设和运营成本较高，但已发展到一定阶段，具有一定的经济性。随着储能技术的进一步发展和成本的降低，储能必将跨越商业化门槛，实现安全、经济、适用。当前，建设“源网荷储”四维融合互动新型电力系统迫在眉睫。在建设应用示范项目时，作为储能和智慧平台的建设方，应积极争取政策支持、着眼未来，打造“源网荷储”四维融合互动新型电力系统。同时，该系统也可为清洁能源发电、全社会最大化减排提供支持，为供需双方履行社会责任创造有利条件。

4.3 电化学储能原理及应用

在众多储能技术中，电化学储能技术正迅速发展，技术形式多样，先进技术层出不穷，应用场景也在持续拓展。在大型固定式储能领域，铅碳电池、磷酸铁锂电池、液流电池等都在进行示范应用。同时，固态电池、钠离子电池等前沿电化学储能技术也在持续取得突破，正处于产业化的最前沿。总的来说，电化学储能技术已经与我们的日常生活紧密相连，应用规模正在快速扩大，在能源转型的大时代背景下，它将迎来发展的黄金时期。未来，开发高安全性、高能量密度的电化学储能技术将是实现灵活储能的重要途径之一。本节将以电化学储能技术中的燃料电池为例，详细介绍多种类型燃料电池的发展及其工作原理，并探讨燃料电池在新能源领域的应用现状。

4.3.1 燃料电池的工作原理

燃料电池由阳极、阴极和电解质隔膜构成。燃料在阳极氧化，氧化剂在阴极还原。阳极反应、阴极反应和总反应式如下。

阳极：
$$H_2 \longrightarrow 2H^+ + 2e^- \tag{4-1}$$

阴极：
$$1/2O_2 + 2H^+ + 2e^- \longrightarrow H_2O \tag{4-2}$$

总反应：
$$1/2O_2 + H_2 \longrightarrow H_2O \tag{4-3}$$

燃料电池基本工作原理如图 4-8 所示。H_2 进入燃料电池的阳极，氧气（O_2，或空气）则连续通入燃料电池的阴极，以加速电极上的电化学反应。为了增大燃料、电解质和电极之间的接触面，燃料电池的电极上都包含了一定的催化剂，其通常由多孔材料制成。在阳极上，氢原子分解成 2 个质子（H^+）和 2 个电子（e^-）。H^+ 被吸引到薄膜的另一侧，而 e^- 则通过外部电路形成电流，最终传至阴极。通过阴极催化剂的作用，H^+、O_2 和 e^- 结合转化为 H_2O。由此可见，燃料电池唯一排放的产物是 H_2O。与传统电池类似，燃料电池将活性物质的化学能转换为电能，因此二者均属于电化学电源。

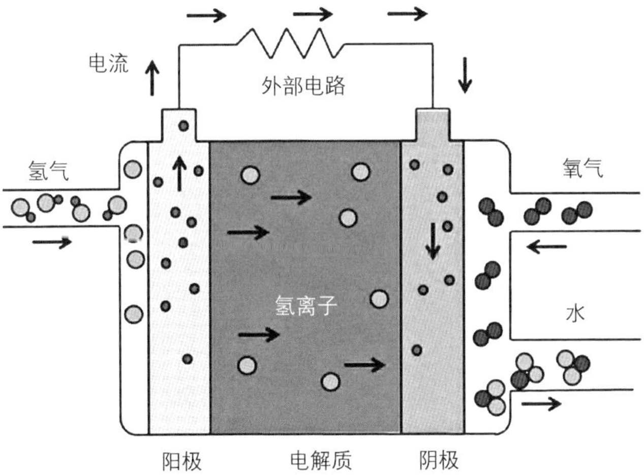

图 4-8 燃料电池基本工作原理（辛昆、林建成、张久明等，2024）

燃料电池是最理想的氢能利用方式，它是电解水制氢的逆反应。在过去的半个世纪里，许多国家，尤其是发达国家，相继开发了第一代碱性燃料电池（alkaline fuel cell，AFC）、第二代磷酸燃料电池（phosphoric acid fuel cell，PAFC）、第三代固体氧化物燃料电池(solid oxide fuel cell，SOFC)、第四代熔融碳酸盐燃料电池(molten carbonate fuel cell，MCFC)和第五代质子交换膜燃料电池(proton exchange membrane fuel cell，PEMFC)。

1. 碱性燃料电池

碱性燃料电池是最早发明的燃料电池技术之一，被广泛应用于美国太空计划，在航天器上生产电能和水。碱性燃料电池通常使用液态氢氧化钾或液态氢氧化钠作为电解质，工作温度通常为 80～200 ℃，碱性燃料电池是最早获得实际应用的燃料电池。图 4－9 为碱性燃料电池的工作原理。

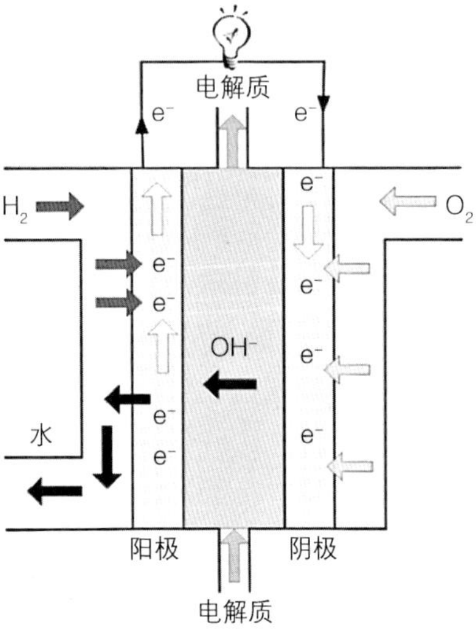

图 4－9 碱性燃料电池的原理(焦恺彬，2019)

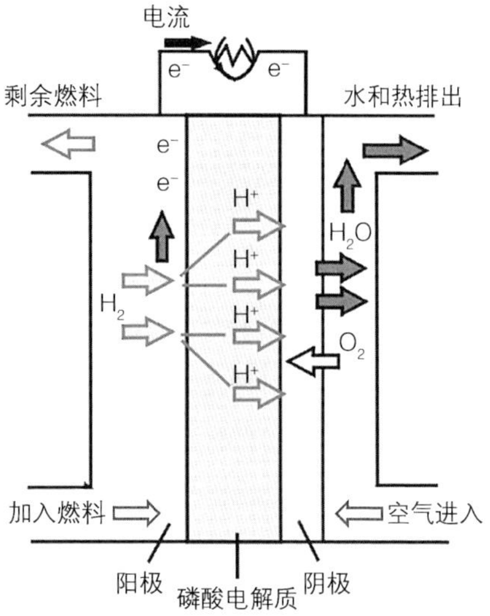

图 4－10 磷酸燃料电池的工作原理(孙百虎，2016)

2. 磷酸燃料电池

磷酸燃料电池是一种使用浓磷酸作为电解质的燃料电池，以重整气(由 H_2 和 CO 混合气体组成)作为燃料、空气作为氧化剂。电解质是浸有浓磷酸的 SiC 微孔膜。磷酸燃料电池产生直流电，通过直交变换后以交流电的形式供给用户。目前，它是单机发电量最大的燃料电池之一。图 4－10 为磷酸燃料电池的工作原理。

在磷酸燃料电池中，阳极燃料气中的 H_2 在多孔扩散电极表面生成 H^+ 并释放电子，H^+ 通过电解质迁移到阴极，并同外部供应的 O_2 及外部电路流入的电子反应生成 H_2O。为完成上述反应，磷酸燃料电池采用高活性、长寿命的电催化剂及浓度为 98%～99%的浓磷酸作为电解质。浓磷酸电解质不仅能耐受燃料气及空

气中的 CO_2，耐受 CO 导致的中毒现象，同时还能降低电池内水蒸气的分压。但磷酸在低温时的离子传导率较差，因此，磷酸燃料电池的工作温度需控制在 160～220 ℃。磷酸燃料电池技术已经相当成熟，其产品已经进入商业化阶段，主要用于为特定用户提供分布式电源、现场可移动电源和备用电源等。目前，美国、加拿大、欧洲和日本等国家和地区已经建立了许多大于 200 kW 的 PAFC 电站，并且这些电站已经稳定运行多年。

3. **固体氧化物燃料电池**

固体氧化物燃料电池以重整气作为燃料，空气作为氧化剂，使用的电解质是一种固态非多孔金属氧化物，通常是钇稳定的氧化锆（Y_2O_3 stabilized ZrO_2，YSZ）。在 650～1 000 ℃的工作温度下，氧离子在电解质中的离子传导率非常高，因此 SOFC 不需要使用昂贵的贵金属作为催化剂。图 4－11 展示了阳离子传导型 SOFC 的工作原理。

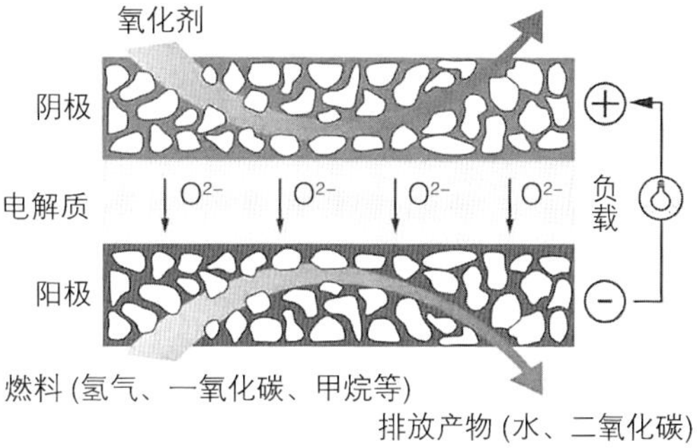

图 4－11 阳离子传导型 SOFC 的工作原理（金醒群，2012）

SOFC 的工作过程与其他类型的燃料电池有所不同，它不允许电子和氢离子通过电解质，而只允许带负电的氧离子通过。由于电解质是固态的，SOFC 可以制成多种形状，包括柔性、圆柱形、平板形或单片形。与使用液体电解质的燃料电池相比，固体电解质可以避免电池材料的蒸发和腐蚀，因此 SOFC 具有更长的使用寿命。此外，由于 SOFC 在高温下运行，其反应产生的热能品位较高，可以用于发电或直接供热。如果能够高效利用这些高温反应热，SOFC 的能量利用率可以达到大约 80%。

4. **熔融碳酸盐燃料电池**

熔融碳酸盐燃料电池使用的电解质是碱性碳酸盐，这些碳酸盐分布在多孔陶瓷材料（如 $LiAlO_2$）中。在 600～800 ℃的工作温度下，碱性碳酸盐电解质处于熔融状态，电解质中的载流子是碳酸根离子，它们具有优异的离子传导率。熔融碳酸盐燃料电池的工作原理如图 4－12 所示。

MCFC 的工作温度较高，对催化剂的要求相对较低，制造技术较为简单，且易于扩展以适应大容量发电机组，其造价也相对较低。然而，MCFC 需要配备 CO_2 循环系统，因为碳酸盐在高温下易挥发，且激活时间较长，这使其不适合作为备用电源。此外，由于高温下电解质的腐蚀性，MCFC 对电池材料的选择有严格的要求。

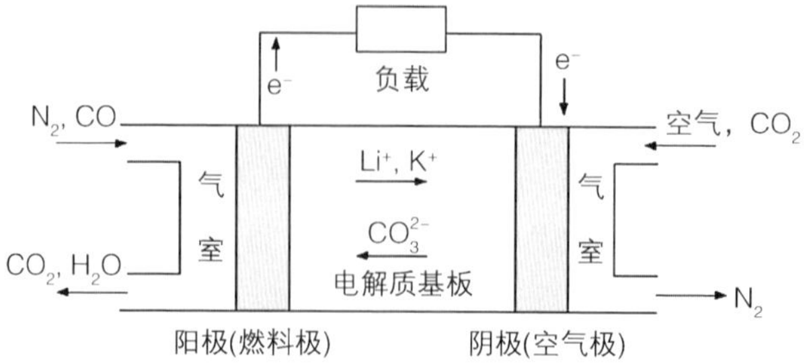

图 4－12　熔融碳酸盐燃料电池原理(陆浩,2021)

5. 质子交换膜燃料电池

PEMFC 的工作原理如图 4－13 所示。燃料(包括 H_2 和富氢气体)以及 O_2 分别通过双极板上的气体通道进入电池的阳极和阴极。反应气体通过电极上的气体扩散层进行扩散。在膜的阳极侧,由于阳极催化剂的作用,质子和带负电荷的电子被解离。水合质子形式的氢离子从质子交换膜中的磺酸基团转移到阴极,最终实现质子导电。质子的转移导致阳极积累带负电的电子,使其成为负极。同时,当阴极氧分子与催化剂相互作用时,得到电子,并将其转化为氧离子,从而使正极带电。这造成了负极和正极之间的电势差。当两极通过外部电路连接时,电子从阳极流向阴极,从而产生电能。与此同时,氧离子与氢离子发生反应生成水。

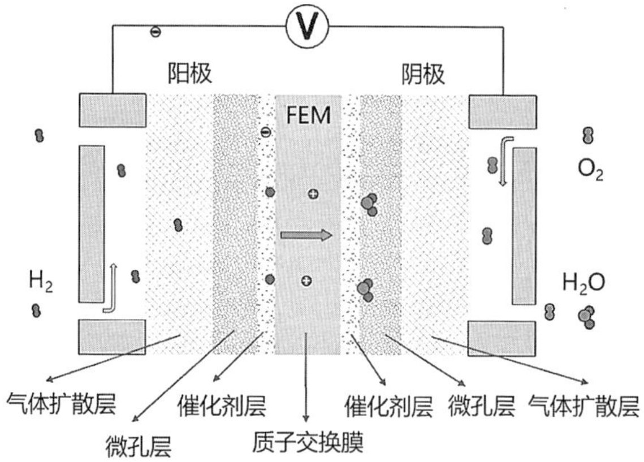

图 4－13　质子交换膜燃料电池工作原理(汤小明、曹宁、蒋岳航等,2022)

PEMFC 具有较低的工作温度(约 80 ℃),因此激活时间短,可以在几分钟内达到满载状态。此外,PEMFC 的电流密度和比功率较高,发电效率为 45%～50%。与磷酸燃料电池和熔融碳酸盐燃料电池等使用液体电解质的燃料电池相比,PEMFC 具有更长的寿命和更可靠的运行性能。目前,PEMFC 在车辆动力、移动电源、分布式电源和家用电源等领域占有一定的市场份额，但不太适合用于大容量电厂。

6. **甲醇重整制氢燃料电池**

为了解决 H_2 在储存、运输、分配和加注等环节的技术难题，可以选择甲醇等含氢量高的液体燃料，通过重整和纯化技术现场制氢，为燃料电池提供在线氢源。这种燃料电池被称为甲醇重整制氢燃料电池（reformed methanol fuel cell，RMFC）。其优势在于液体燃料易于储存和处理，单位体积的氢含量远高于液态 H_2（室温状态下 1 L 甲醇的氢含量为 98.8 g，－253 ℃时液态 H_2 的氢含量为 70.8 g）。然而，在线重整制氢增加了电池系统的成本、复杂性和维护要求，且副产物除了 H_2O 外，还有 CO_2。

7. **直接甲醇燃料电池**

直接甲醇燃料电池（direct methanol fuel cell，DMFC）是质子交换膜燃料电池的一种变体，它直接使用甲醇作为燃料，无须预先进行重整制氢。DMFC 的工作温度为 90～120 ℃（甲醇的沸点为 64.7 ℃），其副产物为 CO_2 和 H_2O。如图 4－14 所示，电池的阳极置于甲醇与水的混合溶液中，吸附在铂基或钌基催化剂表面的甲醇和 H_2O 分子会逐渐失去质子形成 CO_2。自由质子（H^+）穿过质子交换膜（通常为全氟磺酸树脂）迁移至阴极，并在此与 O_2 反应生成 H_2O。当外部电路连通时，电子从阳极流向阴极，从而实现了对所连接设备的电力供应。需要指出的是，质子交换膜的甲醇透过率极高，为避免电池效率降低，通常会选用甲醇水溶液而非纯净甲醇作为燃料。

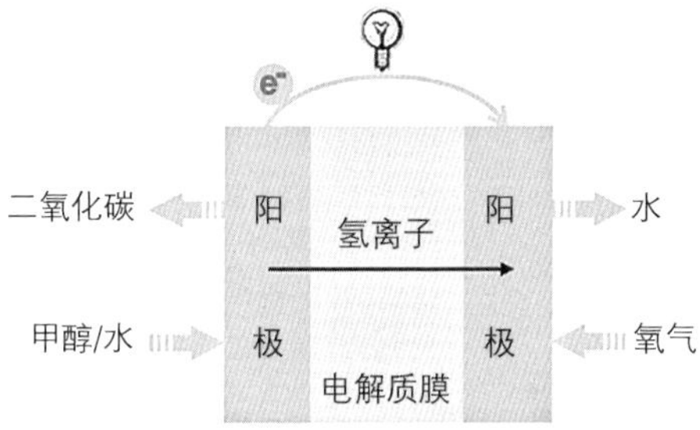

图 4－14 直接甲醇燃料电池（李春光、彭宇、潘庆芝等，2019）

DMFC 的实际供电功率虽然有限，但能在小体积内储存大量能量。因此，DMFC 适用于移动电话、数码相机、笔记本电脑等需要长时间、低功率运行的小型设备。

4.3.2 锂离子电池的进步

1. **锂离子电池的工作原理**

1980 年，Armand 提出了至今仍在使用的“摇椅式”锂离子电池概念，这一理念极大地促进了锂离子电池材料和技术的发展，其工作原理如图 4－15 所示。所谓“摇椅式”概念，核心在于使用嵌锂电位较低的插层化合物，如碳负极材料，这样可

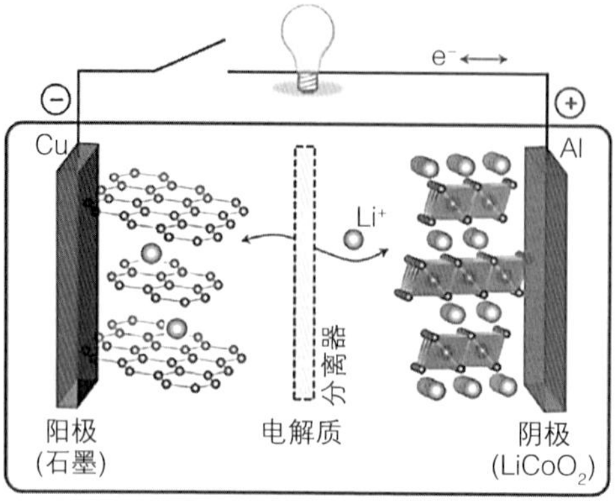

图 4－15　锂离子电池工作原理（余启航,2021）

以在电池的充放电过程中,实现锂离子在正负极之间的反复嵌入和脱出。1985 年,日本教授 Yoshino 发现,石油焦作为负极材料,能够有效地进行锂离子的嵌入和脱出。结合钴酸锂正极材料,他成功研发出了世界上第一个商用锂离子电池。1991 年,索尼公司基于这一设计,成功制备了以钴酸锂和石油焦为电极材料的商用锂离子电池。经过 30 多年的商业化发展,锂离子电池的正极材料、负极材料、隔膜和电解液等方面均实现了重大技术突破,产品的安全性和能量密度也在不断提高。锂离子电池的应用领域从消费电子扩展到了新能源汽车,并开始在电力系统中进行示范应用。

2. 锂离子电池技术的优缺点

目前市场上商用化的锂离子电池各有其特点。表 4－14 列出了几种锂离子电池技术的优缺点。钴酸锂电池和三元锂电池具有较高的能量密度,但是这两种电池材料的分解温度较低,在 200 ℃时就会发生分解并释放 O_2,这增加了安全隐患。相比之下,磷酸铁锂电池的分解温度高达 800 ℃,因此其安全性更优,并且成本也低于三元锂电池,这使得磷酸铁锂电池成为目前电力系统中发展最快的储能技术之一。

表 4－14　几种锂离子电池技术的优缺点对比

类　型	优　点	缺　点	典型应用
钴酸锂电池	比容量大、性能稳定	安全性较差、价格高	3C 产品
锰酸锂电池	价格便宜、低温性能好	稳定性差、耐高温性能差、循环寿命低	大中型号电芯、动力电池
三元锂电池	能量密度高、振实密度高	安全性较低、耐高温性差	电动工具
磷酸铁锂电池	价格便宜、稳定性好、安全性好、循环性能好	振实密度低、单位体积容量低、低温放电性能差	动力电池、储能电池
钛酸锂电池	循环性能很好、安全性高	价格高、能量密度很低	动力电池、储能电池

3. **锂离子电池未来发展方向**

① 锂离子电池的安全事故虽然不常见，但仍有发生，这表明其尚不能满足某些领域对高安全性的要求。因此，解决锂离子电池的安全性问题仍是当前重要的前沿研究方向。同时，不断提升锂离子电池的能量密度、功率密度，以及增强系统的环境适应性，也是锂离子电池技术发展的必然趋势。

② 锂离子电池的研究不再仅仅局限于材料体系、电极动力学、界面反应等基础科学领域，而是正在向新电池体系、新结构、全面安全管理、热机理和失效分析等全方位提升技术水平的方向发展。

4.3.3 钠离子电池的潜力

钠是一种高活性金属，遇水会发生燃烧或爆炸，因此它并不是一种理想的电极材料。然而，钠的某些特性激发了人们的研究兴趣：① 钠的电化学还原电势(−2.71 V)远低于其他金属；② 钠是一种轻质金属；③ 钠的储量丰富且价格低廉；④ 钠不具有毒性。基于这些特点，钠离子电池在近 10 年内实现了快速发展。

1. **钠离子电池的优点**

相对于锂离子电池，钠离子电池有如下优势：

(1) 钠元素储量丰富，作为矿产资源易于获取，分布广泛，成本较低；

(2) 在锂离子电池中，通常使用铜箔作为负极集流体，而在钠离子电池中，由于正负极不与铝发生合金化反应，因此可以使用廉价的铝代替铜作为负极集流体，从而降低成本；

(3) 钠离子电池在高温和低温条件下的性能更优，工作温度范围更宽；

(4) 钠离子电池的结构与锂离子电池相似，生产工艺也通用，可以充分利用现有的锂离子电池成熟产业链；

(5) 钠离子电池相对于锂离子电池具有更高的安全性。

2. **钠离子电池的缺点**

(1) 能量密度较低；

(2) 当前储能要求为 10 年以上，甚至更高要求达到 20 年，但钠离子电池的循环寿命相对较短，只有 2 000 次，无法满足这一要求。

4.3.4 液流电池的创新

液流电池被看作二次电池和燃料电池的结合，常见的液流电池是基于 Zn^{2+} 和 Br 或不同价态的钒离子之间的氧化还原反应。液流电池通过正、负极电解液中电解质离子价态的变化，实现电能与化学能的相互转换。正、负极电解液之间由离子交换膜隔开，既实现了正、负极的分离，又形成了离子通道。液流电池的正、负极电解液储存在电池外部的储罐中，具有流动性，这使得电化学反应场所与储能活性物质在空间上得以分离，从而提高了电池的安全性并延长了使用寿命。正、负极电解液独立的循环系统赋予了液流电池较强的过载能力和深度放电能力，同时降低了电极产物生长刺破隔膜的风险，进一步提升了安全性。与电池分离的储液罐设计，有助于提升液流电池的容量，并提供了超长的循环寿命。

液流电池适用于大型固定设备，可以起到如下作用：① 在用电低谷、电价较低时充电储存电能，待用电高峰、电价较高时释放电能，实现负载均衡；② 储存风能、太阳能等间歇性可再生能源产生的电能，以满足高峰用电需求；③ 在停电事故发生时，可作为备用电源。

4.3.5 钠硫电池的应用

钠硫电池是一种熔融盐二次电池，其工作电极分别为金属钠和硫，并用陶瓷管作为电解质隔膜。由于钠硫电池不使用液体电解质，因此不会出现液体电解质电池常见的自放电和副反应问题。钠硫电池具有高的比能量和功率密度，同时具备长寿命和无自放电等优点，是一种重要的电化学储能设备。然而，为了维持钠硫电池的工作状态，反应过程中需要将温度保持在 300～350 ℃，这意味着电池需要持续加热才能正常运作。因此，高要求的运行环境和热管理难题为电池堆的安全运行带来了挑战。在需要大功率、大容量储能的应用场景中，钠硫电池可能是一个经济的选择。

4.4 新能源技术发展案例

早日实现“碳达峰”和“碳中和”是全人类，包括我国在内的发展目标。“双碳”目标作为我国的一项重要国家战略，具有深远的战略意义。在国际层面，碳减排是全世界共同应对气候变化的举措，它与国家的能源安全以及激烈的国际竞争紧密相关，同时也是我国走向创新进步和绿色发展的必由之路。在“双碳”目标的背景下，绿色低碳新能源技术的研发和应用成为当前及未来能源发展的关键内容。

4.4.1 绿色低碳新技术的研发

1. 能源储存技术

在“双碳”目标的驱动下，我国正在加速构建以新能源为主体的新型电力系统。新能源的波动性特性为电力系统的稳定和高效运行带来了挑战，而储能技术将在大规模新能源接入的电力系统中发挥支撑作用，对新型电力系统具有重要意义。

储能，从广义上理解，是指利用特定介质进行能源的储存。通过储能技术，可以解决能量在不同时间和空间上的供需不匹配问题。从狭义上讲，储能指的是电能的储存，即储电。由于电能本身不易直接存储，它在产生和应用之间通常存在时间和空间上的不同步问题。在发电高峰期产生的富余电能通常需要转换成其他形式的能量进行储存，以便在用电高峰时释放。常见的电能存储方法包括：通过电化学方式将电能储存在电池系统中，采用物理方法将电能转换为机械能或热能，或者通过化学反应将电能转换为化学能。通过增加储能环节，能量的使用在时间和空间上从“刚性”转变为“柔性”，从而在一定程度上突破能量使用的时空限制。

储能技术可以从不同的角度进行多种分类。根据管理方式，储能可以分为集中式储能和分布式储能；根据设备的移动性，可以分为便携式储能、移动式储能和固定式储能；按照应用领域，可以分为电网储能、车载储能、基站储能、数据中心储能等。在电力系统中，储能通常按照储能形式分类，包括机械储能、电化学储能、电气类储能、热储能和化学类储能等。根据应用场景和功能需求，储能技术可以分为容量型储能技术、能量型储能技术、功率型储能技术和备用型储能技术。按照能量储存的方式，储能可以分为机械储能、电磁储能、电化学储能、热储能、氢储能等五大类。其中，机械储能主要包括抽水蓄能、压缩空气储能、飞轮储能等；电磁储能主要包括超级电容器、超导磁储能；电化学储能主要包括锂离子电池、铅酸电池、液流电池、钠硫电池等。

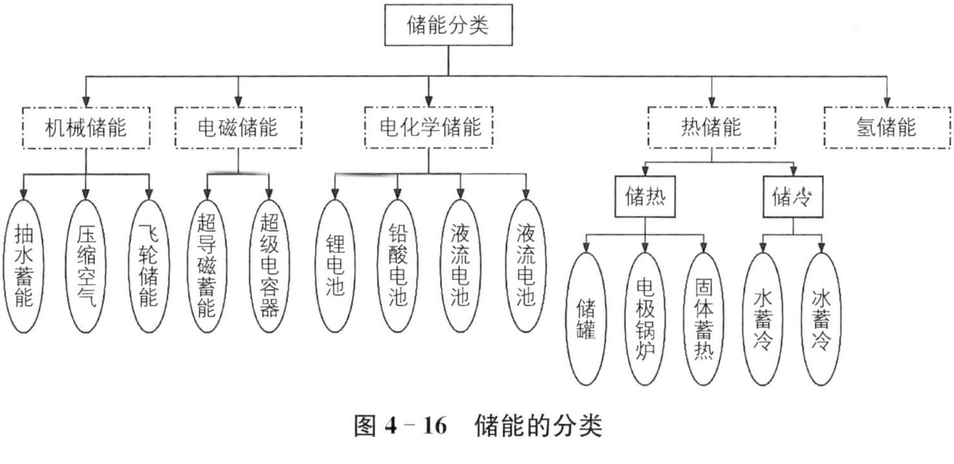

图 4-16 储能的分类

电化学储能是一种应用广泛的新型储能技术，具有大规模推广的巨大潜力。这种技术通过电化学反应来储存电能。与其他储能技术相比，电化学储能系统的能量密度较高，响应速度适中，适用范围广泛，并且更易于量产、安装和维护，因此在规模推广方面具有良好潜力。2022 年全球新型储能累计装机中，电化学储能占据了 97%(其中锂离子电池占比达 94.4%)。随着产业链的成熟、技术的进步和成本的降低，电化学储能的未来发展前景更加广阔(表 4-15)。由于其部署灵活，电化学储能也被誉为“地上的抽水蓄能站”。

表 4-15 电化学储能与其他储能形式对比

储能类型		典型额定功率	充放能时间	优 点	缺 点	应用结合
机械储能	抽水储能	100～2 000 MW	4～数十小时	适于大规模，技术成熟	需要地理资源	调峰、调频、系统备用
	压缩空气	10～300 MW	1～数十小时	适于大规模	需要地理资源	调峰、调频、系统备用
	飞轮储能	5 kW～10 MW	1 秒～30 分	比功率高	成本高	UPS、电能质量调节
电磁储能	超导储能	10 kW～1 MW	2 秒～5 分	响应快，比功率高	成本高，运行维护复杂	提高电能质量和电网稳定性
	超级电容	10 kW～1 MW	1～30 秒	响应快，比功率高	成本高，储能量低	电动汽车、电能质量调节
电化学储能	铅酸电池	1 kW～50 MW	1 分钟～1 小时	技术成熟，成本低	寿命短，能量密度低	备用电源
	液流电池	5 kW～100 MW	1～数小时	寿命长，适于组合	储能密度低，成本高	备用电源，辅助可再生能源，调峰填谷
	锂离子电池	1 kW～1 MW	1 分钟～1 小时	比能量、比功率高，转换效率高，寿命长	成本较高	辅助可再生能源，独立调频，电动汽车

储能技术是许多国家实现碳中和目标的关键技术之一。2021 年，全球电力储能项目的装机规模达到了 18.3 GW，同比增长率高达 185%。新型储能项目成为新增投产规模最大的部分，达到 10.2 GW，较 2020 年增长了 117%。美国、中国和欧洲仍然是全球储能市场的主导力量，合计占据了全球市场份额的 80%。

在“十四五”期间，我国将加快构建以新能源为主体的新型电力系统，以助力实现“碳达峰”目标。由中共中央、国务院发布的《关于完整准确全面贯彻新发展理念做好碳达峰碳中和工作的意见》提出了要加快形成以储能和调峰能力为基础支撑的新增电力装机发展机制。大规模新能源网络的连接带来了电力供需平衡的挑战，而新能源储能不仅促进了新能源的规模化和高质量发展，助力实现“双碳”目标，同时也有望成为能源革命的核心技术和战略制高点，推动新兴产业的发展，涵盖高科技材料等充满发展潜力的领域，并为新的经济增长点奠定基础。

案例(一)

广西平果共享储能电站并网投运

广西平果103 MW/206 MW·h共享储能电站项目占地约37.6亩，总投资约为3.5亿元人民币，是广西壮族自治区首批集中共享新型储能示范项目之一。

该项目采用了技术成熟的磷酸铁锂电池储能方案，选用了安全性能优良、能量密度较高的磷酸铁锂电池作为储能电池组，使储能单元内的空间利用更加合理、电芯温度分布更加均匀、储能单元管理更加精细，从而显著提高了电站的经济性、安全性和可靠性。该电站的设计使用年限为20年，旨在为广西电网及自治区内的新能源项目提供调峰、容量租赁等辅助服务。

2. 能源互联网

能源互联网是通过广泛应用先进的电子技术、信息技术和智能控制技术，将分布式发电设施、分布式储能设施、新能源网络、石油网络、天然气网络等连接起来，实现电力交换和共享的网络。

在2015年9月26日举行的联合国发展峰会上，中国国家主席习近平提出了构建全球能源互联网的倡议，旨在通过清洁和绿色方式满足全球的电力需求。2016年2月，国家发展改革委、国家能源局、工业和信息化部联合发布了《关于推进“互联网+”智慧能源发展的指导意见》，该指导意见明确了能源互联网建设的目标和重点任务。根据这一指导意见，能源互联网的建设将分为两个阶段，先进行试点示范，再进行推广应用。目前，我国已经开始实施能源互联网示范项目，通过优化电网布局、提高能源资源配置能力，并加快研究和制定相应的政策措施，为能源互联网的发展提供了广阔的空间。

随着能源需求的增长和电气化趋势的发展，未来世界将加速形成以石油、天然气、煤炭和可再生能源为主的多样化能源结构，并预计在21世纪中叶完成向非化石能源结构的转变。因此，除了配电技术的重大创新之外，系统技术的突破也变得至关重要。

案例(二)

北京延庆能源互联网综合示范项目

围绕生态涵养区绿色高质量发展，延庆区政府联合北京北变微电网技术有限公司积极探索中关村延庆园能源低碳转型路径，促进新技术在中关村延庆园示范应用，建成高可靠性智能微电网，实现了高比例新能源利用，并通过供热特许经营，推动企业形成并提供综合能源服务，开创了“政府许可＋资本多元投入＋园区入驻企业能源互补→整体能效大幅提升”的新机制。

中关村延庆园依托国家863项目，应用先进的柔性电网技术，在园区内建设了10千伏三端柔性交直流开闭站(图4-17)。基于运行更灵活、响应更主动的交直流混合配电网，园区构建了微电网群，实现了微电网与国家电网之间的平滑无缝切换。这一举措有效解决了区域内外风电、光伏新能源的间歇性和随机性问题，并使新能源微电网成为电网可调度的负荷，实现了“绿色发电、可靠供电、智能用电”的新能源用电模式。

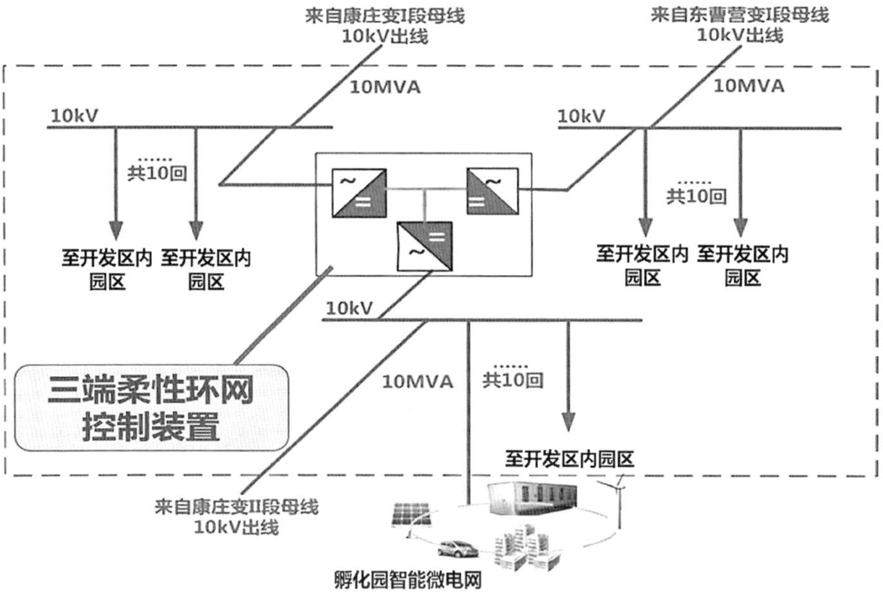

图4-17　10千伏三端柔性交直流开闭站项目示意图

目前，园区消纳新能源和可再生能源的比例已超过52%，有效保障了园区内企业的新能源供电和清洁能源供暖，为企业的入驻与发展提供了便利。此外，即将建成的慧达110千伏输变电站也将成为区域新能源微电网的重要组成部分，这将进一步提升园区新能源利用的质量和水平。

案例(三)

北变微电网公司综合能源服务项目

结合中关村延庆园八达岭片区 25 年 374 万平方米的供热特许经营权，北变微电网公司积极拓展综合能源服务(图 4-18)。2017 年，公司建成投运的 2 台 40 蒸吨燃气锅炉和 2 台 20 蒸吨电锅炉，标志着工业燃煤锅炉历史的终结，目前已在 107 万平方米的区域内实现了清洁供暖。

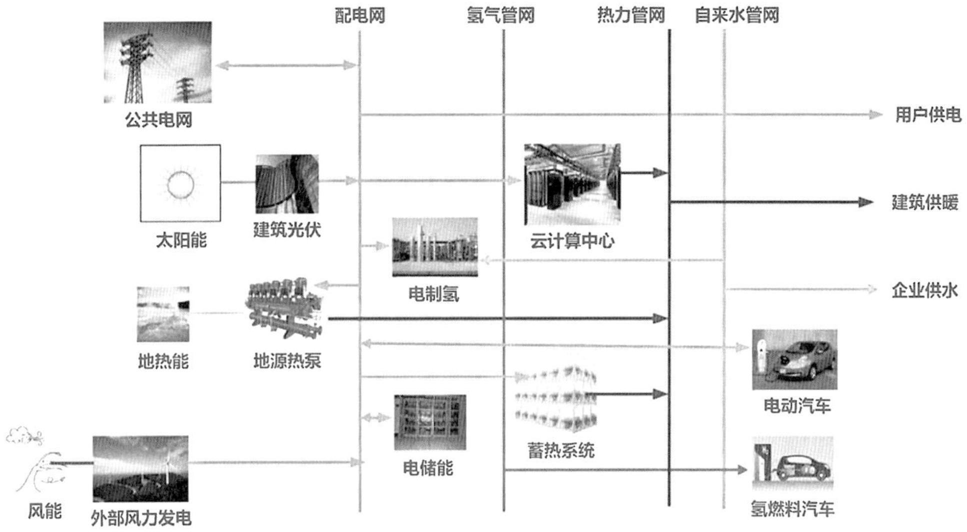

图 4-18 园区综合能源系统架构图

同时，该公司积极探索能源与产业相结合的发展模式，在园区引入了云计算数据中心，并围绕数据中心构建了资源共享、能量梯次利用的清洁热能供应系统。该系统通过回收数据中心产生的热量，实现了废热的再利用，变废为宝。这样的系统在冬季可以用于供暖，在夏季则可以储存热量，使得数据中心成为一个不点火、不冒烟的“锅炉房”。这不仅使园区的供暖变得更加清洁，还大幅节省了燃气消耗。此外，该公司还自主研发了多能源大数据云平台，并将其应用于园区的多能源协同优化调控、能源价值跟踪与交易以及智慧能源服务等多个场景。

4.4.2 新能源终端利用与普及

1. 新能源汽车

新能源汽车具有高技术和新结构，其利用非常规燃料和车载新动力系统作为动力来源，结合先进的电子控制技术提升驾驶性能。我国高度重视新能源汽车产业的发展，并将其定位为战略性新兴产业之一。2020 年 10 月，工业和信息化部与中国汽车工程学会共同编制的《节能与新能源汽车技术路线图 2.0》正式发布，为行业发展指明了方向。新能源汽车的车型主要包括纯电动汽车(BEV)、插电式混合动力汽车(PHEV)和氢燃料电池汽车。预计到 2025 年、2030 年和 2035 年，纯电动汽车和插电式混合动力汽车的年销量占汽车总销量的比例将分别达到 15%～25%、30%～40%和 50%～60%。而氢燃料电池汽车预计到 2025 年销量将达到 10 万辆，到 2035 年保有量有望达到约 100 万辆，实现跨越式增长。

纯电动汽车作为主流的新能源汽车，其核心部件包括蓄电池、驱动电机和控制器。蓄电池是其唯一的动力源，其性能关键在于能量密度、循环寿命和成本。纯电动汽车尽管在环保和节能方面具有显著优势，但受限于电池寿命，与传统汽车相比其续航里程较短，此外更换电池高昂的成本也进一步限制其推广。

插电式混合动力汽车采用双重动力系统，高效储能装置有助于减小机械尺寸，设计上注重提高效率和降低排放。虽然这类车型的结构相对简单，但管理起来较为复杂。混合动力车型理论上实现了最佳的燃油经济性和排放水平，但其复杂且昂贵的结构设计带来了一定的挑战。

氢燃料电池汽车通过 H_2 和 O_2 反应产生动力，唯一的副产品是水。与依靠电网充电的蓄电池电动汽车不同，氢燃料电池汽车的动力来自车载燃料电池装置。氢燃料电池汽车在诸如日本、美国、韩国等国家得到了广泛的发展。美国目前拥有全球 50%的氢燃料电池汽车保有量，本田、现代等知名汽车制造商也推出了自己的氢燃料电池汽车。中国的氢能产业起步较晚，与发达国家相比存在一定差距，因此氢燃料电池汽车产业仍处于起步阶段，商业化水平相对较低，一些关键材料还需依赖进口。尽管发达国家在氢能源技术方面较为成熟，氢燃料电池汽车的市场化程度较高，但由于加氢基础设施等限制，其应用程度普遍较低。

2. 新能源供热

供热是人们生活和生产活动的基础能源需求，它占据了全球终端能源消耗的约 50%。新能源供热主要包括地热能供热、生物质供热、太阳能热利用和清洁电力供热等形式。其中，清洁电力供热属于间接热能利用，而其他方式则属于直接热能利用。

中国地热资源十分丰富，利用方式以直接利用为主，地热资源直接利用连续多年位居世界首位。根据 2023 年 9 月召开的世界地热大会发布的数据，截至 2021 年年底，中国地热能直接利用能力折合 100.2 吉瓦，连续多年位居世界首位。根据 2024 年 5 月发布的《中石化日报》数据，截至 2022 年年底，中国地热能直接利用能力折合为 100.2 吉瓦，与 2021 年持平。经初步核算，2023 年中国地热能直接利用能力折合约 110.22 吉瓦。《“十四五”可再生能源发展规划》中明确到 2025 年，非化石能源消费比重应达到约 20%，至 2030 年则提升至约 25%。同时，地热能供热、生物质供热、生物质燃料及太阳能热利用等非电利用规模预计将超过 6 000 万吨标准煤。

思考题

1. 请简述传统能源的分类及其应用特点。

2. 请简述我国能源利用现状及存在的问题。

3. 请简述全球能源资源的现状和发展趋势。

4. 我国新能源中，光伏发电量和装机容量的现状及未来发展趋势如何？

5. 请简述“源网荷储”方案是如何促进清洁能源开发利用以及助力节能减排的。

6. 请说明有哪些电化学储能方式？并简要阐明其特点及适用场景。

7. 请对比锂离子电池和钠离子电池的优缺点，并思考这两种电池的应用场景和未来潜力。

8. 当前推动新能源发展的新技术有哪些？并针对其中一项技术举出实例。

参考文献

[1] 庄贵阳，周宏春. 碳达峰碳中和的中国之道[M]. 北京：中国财政经济出版社，2021.

[2] 田艳丰. 能源与环境[M]. 北京：中国水利水电出版社，2019.

[3] 华炜. 煤炭的过去与未来[N]. 中国能源报，2012-12-10.

[4] 全球能源互联网发展合作组织. 中国碳中和之路[M]. 北京：中国电力出版社，2021.

[5] 张新安. 自然资源管理服务支撑碳达峰碳中和[M]. 北京：经济科学出版社，2022：74-83.

[6] 齐景丽，申传龙，王凡，等. 我国石油消费新趋势研究[J]. 当代石油石化，2020，28(8)：20-24.

[7] 任喜洋，邓锋，高兵，等. 推动能源资源结构向绿色低碳转型[J]. 中国国土资源经济，2021，34(12)：48-54.

[8] 吴启华. 瞄准四大重点方向建设产供储销体系[N]. 中国矿业报，2022-08-24(001).

[9] 刘合，梁坤，张国生，等. 碳达峰、碳中和约束下我国天然气发展策略研究[J]. 中国工程科学，2021，23(6)：33-42.

[10] 刘涛，顾莹莹，赵由才. 能源利用与环境保护：能源结构的思考[M]. 北京：冶金工业出版社，2011：190-192.

[11] Li L L, Taeihagh A. An in-depth analysis of the evolution of the policy mix for the sustainable energy transition in China from 1981 to 2020[J]. Applied Energy, 2020, 263: 114611.
[12] 邹才能,陈艳鹏,熊波,等. 碳中和目标下中国新能源使命[J]. 中国科学院院刊,2023,38(1): 48 - 58.
[13] 邱丽静. 世界主要国家能源发展战略及政策动向[EB/OL]. [2022 - 04 - 14]. https://mp.weixin.qq.com/s/eByGuGPumi0C_8TuuC5FDQ.
[14] 李俊峰,李广. 中国能源、环境与气候变化问题回顾与展望[J]. 环境与可持续发展,2020,45(5): 8 - 17.
[15] 杨凯,李黎,黄晓宏,等. 碳达峰、碳中和目标下新能源应用技术[M]. 武汉: 华中科技大学出版社,2022: 62 - 63.
[16] 庄贵阳,窦晓铭. 新发展格局下碳排放达峰的政策内涵与实现路径[J]. 新疆师范大学学报(哲学社会科学版),2021,42(6): 124 - 133.
[17] Yang F, Yang X, Li X F. China's diverse energy transition pathways toward carbon neutrality by 2060[J]. Sustainable Production and Consumption, 2024, 47: 236 - 250.
[18] Chen H, Qi S Z, Tan X J. Decomposition and prediction of China's carbon emission intensity towards carbon neutrality: From perspectives of national, regional and sectoral level[J]. Science of the Total Environment, 2022, 825: 153839.
[19] 庞昌伟,单一宁. 乌克兰危机背后的中美俄能源博弈及其全球影响[J]. 北方论丛,2023(6): 25 - 30.
[20] 左志刚. 俄乌冲突背景下亚太地区能源关系走向分析[J]. 亚太经济,2022(6): 19 - 29.
[21] 生态环境部华东核与辐射安全监督站. 从核安全监管的角度,福岛后的日本核电之路能给我们什么启示? [EB/OL]. [2019 - 03 - 11]. https://ecro.mee.gov.cn/gzxc/kpyd/201903/t20190311_695199.html.
[22] 陈凯,温馨,陈钰. 能源环境治理理论基础[M]. 北京: 科学出版社,2023: 233 - 236.
[23] 高慧,杨艳,刘雨虹,等. 世界能源转型趋势与主要国家转型实践[J]. 石油科技论坛,2020,39(3): 75 - 87.
[24] 尼克拉・艾莫里,文思卓・巴尔扎尼,著. 可持续世界的能源: 从石油时代到太阳能将来[M]. 陈军,李岱昕,译. 北京: 化学工业出版社,2014.
[25] 王涛. 英国能源转型之路非坦途[N]. 经济日报,2022 - 12 - 14.
[26] 杨天华. 新能源概论[M]. 2 版. 北京: 化学工业出版社,2020: 122.
[27] 陈晨. 法国积极推动能源转型[EB/OL]. [2019 - 02 - 09]. https://www.xinhuanet.com/world/2019-02/09/c_1210056526.htm.
[28] 李昕蕾,刘倩如. 气候能源复合危机背景下法国核能复兴战略: 路径、影响与挑战[J]. 中国石油大学学报(社会科学版),2024,40(4): 47 - 60.
[29] 王兵,陆峰,管欣梦,等. 保供降碳目标下能源转型模式及转型时点分析[J]. 中国煤炭,2024,50(7): 8 - 18.
[30] 李强. 德国能源转型面临挑战[EB/OL]. [2022 - 05 - 06]. http://world.people.com.cn/

n1/2022/0506/c1002-32415110. html.

[31] 魏敏,郑思达.“一带一路”倡议与中东绿色能源基础设施的发展与前景[J]. 宁夏社会科学，2023(4)：73 - 80.

[32] Ball-Burack A，Kammen D M. From powerpoint to powerplant：Evaluating the impact of the U. S. -China Sunnylands commitment to tripling global renewable energy capacity by 2030[J]. Environmental Research Letters，2024，19(4)：041007.

[33] Bin Abu Sofian A D A，Lim H R，Siti Halimatul Munawaroh H，et al. Machine learning and the renewable energy revolution：Exploring solar and wind energy solutions for a sustainable future including innovations in energy storage[J]. Sustainable Development，2024，32(4)：3953 - 3978.

[34] 王永利,蔡成聪,张丹阳,等. 基于全生命周期理论的风力发电环境评估研究[J]. 华北电力大学学报(自然科学版),2023,50(6)：100 - 109.

[35] 中投产业研究院. 2020—2024 年中国生物质能利用产业深度分析及发展规划咨询建议报告[R]. 2020.

[36] 佘惠敏. 绿氢产业迎来新的里程碑[N]. 经济日报,2023 - 09 - 03(005).

[37] 许传博,刘建国. 氢储能在我国新型电力系统中的应用价值、挑战及展望[J]. 中国工程科学,2022,24(3)：89 - 99.

[38] 李国辉. 碳中和目标下的全球海洋综合治理及中国贡献[J]. 亚太安全与海洋研究,2024(4)：76 - 92+134 - 135.

[39] 国家发展改革委. 国家能源局. 关于推进电力源网荷储一体化和多能互补发展的指导意见〔2021〕280 号[EB/OL].(2021 - 02 - 25)[2024 - 10 - 09]. https://www. ndrc. gov. cn/xxgk/zcfb/ghxwj/202103/t20210305_1269046. html.

[40] 辛昆,林建成,张久明,等. 燃料电池与燃气轮机集成氢能发电技术研究[J]. 东北电力技术,2024,45(11)：1 - 6.

[41] 焦恺彬. 碱性燃料电池温差热电混合系统性能分析[D]. 上海：东华大学,2019.

[42] 孙百虎. 磷酸燃料电池的工作原理及管理系统研究[J]. 电源技术,2016,40(5)：1027 - 1028.

[43] 金醒群. 固体氧化物燃料电池在天然气市场开发应用的探讨[J]. 城市燃气,2012(4)：17 - 21.

[44] 陆浩. 基于熔融碳酸盐燃料电池的沼气高效发电系统研究[J]. 中国沼气,2021,39(3)：73 - 79.

[45] 黄镇江,刘凤君. 燃料电池及其应用[M]. 北京：电子工业出版社,2005.

[46] 汤小明,曹宁,蒋岳航,等. 聚砜类燃料电池质子交换膜研究进展[J]. 中国塑料,2022,36(8)：146 - 158.

[47] 许世森,朱宝田. 探讨我国电力系统发展燃料电池发电的技术路线[J]. 中国电力,2001,34(7)：9 - 12+84.

[48] Olah G A. Beyond oil and gas：The methanol economy[J]. Angewandte Chemie (International Ed)，2005，44(18)：2636 - 2639.

[49] 李春光，彭宇，潘庆芝，等. 直接甲醇燃料电池催化剂的制备与表征综合化学实验[J]. 化学教育(中英文)，2019，40(20)：27－30.

[50] 余启航. 2，2′，5，5′-四羟基联苯在锂电池中的应用与电化学研究[D]. 成都：电子科技大学，2021.

[51] 赖章新. 锂离子电池 $LiNi_{0.7}Co_{0.1}Mn_{0.2}O_2$ 正极材料的制备与性能研究[D]. 广州：广州大学，2022.

[52] 韩业璘，谢红艳. 钠离子电池正极材料锰酸钠的合成及其性能研究[J]. 化工新型材料，2025，53(2)：112－116＋122.

[53] 许鹏程，袁治章，李先锋. 锌基液流电池储能技术研究进展[J]. 科学通报，2024，69(21)：3110－3121.

[54] 李社栋，宋莹莹，边煜华，等. 室温钠硫电池的发展现状和挑战[J]. 储能科学与技术，2023，12(5)：1315－1331.

[55] 黄志高，林应斌，李传常. 储能原理与技术[M]. 北京：中国水利水电出版社，2018.

[56] 林楚. 2021 年全球新型储能市场保持高速增长[N]. 机电商报，2022－05－09(A06).

[57] 孙秋野，滕菲，张化光. 能源互联网及其关键控制问题[J]. 自动化学报，2017，43(2)：176－194.

[58] 李晓华. 我国新能源汽车的发展现状与前景趋势[J]. 人民论坛，2024(9)：76－79.

[59] 殷伊琳. 我国氢能产业发展现状及展望[J]. 化学工业与工程，2021，38(4)：78－83.

[60] 杨晓占，冯文林，冉秀芝. 新能源与可持续发展概论[M]. 重庆：重庆大学出版社，2019.

[61] 冯飞，张蕾. 新能源技术与应用概论[M]. 2 版. 北京：化学工业出版社，2016.

[62] 中电传媒能源情报研究中心. 中国能源大数据报告(2021)[R]. 北京市：能源统计司-国家统计局，2021. http://www. w-bht. com/ueditor/php/upload/file/20210621/1624249093936758. pdf.

第5章

“双碳”与负碳技术

国际能源署在《CO_2 Emissions in 2022》报告中指出，2022 年全球能源燃烧和工业过程产生的 CO_2 排放量增长了 0.9%，增加了 3.21 亿吨，总量达到 368 亿吨，创历史最高水平。与此相比，2021 年的全球能源相关 CO_2 排放量比 2020 年增长了 6%，约 20 亿吨，是 2022 年排放增量的六倍多。2021 年的全球能源相关 CO_2 排放总量为 363 亿吨。全球煤炭消费导致的 CO_2 排放增加了 1.6%，超过了过去十年的平均增长率，比上一年实际增长了约 2.43 亿吨，总排放量达到 155 亿吨，也创下了历史新高。

2023 年 11 月 30 日，《联合国气候变化框架公约》第 28 届缔约方会议(COP28)围绕缩小各国自主贡献目标(Nationally Determined Contribution，NDC)与行动力度和其减排义务之间的差距进行了讨论。根据各国提交的 NDC 目标，目前各国的承诺与实现这些目标之间存在巨大差距，到 2030 年，各国的排放量将比 2010 年增加 9%。为了实现在 2030 年将温升限制在 1.5 ℃的目标，全球仍需减排 203 亿吨至 239 亿吨 CO_2 当量。为了避免气候变化带来的最严重影响，早日实现“双碳”目标，“需要深入、快速和持续地减少温室气体排放”，并呼吁各方贡献力量，采取公正、有序和公平的方式，推动能源系统转型脱离化石燃料，加速这关键十年中的行动，从而在遵循科学的前提下到 2050 年实现净零排放。在 2030 年之前，将全球可再生能源的装机容量翻三倍，使全球能源效率的年均提高率翻一番。

追溯到 2006 年的北京香山会议，我国就已经提出了碳捕获、利用与封存(CCUS)的概念，并强调了 CO_2 减排和利用的紧密结合。2015 年 12 月 12 日，联合国 195 个成员国在联合国气候峰会上通过了《巴黎协定》。该协定旨在共同遏制全球变暖趋势，要求将全球平均气温升幅控制在工业革命前水平以上低于 2 ℃之内，并努力将气温升幅限制在工业化前水平以上 1.5 ℃之内。国际能源署在《能源技术展望报告 2017》中指出，要实现在 21 世纪末将全球温升控制在 2 ℃之内的目标，CCUS 技术必须达到 14%的 CO_2 减排量；要实现 2060 年 CO_2 净零排放，并将 21

世纪末的温度升幅控制在更低的 1.75 ℃之内，CCUS 技术则需要达到 32%的 CO_2 减排量。

5.1 CCUS 支撑“双碳”目标实现

5.1.1 CCUS 技术体系概况

CCUS 全链条由 CO_2 来源、捕集、运输、利用/封存这四个环节构成。工业生产中化石能源的大量使用是 CO_2 排放量持续增加的主要原因。本小节分析了各个环节的主要技术及其可行性，并以封存为例，对 CCUS 全链条的实施成本进行拆解。未来需要进一步探索降本抓手和收益机制，加快推动 CCUS 扩大部署。

1. 捕集技术

CO_2 捕集系统是 CCUS 的第一个环节，也是最重要的环节，其能耗和成本在 CCUS 中的占比最高。一般而言，碳捕集技术分为燃烧前捕集技术、富氧燃烧捕集技术及燃烧后捕集技术(图 5-1)。

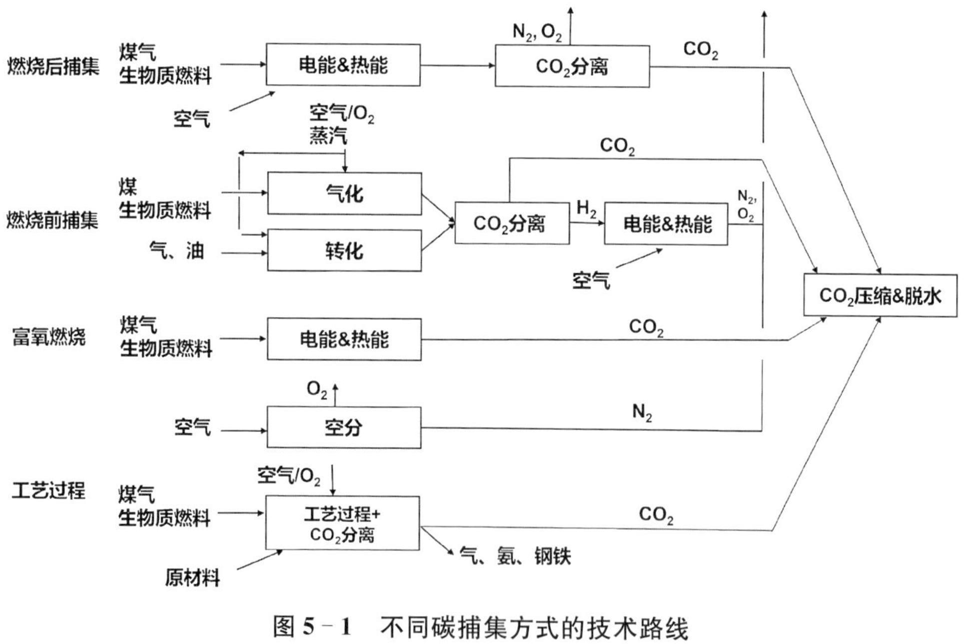

图 5-1　不同碳捕集方式的技术路线

(1) 排放源浓度

碳排放源的 CO_2 浓度决定了捕集的化学方法。随着 CO_2 浓度的升高，捕集成本相应降低。高浓度点源(烟气中 CO_2 浓度为 50%～90%)主要来自乙醇、氨和天然气加工的排放，这些排放源无须化学方法，可以通过脱水和压缩设备实现碳捕集。低浓度点源（烟气中 CO_2 浓度为 5%～15%）主要来自大型减排困难行业的点源，如发电厂和水泥厂，这些点源可以通过化学溶剂、固体材料吸附剂、膜分离等方法进行捕集。目前，化学溶剂捕获技术较为成熟。直接空气捕获是实现“负排放”的关键技术，它从大气环境中捕集低浓度的 CO_2，可以通过高温碱性水溶液吸收再生、低温固体吸附剂（TSA）再生和低温液体溶剂（MSA）再生等方式实现。

（2）捕集成本

捕集成本与 CO_2 排放源浓度成反比。目前，仅有 5%的排放量所对应的捕集项目同时具备技术和经济可持续性，这需要激励措施和技术的进一步提升。高浓度点源在现有激励政策下已具备经济可持续性，但其排放量小于总排放量的 5%；低浓度点源在逐步实施的激励措施下将逐步具备经济可持续性；直接空气捕获则需要额外的激励措施和技术进步才能实现经济可持续性。

（3）生产阶段

根据碳排放源的不同，可以在生产过程的不同阶段进行 CO_2 捕集。以发电厂为例，可以在燃烧前、燃烧后以及富氧燃烧阶段分别进行 CO_2 捕集。燃烧前捕集过程将燃料转化为含 H_2 和 CO_2 的气体混合物，促进清洁燃烧，并使得 CO_2 能够被压缩后运输；燃烧后捕集过程则从尾气中分离 CO_2，通常使用液体溶剂进行捕集；富氧燃烧阶段则使用 O_2 而非空气作为氧化剂，从而在废气中产生高浓度的 CO_2，便于分离。

2. 运输技术

管道运输是当前大量运输 CO_2 的主要选择。在一定运输距离（约 650 千米）内，管道运输具有成本优势。美国拥有大约 6 500 千米的 CO_2 管道，约占全球总长度的 85%，但这一长度远远不能满足减排目标下的 CCUS 管道运输需求。预计到 2050 年，所需的 CO_2 运输管道长度将是目前的 100 倍。未来，通过一体化 CCUS 项目，可以建立包含多个排放点源、汇集点和封存点的 CO_2 运输网络。一旦形成规模经济效应，将降低单个项目参与的门槛和成本。

船舶运输作为一种长距离运输 CO_2 的新兴替代方式，目前主要应用于食品级液态 CO_2 的运输。铁路和卡车运输可用于 CO_2 的小规模运输，它们在将 CO_2 配送到终端市场方面具有较大的应用潜力。所有运输方式都需要将 CO_2 加压压缩。目前，液态和超临界流体 CO_2 运输正在成为远距离储存和获取的有效手段。

3. 利用技术

降低 CCUS 技术实施成本的关键在于开发合适的利用技术（图 5-2）。各类 CO_2 利用技术均可以实现 CO_2 减排，主要包括提高石油采收率技术（enhanced oil recovery,EOR)、化学利用技术和生物利用技术。目前,行业正在发展新的技术趋势,如在离岸海上油田开发 EOR 项目,以及利用 CO_2 直接合成淀粉等技术。在众多利用技术中,EOR 技术最具经济价值,并且在短期内更为可行。然而,油价的下行压力可能会影响 EOR 的需求量。预计 EOR 的需求将在 2035—2040 年达到顶峰,之后可能会逐渐下降。此外,化学利用技术涉及在化工生产过程中使用 CO_2,例如生产有机碳酸盐、煤化工等。这些技术对 CO_2 的终态浓度要求较低(约40%),因此成本较低,具有进一步研发的潜力。最后,生物利用技术将 CO_2 用于食品和饮料生产。由于这类技术对 CO_2 的终态浓度要求较高(浓度在 90%以上),因此成本较高,市场需求相对较少。

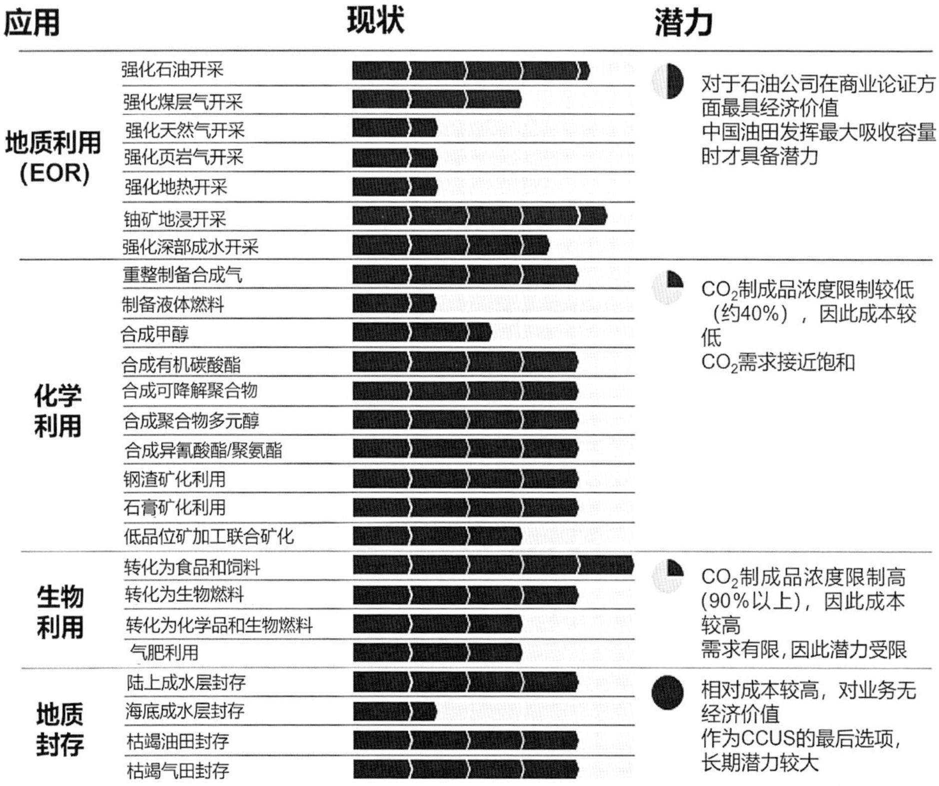

图 5-2　CO_2 利用技术现状及潜力(张贤、杨晓亮、鲁玺,2023)

4. 封存技术

无法被利用的 CO_2 则需要通过封存技术进行埋存。CO_2 封存是指将大型排放源产生的 CO_2 捕获、压缩后运输到指定地点进行长期储存,以避免其释放到大气中。目前,封存技术对企业而言成本极高,且没有直接的经济价值,需要政府出台相关政策来提供激励。

实施封存技术需要适宜的地质条件，而合适的封存地点和容量可能成为自然限制因素。枯竭油田封存、枯竭气田封存和陆上咸水层封存是几个潜力较大的选项。在中国北部和东部地区，枯竭油田封存和枯竭气田封存地点较为集中，且油田和气田多相邻，预计封存总容量可达 CCUS 总需求量的 30%。这些封存方式实施额外成本较低，技术流程较为成熟。在 EOR 技术充分捕获采收潜力后，EOR 现场通常转为直接封存场所，且由于油气公司通常是相关地块和设施的所有者，因此管理和实施较为方便。

然而，需要注意的是，油气田封存可能存在泄漏风险，这通常与油气田的设计和开采方式有关，例如油井和裂缝可能成为泄漏的途径。陆上咸水层封存空间更大、分布更广，在中国西南和中部地区具有更大的应用潜力，更适合布局分散的行业，如水泥行业。陆上咸水层封存的预计封存总容量是 CCUS 总需求量的 50～70 倍。但是，陆上咸水层封存的不确定性也较高，运输和封存设施可能需要第三方运营商进行投资和管理。此外，将土地用于高浓度 CO_2 封存的法规和申报流程复杂，目前在中国仅有试点项目。陆上咸水层封存还需考虑地质构造的稳定性，不同地区的封存适宜程度不同，适宜性高的地区泄漏风险相对较低。

CCUS 技术体系包括 CO_2 捕集技术、运输技术、利用技术和封存技术（图 5－3）。随着技术的不断创新，这一体系正在逐步完善和丰富。

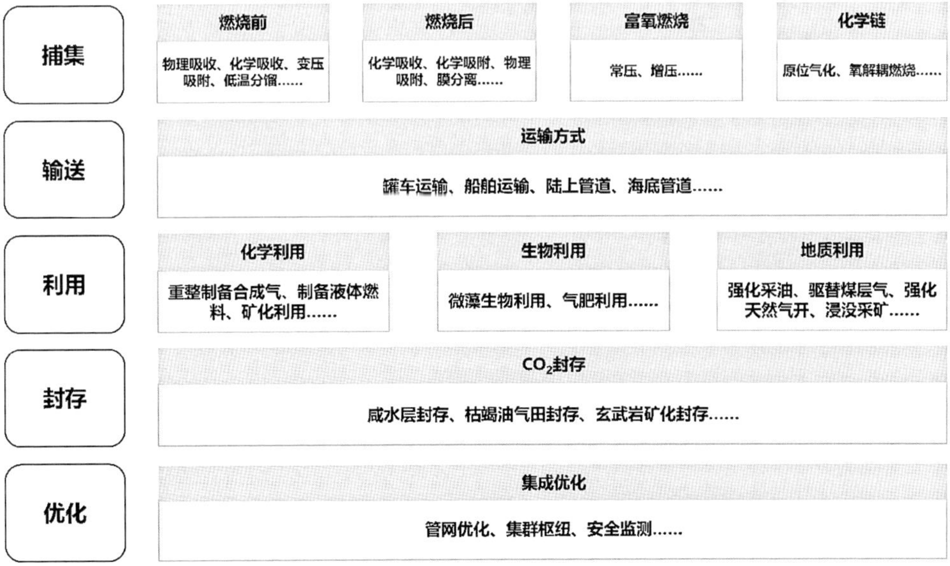

图 5－3 CCUS 技术体系（李琳、方波，2018）

CO_2 捕集技术正在从第一代向第二代过渡，同时第三代技术也开始显现。第一代技术，包括传统的燃烧后化学吸收和燃烧前物理吸收技术，已经完成了工程示范并投入商业运营。第二代技术，涉及基于新型吸收剂的化学吸收和化学吸附技术，预计将在 2025 年实现商业部署。第三代技术，即变革性技术，包括化学链燃烧技术，预计将在 2035 年开始商业运营。

CO_2 运输技术正在从传统的罐车和船舶运输向陆上管道和海底管道运输转变。中国的 CO_2 输送管道在输量、管径、距离等方面呈现出规模化的趋势，管输规模已突破百万吨，管输压力进入超临界范围，经济优势日益凸显。

CO_2 的利用技术已经从单纯的地质利用转变为实现能源回收的过程，如 CO_2 强化采油（CO_2-EOR）和高级煤层甲烷提取（CO_2-ECBM）等。这一发展趋势已扩展到 CO_2 的化学利用和生物利用，逐步实现了高附加值的化学合成和生物制品转化等绿色碳源的利用方法。

根据地质封存沉积层的不同，CO_2 封存技术可以分为陆上咸水层封存、海上咸水层封存及贫化油气田封存。近年来，一些中国企业已经开始探索海上封存的可行性，以探讨未来在沿海地区进行大规模 CO_2 封存的潜力。

除了上述 CCUS 技术环节之外，CCUS 框架内的技术耦合集成催生了一些新兴的技术概念，例如 CO_2 捕集—转化一体化、CO_2 捕集—矿化一体化等。这些技术能够在不同规模上实现能量的集约利用，从而降低 CCUS 技术的减排成本。

5.1.2 CCUS 的减排需求与潜力分析

为实现 1.5 ℃的温控目标，到 2050 年全球 CO_2 减排必须达到 80%以上。CCUS 是实现这一目标的必要技术手段，预计到 2050 年，CCUS 将抵消当前全球碳排放量的 10%～20%。在过去十年间，CCUS 的产能规模已经翻了一番。目前，全球产能达到 4 000 万吨，其中约半数集中在美国。CCUS 产能目前主要应用于天然气加工，因为自然界天然气矿床可能含有大量的 CO_2，有些浓度甚至高达 90%。在天然气出售或进一步加工成液化天然气之前，必须使用 CCUS 技术将 CO_2 分离出来。未来，预计将有约 35 个 CCUS 项目计划在 2030 年前建成。如能按期建成并达到产能，CCUS 的产能将比当前增加两倍。

CCUS 是中国实现 1.5 ℃温控目标的关键技术抓手，可以广泛应用于各行各业。特别是在中国 CO_2 排放量占 60%～75%的电力行业，以及减排较为困难的工业部门，CCUS 技术更是不可或缺的重要手段。

在中国，投资布局的 CCUS 项目主要分为三种类型：具有经济价值的 EOR 项目、“绿色煤电”试点项目以及新兴技术试点项目。目前，中国已落地近 30 项

CCUS 项目，其中大部分是由油气公司投资的 EOR 项目。例如，已建成并投产的齐鲁石化—胜利油田 CCUS 项目，它是全国首个百万吨级的 CCUS 项目，通过该项目齐鲁石化将能够将捕集的 CO_2 运送至胜利油田进行驱油和封存。

此外，还有绿色煤电试点项目，这些项目的投资主体主要为中国的大型发电集团及其所属的投资机构。例如，2021 年年初建成投运的国华锦界电厂 15 万吨/年的碳捕集与封存全流程示范项目，其由国家能源集团投资。该项目的目标是实现煤炭发电的 CO_2 和污染物近零排放，并提高“绿色煤电”系统的技术经济性，为商业化做准备。

在中国未来的 CCUS 生态系统中，各方应通力合作，持续探索并调整校准适合中国国情的低成本实施路径，以推动 CCUS 技术的大规模落地(图 5－4)。首先，应基于本地适宜的地质条件来确定具体的 CCUS 实施策略。其次，需要建立多种机制来协同各相关部门，为 CCUS 的有序实施奠定基础。例如，可以通过建立商业激励机制(如 CCUS 专项补贴、碳税)和安全法规等，为 CCUS 技术的部署创造有利环境；同时，利用碳市场来调节企业排放配额的分配和交易，将 CCUS 项目的实际减排量转化为碳信用进行交易。征收碳税有助于将减排成本转嫁到生产环节，从而激励上游产业减少碳排放。最后，构建跨行业、跨国界的 CCUS 合作生态圈，促进政策制定者与企业之间的有效对话，整合各方资源，实现协同效应。积极与欧洲和美国的相关部门和企业进行合作交流，共同推动 CCUS 成本的降低和碳中和

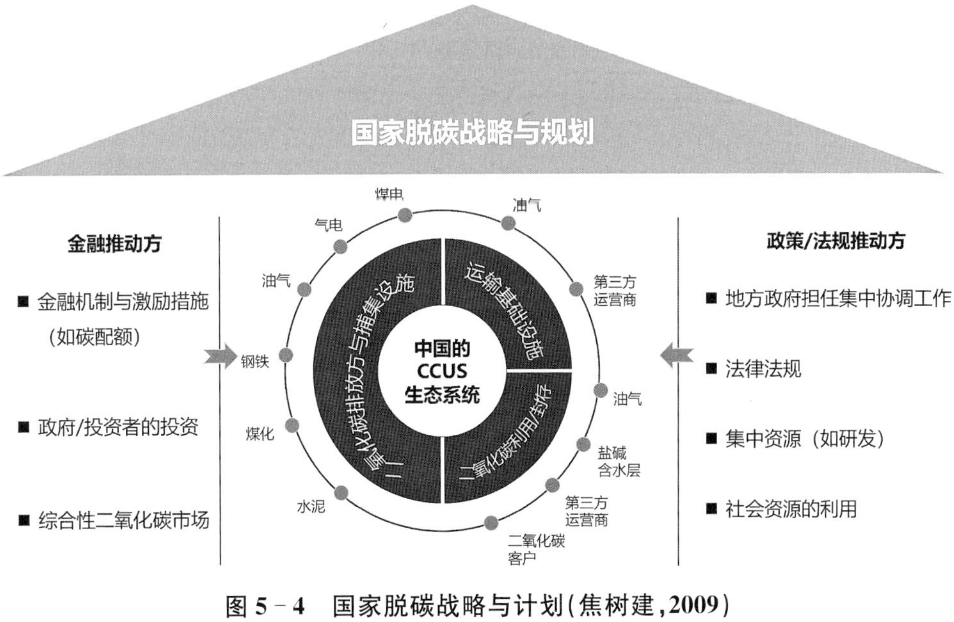

图 5－4 国家脱碳战略与计划(焦树建，2009)

目标的实现。企业应在政策框架指导下，密切关注CCUS相关政策和技术的最新动态，积极探索二氧化碳利用的新商业模式，以便在碳中和转型的大趋势中抢占先机。对于资金雄厚的大型电力和油气企业，应积极与高校和科研机构合作开展CCUS试点项目，力争成为国际领先的CCUS服务提供商。

案例(一)

我国首个百万吨级CCUS项目全面建成投产

中国石化于2022年8月29日发布声明，宣布我国最大的碳捕集、利用与封存全产业链示范项目——“齐鲁石化-胜利油田百万吨级CCUS项目”已开始注气运行。这标志着我国CCUS产业正式步入商业化运营阶段，每年减排CO_2 100万吨，相当于种植了近900万棵树，对于构建“人工碳循环”模式具有深远意义。该示范基地覆盖的特低渗透油藏储量超过2 500万吨，共设有73口注入井。预计在未来15年内，将累计注入超过1 000万吨CO_2，增油量将接近300万吨，采收率有望提高12个百分点以上，从而实现CO_2捕集、驱油与封存的一体化应用。

5.2 中国CCUS发展现状

5.2.1 CCUS技术最新进展

CCUS技术经过几十年的发展，全球科研人员围绕碳捕集、碳运输、碳利用、碳存储这四大技术领域进行了大量的研究。目前，相当一部分技术已取得显著进步和长足发展，从实验室研究到示范工程以及商业项目的应用，技术得到了有效验证和熟化。

在碳捕集技术方面，整体煤气化联合循环(integrated gasification combined cycle，IGCC)技术在不同国家开展了众多示范工程，该技术的发电净效率可达41%以上，脱硫效率可达99%以上，能有效降低CO_2排放。然而，该技术面临的最大问题是投资成本和运维费用较高，目前尚未实现良好的商业化。此外，科研人员对富氧燃烧技术也进行了深入研究，应用该技术，烟气中CO_2浓度可超过80%，CO_2捕集率可超过90%，但该技术的主要缺点是制氧成本较高，目前仍处于工业示范阶段。

目前CO_2主要以管道运输为主，其他运输技术为辅。美国在2015年时国内就有超过7 200千米的CO_2运输管道，其CO_2管道运输技术非常成熟。相比之下，我国 CO_2 运输管道数量少、距离短，与发达国家相比还存在较大的差距。

CO_2 作为制冷剂在热泵热水器、汽车空调和冷冻冷藏系统中得到了广泛应用，并显示出显著的节能效果。CO_2 化学利用技术具有明显优势：CO_2 合成尿素可以实现年存储 CO_2 112 兆吨，每年消耗 CO_2 达 3 000 万吨；合成无机碳酸盐，每年消耗 CO_2 达 3 000 万吨；CO_2 加氢还原合成 CO，每年消耗 CO_2 达 600 万吨；CO_2 生物利用技术中微藻固碳技术不仅能实现 CO_2 减排，还能提炼出高附加值的生物燃料；CO_2 气肥技术能有效实现农作物增产。

在 CO_2 矿化技术方面，钢渣矿化利用技术不仅能够有效减少 CO_2 排放，还能处理无用的固废钢渣，并生产出高纯度的碳酸钙和铁料等有价值的副产品；磷石膏矿化利用技术在减少 CO_2 排放的同时，可将磷石膏废渣转化为硫酸铵和碳酸钙；CO_2 矿化养护混凝土技术不仅能减少 CO_2 排放，还能生产出具有商业应用价值的早强、高强混凝土产品。

1. 碳捕集技术现状

为了降低碳捕集技术的能耗和成本，近些年来国内外对 CO_2 捕集技术进行了大量的研究，目前较具代表性的碳捕集技术包括以下几种。

(1) 整体煤气化联合循环技术(IGCC)

IGCC 技术是将煤气化技术与高效的联合循环相结合的先进动力系统。与传统煤电技术相比，IGCC 通过集成煤气化和燃气-蒸汽联合循环发电技术，具有发电效率高、污染物排放低、CO_2 捕集成本低等优势，被国际上确认为能够工业化、具有发展前景的清洁高效煤电技术。

世界公认的首座实现长期稳定运行的 IGCC 电站是美国的 Cool Water 电站，于 1984 年 5 月在美国加州建成。此后，美国、德国、英国、荷兰、西班牙、意大利、日本、捷克、中国、印度等国相继建立了 IGCC 商用化示范电站。

例如，国内的华能天津 IGCC 电站示范工程项目，其以国家“十一五”期间的 863 计划重大项目为依托，是我国首台 250 兆瓦级的整体煤气化燃气-蒸汽联合循环发电机组。该项目气化炉采用华能自主研发的 2 000 吨/天级设备，动力系统采用 265 兆瓦的西门子燃气-蒸汽联合循环发电机组。该项目于 2012 年投产运行，2015 年基于 IGCC 的 60 000～100 000 吨 CO_2 捕集系统装置建成。这一示范系统是中国容量最大的燃烧前 CO_2 捕集系统，能够在不同负荷和运行条件下开展各种试验研究，为探索高效率、低能耗的 CCUS 技术积累了丰富经验，对减少 CO_2 排放具有重要意义。

再如，位于美国佛罗里达州波克县的 Tampa IGCC 电站是世界上最先进的

IGCC 发电厂之一，该项目总装机容量为 260 兆瓦，采用 Texaco 煤气化工艺，气化炉容量超过 200 吨/天。动力系统由一台 192 兆瓦的燃气轮机和一台 121 兆瓦的汽轮发电机组组成。该项目的发电净效率达到 41.6%，脱硫效率大于 96%，投资成本为 2 400 美元/千瓦。

（2）富氧燃烧技术

富氧燃烧是以高于空气氧气含量(20.95%)的含氧气体进行燃烧，是一种高效的节能燃烧技术。

目前，富氧燃烧技术已在多个国家进行工业示范，验证了其技术可行性，并对相关技术细节进行了深入研究。自 20 世纪 90 年代起，中国国内多所高校，如华中科技大学、清华大学、华北电力大学、东南大学等，开始对富氧燃烧技术进行深入研究。这些研究涵盖了富氧燃烧的燃烧理论、污染物生成及控制机理、系统集成优化等多个方面。华中科技大学的郑楚光教授团队在该领域的研究处于国内领先地位，依托国家燃煤实验室、清洁能源大学研究与工业中心、(实验)清洁低碳能源发电技术研发中心等平台，通过 863、973、国家自然科学基金等项目，制定了富氧煤粉燃烧技术的发展路线图(图 5－5)，涉及从基础研究到工业试点示范，再到大规模示范或商业部署。

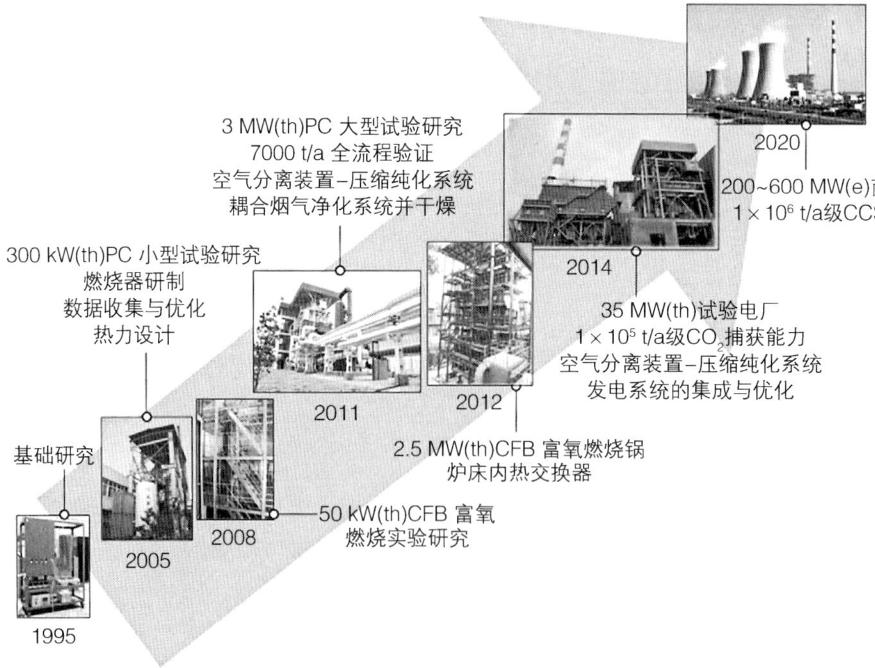

图 5－5　富氧煤粉燃烧技术的发展路线图(郑楚光、赵永椿、郭欣，2014)

郑楚光教授团队在 2006 年进行了 0.3 兆瓦富氧燃烧中试试验，2011 年建成了 3 兆瓦富氧燃烧全流程验证试验系统，并于 2014 年建成了 35 兆瓦富氧燃烧工业示范项目。依托华中科技大学建设的国家能源局“国家能源煤炭清洁低碳发电技术研发(实验)中心”和武汉市的“武汉新能源研究院碳减排与资源化利用研究中心”平台，3 兆瓦富氧燃烧全流程试验系统成为富氧燃烧技术从中试试验走向产业开发的重要环节。该试验系统的主要任务是解决富氧燃烧技术产业化过程中的关键技术、工艺流程、工业放大规律以及工程实施的可行性和有效性等重大问题。

该试验系统包括空分系统、富氧燃烧炉、烟气净化系统和 CO_2 压缩纯化系统，积累了大量工程经验，特别是在燃烧器设计、燃烧炉换热面布置、系统工艺、系统集成优化、系统调试运行等方面，为大型工业示范项目打下了良好的基础。该系统是中国首套 3 兆瓦富氧燃烧全流程中试试验系统，其中富氧燃烧器、燃烧炉内换热系统、数据采集与分析、烟气除尘、脱硫、脱水净化系统、空分—压缩—燃烧过程热耦合等关键技术均为完全自主研发。通过该项目，实现了从制氧到 CO_2 资源化的全过程的中等规模示范，成功将烟气中 CO_2 浓度提高到 82%，这基本代表了中国在相关领域的最新进展和整体实力，达到了国际领先水平。项目设计的 CO_2 年捕集量为 7 000 吨。

在富氧燃烧 CO_2 规模捕集技术商业化运营的过程中，35 MW 富氧燃烧工业示范项目发挥了关键作用(图 5－6)。该项目在国家级支撑计划的支持下，依托国家能源煤炭清洁低碳发电技术研发(实验)中心，总投资超过 1 亿元人民币，旨在实现烟气中 CO_2 富集浓度超过 80%、CO_2 捕集率超过 90%的目标。这套装置是全球四套富氧燃烧示范装置中唯一仍在运行的装置，获得了国内相关行业的高度关注。

自 2020 年至今，研发团队正在与多家发电企业合作，计划在现有成果的基础上进行工业化放大，推动富氧燃烧技术在 200～600 兆瓦规模电厂的应用，以实现中国富氧燃烧 CO_2 的大规模减排和资源化利用。项目团队还正在与钢铁和建材行业的领军企业合作，将富氧燃烧碳捕集技术应用于高炉低碳炼铁工艺和水泥窑炉的碳捕集。

现阶段，富氧燃烧技术仍处于工业示范阶段，尚未实现良好的商业化，主要障碍在于制氧成本较高。目前，工业上常用的制氧方法主要有三种：深冷法、变压吸附法和膜分离法。深冷法是一种主流的制氧技术，其特点是投资较大，运行成本较高，但能够大规模生产氧气。相比之下，变压吸附法和膜分离法的技术尚不成熟，尚未在大规模制氧领域得到广泛应用。这些因素共同导致了富氧燃烧技术商业化进程的缓慢。

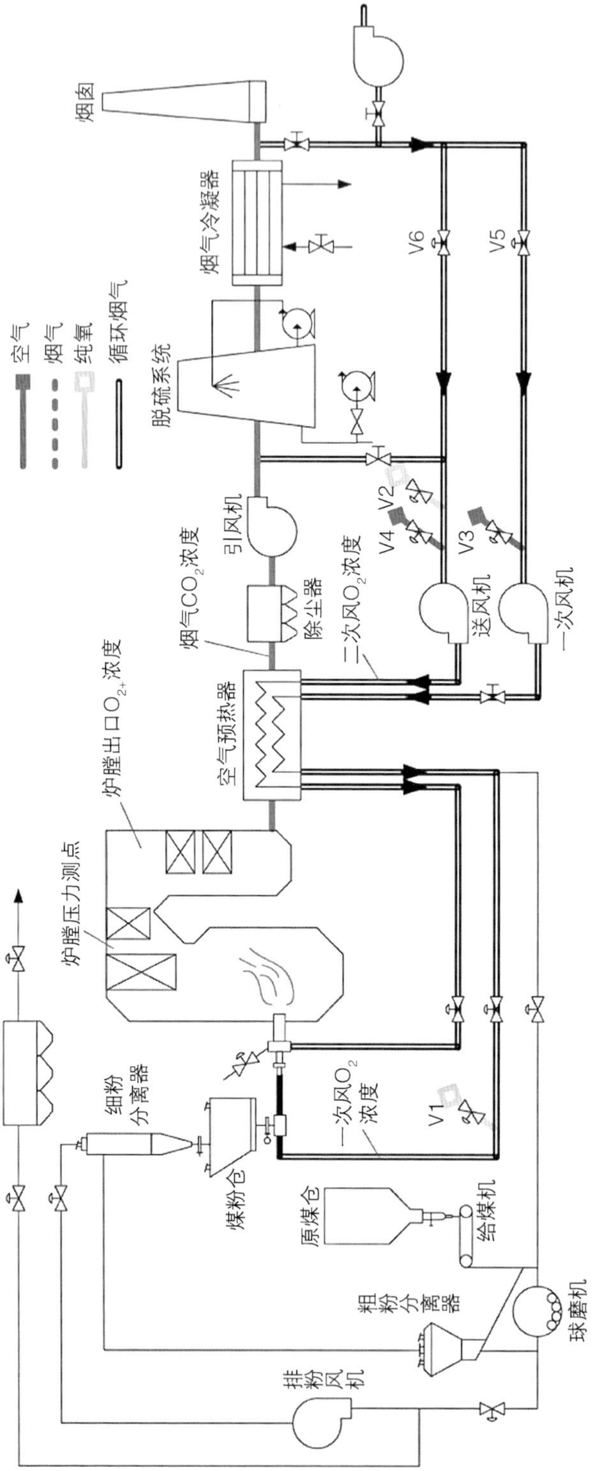

图 5-6　35 MW 富氧燃烧关键技术研发(程文丰,2017)

2. 碳运输技术现状

目前 CO_2 运输主要是以管道运输为主，罐车运输、船舶运输等方式为辅。据统计，全球 CO_2 管道长度在 2015 年已超过 8 000 km，其中美国拥有最大的份额（2015 年超过 7 200 km）。世界上比较典型的 CO_2 管道项目如表 5－1 所示。

表 5－1 世界上比较典型的 CO_2 管道项目

工程名称	长度/km	年份	陆地/海洋	国家
Canyon Reef Carriers	225	1971	陆地	美国
Quest	84	2012	陆地	加拿大
Qinshui	116	2006	陆地	中国
Weyburn	330	2008	陆地	加拿大
ROAD	25	2010	陆地/海洋	荷兰
Gorgon	9	2011	陆地	澳大利亚

其中，加拿大艾伯塔省斥资 4.7 亿美元用于建设一条新 CO_2 运输管道，该管道总长 330 km，建成后该管道将是世界上最长的 CO_2 运输管道，主要将化肥厂和埃德蒙顿附近的新鲟鱼精炼厂收集捕集的 CO_2 输送到艾伯塔省的油田并用于强化石油开采。壳牌集团在位于加拿大艾伯塔省的奎斯特 CCS 项目中修建了一条约 84 km 长的 CO_2 运输管道，通过这条管道将 CO_2 注入地下 2 000 米深处进行存储。

大庆油田在萨南东部过渡带进行了 CO_2－EOR 试验，建造了 6.5 km 的 CO_2 输送管道，将大庆炼油厂加氢车间的 CO_2 副产品输送至试验场地。这些管道遵循《油田油气集输设计规范》(GB 50350—2015)，属于油田内部的集输管道，不算真正的 CO_2 运输管道。2006 年中国和加拿大合作的“深煤层注入/埋藏 CO_2 开采煤层气技术研究项目”中建成了一条长约 116 km 的 CO_2 运输管道，这一项目具有重要的意义。

总体上来看，中国 CO_2 管道运输技术起步较晚，管道长度较短，管道设计水平有限，整体技术水平与西方发达国家相比存在较大差距。

3. 碳利用技术现状

(1) 物理利用技术现状

CO_2 物理利用技术不仅能够有效延缓 CO_2 的排放，还能在废物利用的基础上生成新的产品，同时显著提高制冷和暖通行业的能源利用效率。目前，CO_2 作为制冷剂主要应用于以下三个领域：热泵热水器、汽车空调和冷冻冷藏系统。

传统热泵通常使用氟利昂作为制冷剂，而 CO_2 热泵则以 CO_2 作为制冷剂。虽然两者工作原理相似，但存在一些差异。在传统热泵中，氟利昂制冷剂在冷凝器内由气态冷凝为液态，释放热量，而 CO_2 在超临界状态下不会冷凝为液态。

CO_2 热泵的主要优点如下。

① CO_2 热泵采用跨临界循环，其排气温度远高于传统热泵的 55 ℃，在高压侧的温度为 80～100 ℃。传统热泵无法提供高温热水，而 CO_2 热泵能够提供高达 90 ℃的高温热水。此外，热水和排气温度之间的传热温差很小，传热效率高，热泵制热系数也较高。

② 显著减少加热过程中所需的燃料用量。

③ 在寒冷地区，由于环境温度低，传统热泵的制冷量和效率会明显下降，使用效果较差。而 CO_2 热泵系统的出水温度受环境温度的影响非常小，即使在低温条件下，出水温度仍然很高。CO_2 热泵在节能方面具有巨大潜力，世界发达国家已经开始大力发展 CO_2 热泵系统。1996 年，世界上第一台 CO_2 热泵热水系统试验台在挪威 SINTEF 研究所的 Nesk 和 Petterson 热能实验室建成。在日本，热泵热水器已经逐渐成为市场的新宠，许多新建的小区和商业楼宇都将其作为首选的家庭供热中心。

目前，汽车空调中普遍使用的制冷剂是 R134a，这是一种氟利昂，对臭氧层具有较大的破坏作用。1997 年，84 个国家在日本签署了《京都议定书》，其中 R134a 被列为需要逐步淘汰的制冷剂。自从挪威 SINTEF 研究所的 G. Lorentzen 和 J. Petterson 等人首次提出 CO_2 汽车空调的概念以来，CO_2 汽车空调的优势迅速为大众所熟知，主要涉及以下几点。

① 安全环保，CO_2 不会像氟利昂那样泄漏后破坏臭氧层。

② 价格低廉，CO_2 作为制冷剂的成本相对较低。

③ CO_2 具有比其他制冷剂更高的单位容积制冷量，以及更优秀的传热和流动特性。这可以显著减小压缩机和整个系统的尺寸，使得制冷系统更加紧凑，更适合安装在车内有限的空间内。因此，奔驰、宝马、丰田、大众等众多世界知名汽车公司已经开始着手研发使用 CO_2 作为制冷剂的汽车空调系统。

（2）化学利用技术现状

尿素作为重要的农业肥料，在化学品市场中占有重要地位。每年有 2 万多吨的 CO_2 被用于合成药物中间体如水杨酸和碳酸丙烯酯等产品。氨合成尿素、碳酸氢铵、聚碳酸酯、碳酸二甲酯等是 CO_2 规模固定和利用较为成功的途径。

除了作为农业肥料，尿素还用于制药和其他化学品及聚合物的生产。四川泸天化股份有限公司采用 Flour 的 Eonamine 醇胺法碳捕集工艺，处理来自 NH_3 重整单元的废气，每天能捕集 160 吨 CO_2，这些 CO_2 被用于生产尿素。印度 Farmers Fertilizer Company 则采用 MHI（三菱重工）的 KS-1 醇胺法工艺，每天能捕集 900 吨 CO_2 用于尿素生产。

聚碳酸酯，也称为 PC 塑料，是一种含有碳酸酯基的高分子聚合物。它无色透明，是一种无定型的热塑性材料。聚碳酸酯广泛应用于多个领域，如 CD/VCD 光盘、树脂镜片、桶装水瓶、防弹玻璃、婴儿奶瓶、动物笼子、车头灯罩、行李箱、智能手机外壳等。从 2000 年到 2019 年，中国聚碳酸酯的需求量从 20 万吨/年增长到 250 万吨/年，年平均消费增速超过 14%。产量从 0.1 万吨/年增长到 120 万吨/年，自给率接近 50%。国内企业在聚碳酸酯生产技术上取得了显著进步，已经打破了国外技术的垄断，并拥有了完全自主的知识产权。CO_2 作为易捕获、价格低且无污染的 C1 资源，与环氧丙烷共聚合成的聚碳酸酯，对 CO_2 的过度排放问题有一定程度的缓解，并且 PPC 具有可降解的特殊性能，能够有效解决白色污染。

碳酸二甲酯作为一种重要的有机合成中间体，其分子结构中含有羰基、甲基和甲氧基等官能团，具备多种反应性能。它可以用作替代光气、氯甲烷、硫酸二甲酯等高毒性和危险性物质，进行羰基化、甲基化、甲酯化及酯交换等反应，广泛应用于电子化学品、医药、农药、染料、合成材料、油品添加剂、食品添加剂、车用燃料等领域。在生产过程中，碳酸二甲酯具有安全、低污染、易运输等优点。在碳酸二甲酯的生产中，所需的 CO_2 原料可以通过捕集工业过程中排放的 CO_2 来获得。这些 CO_2 来源广泛，可以包括燃煤电厂、钢铁厂、水泥厂等工业排放源。这不仅能减少工业生产中的 CO_2 排放，还能实现碳资源的循环利用，对减缓气候变化和推动可持续发展具有重要意义。

（3）生物利用技术现状

2006 年，一家美国公司设计了一套能够与 1 040 MW 电厂烟道气相连的 CO_2 捕集系统。该系统实现了电厂烟气的大规模回收利用，并通过微藻的光合作用吸收和固定 CO_2，成功地将微藻中的有机物提炼成生物“原油”。2013 年，中国石化石家庄炼化分公司建成了全国首个以炼厂 CO_2 废气为碳源的“微藻养殖示范装置”。该示范装置的 CO_2 吸收能力相当于森林的 10～50 倍，能够实现超过 20%的 CO_2 减排；同时，养殖的微藻为生物柴油的开发提供了原料基础，实现了循环利用。

CO_2 气肥技术是指从工农业生产的排气或大气中捕集 CO_2，将其浓度调节到适合农作物生长的范围，然后注入温室内以增强农作物的光合作用，从而实现增产的目的。我国的大棚种植面积位居世界第一，这项技术具有广阔的应用前景。研究表明，当 CO_2 浓度低于 50 ppm 时，光合作用会停止；而当 CO_2 浓度从 300 ppm（正常大气环境中的 CO_2 浓度）增加到 1 000 ppm 时，植物的光合作用效率可以翻倍。在其他条件不变的情况下，当 CO_2 浓度从 100 ppm 增加到 2 000 ppm 时，作物产量会逐渐提高。采用 CO_2 气肥技术后，可以带来以下五个好处：

① 农作物的光合作用显著增强，作物生长状况良好；

② 产量明显提升，尤其是瓜果类作物早期产量的增加尤为显著；

③ 农产品的内外品质显著提升，外观更佳，经济效益明显；

④ 可以有效提前上市时间，抢占市场先机；

⑤ 植株的抗病性显著增强，有效延长产品的贮藏时间。

此外，酶法催化 CO_2 制备高附加值化学品也是近年来研究的热点之一。甲酸，又称蚁酸，化学分子式为 HCOOH，是一种重要的化工原料，广泛应用于医药、皮革、染料、橡胶等行业。甲酸是酶法还原 CO_2 的重要产物或中间产物之一。研究显示，甲酸与 H_2 在相近的电位下可以被氧化，因而在制备低温燃料电池方面具有巨大的潜力。

5.2.2 CCUS 示范项目实践

近年来，中国 CCUS 示范工程的建设迅速发展，其数量和规模均有显著增长。CCUS 技术在各行各业和领域的应用更为广泛，这推动了能耗成本的持续降低。

1. 华能集团石洞口第二电厂碳捕集示范项目

位于上海的华能集团石洞口第二电厂碳捕集示范项目于 2009 年完工。该项目是由华能集团自主研发、设计并建成的国内首个燃煤电厂烟气 CO_2 捕集装置。

二期工程的脱碳装置及 CO_2 捕集和精制系统在 2009 年 12 月 30 日正式投运，总投资约为 1 亿元，且完全由国内自主设计生产。该装置的建成和投产开创了中国燃煤电站大规模 CO_2 捕集的先例，也标志着我国燃煤电厂的 CO_2 捕集技术和规模已达到世界领先水平。其技术原理主要是采用燃烧后捕集技术中的化学吸收法。化学吸收法也是目前国际上燃煤电站普遍采用的主流技术，该技术首先对燃煤电站排放的烟气进行脱硫、脱硝和除尘处理，然后利用 MEA 法脱除烟气中的 CO_2。

2. 陕西国华锦界能源有限公司 15 万吨/年 CCUS 示范工程

该示范工程位于陕西省榆林市，由中国化学工程第十四建设有限公司负责建设。该项目的 CO_2 捕集装置是国内规模最大、设计性能参数全球最优的。项目基于陕西国华锦界能源有限公司的 1 号 600 兆瓦亚临界机组，整合了新型吸收剂、增强型塑料填料、降膜汽提式再沸器、超重力再生反应器及高效节能工艺等新技术、新工艺和新设备，进行了先进的燃煤电厂化学吸收法 CO_2 捕集技术的研究和工业示范。在试运行期间，该项目成功实现了对燃煤电厂烟气中 CO_2 的大规模捕集，并连续生产出纯度为 99.5%的工业级液态 CO_2 产品。

该碳捕集工艺流程如图 5-7 所示。从 1 号机组脱硫塔出口抽取一定量的烟气送入烟气洗涤塔，烟气在洗涤塔内经过[烟气流量约为 10^5 m^3/h(标准状况)]洗涤降温和深度脱硫后由脱碳引风机送入吸收塔内，烟气中的 CO_2 被新型吸收剂(复合胺吸收剂)吸收。吸收塔中部配备了级间冷却器，该冷却器对吸收剂进行冷却降温，以提高吸收塔的吸收效率。脱除 CO_2 后的烟气从吸收塔顶部排出。吸收剂吸收 CO_2 后变为富液，富液中的 CO_2 和水蒸气混合气体从解吸塔顶部流出。经过气液分离器，CO_2 和水蒸气得以分离，可以获得纯度超过 99.5%的 CO_2 气体。高纯度的 CO_2 气体经过压缩机加压，压强达到 2.5 MPa，温度为 40 ℃。压缩后的 CO_2 气体在提纯塔内进行脱水干燥处理，然后依次进入过冷器和冷凝器。经过两次冷却，CO_2 温度降至 20 ℃以下，此时 CO_2 已完全液化，液化的 CO_2 被送入 CO_2 储罐储存。项目投运后，可实现 CO_2 捕集率超过 90%，CO_2 浓度大于 99%，整体性能指标达到国际领先水平。

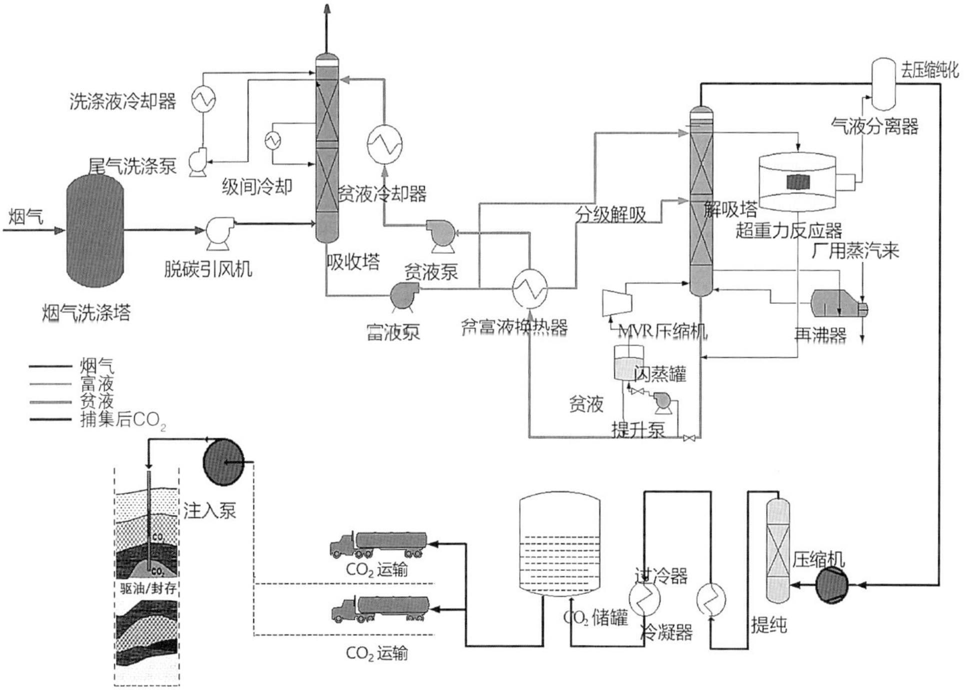

图 5-7 捕集装置采用的高效节能工艺(方圆，2021)

5.2.3 CCUS 相关政策解读

随着碳达峰、碳中和“1+N”政策体系的逐步建立，CCUS 政策体系也已初步形成。2021 年，中国经济社会发展的纲领性文件——《中华人民共和国国民经济和社会发展第十四个五年规划和 2035 年远景目标纲要》中首次提及了 CCUS 技术。此后，中共中央和国务院相继发布了《关于完整准确全面贯彻新发展理念做好碳达峰碳中和工作的意见》以及《2030 年前碳达峰行动方案》。各部委和地方政府也纷纷出台了与碳达峰、碳中和相关的政策文件，积极推动 CCUS 技术的研发、标准制定和融资等各项工作。截至 2022 年年底，中共中央和国务院已发布 70 余项与 CCUS 相关的政策文件，涵盖了规划、标准、路线图和技术目录等多个方面。

5.3 中国 CCUS 发展面临的挑战

尽管中国的 CCUS 技术发展迅速，但在当前阶段仍面临不少挑战，主要包括激励政策和监管措施不够完善、技术水平有待提高、有效的商业模式缺乏，以及源汇匹配存在困难等。这些问题使得 CCUS 技术的大规模商业化运行面临一定的难度。

1. 政策环境

在“碳达峰、碳中和”的国际大背景下，国家预计将出台针对 CCUS 技术的专项法律法规，这无疑将在政策层面有效激励 CCUS 技术的研发。税收政策将特别关注 CCUS 项目，通过多种政策手段为 CCUS 项目提供人才、资金、技术以及土地资源等方面的保障。随着时间的推移，这些配套的法律法规将不断更新和完善，势必朝着有利于 CCUS 技术发展的方向迈进。

2. 技术瓶颈

目前，许多 CCUS 技术是基于传统技术，或者是由传统技术升级后得到的。CCUS 技术能够推动传统能源的低碳化利用，例如，燃烧前碳捕集技术中的煤制氢技术，该技术将传统的化石能源——煤转化为清洁能源（氢气），在燃烧过程中几乎不产生任何污染物。与传统的天然气制氢技术相比，煤制氢技术的显著特点在于使用煤作为制氢的原料。

CCUS 技术还能有效促进新能源的高效利用。新能源在使用过程中不会排放 CO_2 等温室气体，因此，用新能源替代传统能源是实现 CO_2 减排的最佳途径之一。CCUS 技术的发展将对风电、光伏等项目产生重要推动作用。新能源企业将会积极发展新能源高效利用技术，力求在能效利用水平上达到最高标准。

3. 市场商业化挑战

中国的 CCUS 技术应用市场潜力巨大，随着煤、石油、天然气等化石能源消耗的逐年增长，预计到 2030 年，CO_2 排放量将达到约 120 亿吨，而 CCUS 技术可广泛应用于农业、石油、化工、食品、建材、消防等多个行业。

根据中石油研究院的估计，全国约有 130 亿吨石油地质储量适合 CO_2 强化采油。应用 EOR 技术后，油气开采率有望提高约 15%，这将有效增加油气产量约 19 亿吨，并实现存储(47～55)亿吨 CO_2。

CCUS 技术是目前最有潜力实现传统化石能源大规模低碳利用的技术之一，它能有效减少温室气体排放，为国家能源安全提供重要保障，并对国家的可持续发展产生深远影响。随着国内外各种示范项目的不断推进，CCUS 技术的新原理、新技术正在不断被探索和突破，相关工程经验也在不断丰富和完善，技术日趋成熟。大规模、可复制的全流程示范工程的陆续建成，为 CCUS 技术的发展提供了有力的技术支撑。

思考题

1. 请简述目前全球碳消费、碳排放现状。

2. 请说明 CCUS 技术由哪几个环节构成，这几个环节的作用是什么。

3. 请围绕国家政策简述中国 CCUS 的生态系统及其发展趋势。

4. 请说明我国 CCUS 主要围绕哪几方面进行布局，目的和现阶段成效如何。

5. 请举例说明在煤气化工艺中 CCUS 的前沿技术。

6. 请举例说明近年来中国 CCUS 典型示范项目的核心技术以及特点。

7. 我国 CCUS 体系的内涵是什么？我国目前的 CCUS 体系有哪些不足？应如何改进？

8. 就近 3 年中国 CCUS 示范工程的落地情况，请尝试从技术、能耗、产能和经济效益等方面对其中一个代表性工程分析其现状及优势。

参考文献

[1] 国际能源署. CO_2 emissions in 2022[EB/OL]. (2023)[2024-09-15]. 巴黎：国际能源署. https://www.iea.org/reports/co2-emissions-in-2022. 许可：CC BY 4.0.

[2] United Nations Climate Change. COP 28: What Was Achieved and What Happens Next?

[EB/OL]. [2024－09－21]. https://unfccc.int/cop28/5-key-takeaways.

[3] Yelishala S C, Kannaiyan K, Sadr R, et al. Performance maximization by temperature glide matching in energy exchangers of cooling systems operating with natural hydrocarbon/CO_2 refrigerants[J]. International Journal of Refrigeration, 2020, 119: 294－304.

[4] 中国环境科学研究院. 碳捕获、利用与封存(CCUS)技术发展现状及应用展望. [EB/OL]. (2021－07－15)[2024－06－30] https://www.craes.cn/xxgk/zhxw/202107/t20210715_847263.shtml.

[5] 李小松. 加快规模化发展应对CCUS成本挑战[N]. 中国石油报,2022－03－29(005).

[6] 华强森,汪小帆,克林特·伍德,阿拉什戴尔·汉密尔顿和廖绪昌. “中国加速迈向碳中和”之七: 碳捕集利用与封存技术(CCUS)[EB/OL]. [2024－06－30] https://www.mckinsey.com.cn/%e4%b8%ad%e5%9b%bd%e5%8a%a0%e9%80%9f%e8%bf%88%e5%90%91%e7%a2%b3%e4%b8%ad%e5%92%8c%e4%b9%8b%e4%b8%83%ef%bc%9a%e7%a2%b3%e6%8d%95%e9%9b%86%e5%88%a9%e7%94%a8%e4%b8%8e%e5%b0%81%e5%ad%98/.

[7] McLaughlin H, Littlefield A A, Menefee M, et al. Carbon capture utilization and storage in review: Sociotechnical implications for a carbon reliant world[J]. Renewable and Sustainable Energy Reviews, 2023, 177: 113215.

[8] 张贤,杨晓亮,鲁玺,等. 中国二氧化碳捕集利用与封存(CCUS)年度报告(2023)[R]. 中国21世纪议程管理中心,全球碳捕集与封存研究院,清华大学. 2023.

[9] 杨永明. 依托油气行业拓宽发展优势[N]. 中国电力报,2023－11－29(004).

[10] 周利. 二氧化碳基脂肪族聚碳酸酯的合成及可控研究[D]. 西安石油大学,2023. DOI: 10.27400/d.cnki.gxasc.2023.000364.

[10] 冯凌冲. 微藻转化利用电厂烟气 CO_2 的细胞三维结构解析及环境适应机制[D]. 杭州: 浙江大学,2023.

[11] 焦树建. IGCC技术发展的回顾与展望[J]. 电力建设,2009,30(1): 1－7.

[12] 侯林,冯金金,牛彦春,等. 我国首个百万吨级CCUS项目建成投运[N]. 淄博日报,2022－09－14(001).

[13] 任永强,车得福,许世森,等. 国内外IGCC技术典型分析[J]. 中国电力,2019,52(2): 7－13.

[14] 郭军军,张泰,李鹏飞,等. 中国煤粉富氧燃烧的工业示范进展及展望[J]. 中国电机工程学报,2021,41(4): 1197－1208.

[15] 郑楚光,赵永椿,郭欣. 中国富氧燃烧技术研发进展[J]. 中国电机工程学报,2014,34(23): 3856－3864.

[16] 桂霞,王陈魏,云志,等. 燃烧前 CO_2 捕集技术研究进展[J]. 化工进展,2014,33(7): 1895－1901.

[17] Santos S. Oxy-coal combustion power plant with CCS current status of development[C] // 7th Dutch CCS Symposium. 2014.

[18] 刘建武. 二氧化碳输送管道工程设计的关键问题[J]. 油气储运,2014,33(4): 369－373.

[19] 肖永清. 我国聚碳酸酯市场前景分析[J]. 化学工业，2010，28(11)：15-17.
[20] 赫然，苏伟，李嘉. 我国碳捕集项目现状[M]. 北京：中国气象报社，2010.
[21] 方圆. 落实“双碳”目标化工建设企业大有可为：陕西国华锦界 15 万 t/a 二氧化碳捕集(CCS)示范工程建设纪实[J]. 石油化工建设，2021，43(5)：1-5.

第 6 章

“双碳”与碳排放标准体系

在人类社会的发展历程中，能源环境问题始终是一个核心议题。随着工业革命的兴起和全球经济的飞速发展，人类对能源的需求持续上升，同时对环境造成了巨大压力。二氧化碳等温室气体的排放导致全球气候变暖，极端气候事件频发，给人类社会带来了前所未有的挑战。面对这些挑战，各国政府、国际组织和企业纷纷采取措施，推动能源结构的转型和环境保护。在此背景下，碳排放标准成为衡量和减少温室气体排放的重要工具。

在环境保护方面，碳排放标准是衡量和减少温室气体排放的关键。通过设定具体的碳排放目标、实施严格的监管措施以及推广低碳技术和清洁能源，企业被激励和约束在生产经营活动中降低碳足迹，从而提高能源利用效率和优化能源结构。这不仅有助于减轻全球气候变暖的压力，还能为企业带来长期的竞争优势和市场认可。2024 年 7 月 30 日，国务院办公厅印发了《加快构建碳排放双控制度体系工作方案》（以下简称“方案”），将碳排放指标及相关要求纳入国家规划，建立健全地方碳考核、行业碳管控、企业碳管理、项目碳评价、产品碳足迹等政策制度和管理机制，并与全国碳排放权交易市场有效衔接，构建系统完备的碳排放双控制度体系，为实现“双碳”目标提供有力保障。根据方案，“十五五”时期，将碳排放强度降低作为国民经济和社会发展的约束性指标，开展碳排放总量核算工作，不再将能耗强度作为约束性指标。

6.1 国际碳排放标准的发展与趋势

碳排放是指释放到大气中的温室气体的总称，其中“碳”通常指的是 CO_2。温室气体的排放对地球和人类可能产生灾难性的影响，这一点已得到大多数学者和国家政府的认同。在这些温室气体中，CO_2 占据主要地位，因此，“碳排放”常被简化为“CO_2 排放”。社会对控制碳排放和实现碳中和的认知正在成为文化基础，这表明人们正在意识到自己的行为对地球环境的影响，并积极寻求解决方案。

气候变化是一个全球性的挑战，其无国界的特点要求各国共同采取行动。解决碳排放问题需要国际合作。研究和采用国内外通用的碳排放标准，有助于建立一个统一的评估体系，使得不同国家、地区和行业之间的碳排放数据具有可比性，为全球提供一个公平和准确的评估基准。这有助于比较和交流各国的经验和最佳实践，促进国际合作，共同推进碳减排行动。

企业是实现碳中和的关键参与者，理解和遵守国内外通用的碳排放标准至关重要。这不仅有助于提升企业的可持续性和竞争力，还能推动企业成为低碳经济的先行者，从而获得更多商机和利益。通用的碳排放标准为企业提供了一个明确的指导原则，激励它们在减少碳排放方面进行创新和研发。通过研究国内外通用的标准，了解不同地区和行业的最佳实践，可以促进技术创新和经验分享，推动绿色技术和解决方案的发展。

如图 6－1 所展示的数据显示，1750—2022 年，全球人均二氧化碳排放（碳排放）总体上呈现稳定增长的趋势，增长幅度约为 20%。具体数据显示，2022 年全球人均碳排放量为 4.4 吨，其中，中国的人均碳排放量为 8.8 吨，虽然低于美国，但高于英国和印度。中国自 2003 年以来，人均碳排放量显著增加，并于 2006 年超过了全球平均水平。然而，自 2013 年起，中国的人均碳排放增速明显减缓，直至 2017 年又有所回升。

图 6－1 人均二氧化碳排放量(Hannah Ritchie et al. ,2024)

在分析全球主要经济体的人均碳排放水平时，发现尽管某些国家的排放量维持在较高水平，但总体上呈现下降趋势。这种变化与各国政府积极制定和执行的气候变化应对政策紧密相关，例如推行气候与能源综合计划等措施。这些政策的制定和执行不仅体现了各国政府对气候变化问题的重视，也展现了国际社会在碳减排方面的协同努力和积极行动。通过上述政策，各国正在致力于减少温室气体排放，以减轻气候变化的影响，并为全球可持续发展作出贡献。

同时，在讨论人均碳排放问题时，我们还应考虑到“人均历史累计碳排放”，因为温室气体浓度的增加是长期历史排放累积的结果。这一指标有助于更全面地理解各国对气候变化的影响和责任。

人类排放的二氧化碳和其他温室气体是全球气温上升的主要驱动因素。这种全球气温与温室气体浓度（特别是二氧化碳）之间的联系，在地球历史上一直存在。如图 6－2 所示，以 1961—1990 年的平均气温作为基线，可以观察到全球平均温度相对于这一基线的变化。自那时以来，全球平均气温已经上升了 0.8 ℃。而回溯到 1850 年，那时的气温比基线低了约 0.4 ℃。因此，与工业化前的水平相比，全球的总温度已经上升了约 1.2 ℃。

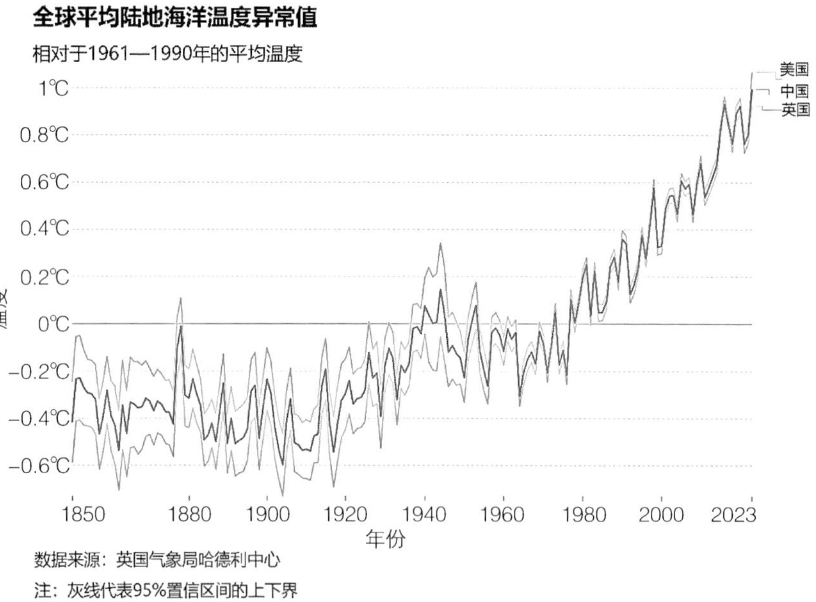

图 6－2　全球陆地年平均温度变化曲线（Hannah Ritchie et al.，2024）

碳排放核算标准的快速发展体现了国际社会对气候变化问题的重视，同时也展示了各领域在碳减排工作上的积极努力。这些标准，如《温室气体核算体系》

(greenhouse gas protocol,GHG Protocol)、ISO 14064 系列和 PAS 2050 等,为不同的应用主体提供了适用的方法和工具。它们的多样性和细化度有助于推动碳减排目标的实现,促进全球碳市场的发展,以及碳减排工作的深入推进,为构建更可持续的未来做出重要贡献。碳排放评价标准则是用于衡量产品、服务、项目或组织的碳排放水平的指南或规范。这些标准提供了一种标准化的方法来计量和报告碳排放,帮助量化并比较不同活动的环境影响,从而促进碳减排和可持续发展。

ISO 14064:它是国际标准化组织(ISO)制定的一系列标准,其中包括 ISO 14064 - 1(针对组织的温室气体排放清单的设计、开发、管理、报告和验证)和 ISO 14064 - 2(规定了项目层面温室气体减排和清除增加的量化、监测和报告的规范)。

GHG Protocol:其是由世界资源研究所(WRI)和世界可持续发展工商理事会(WBCSD)共同开发的温室气体协议。它提供了全球通用的温室气体排放计量和报告方法。

PAS 2050:其是一个由英国标准协会(BSI)发布的标准,旨在为评估产品或服务的整个生命周期内的温室气体排放提供指导。这个标准允许组织进行环境影响评估,以确定如何减少和管理产品的碳足迹。生命周期是指一个产品或服务从原材料采集、生产、运输、使用、维护、废弃处理到最终回收或处置的全过程。碳足迹则是指一个特定活动、产品或服务在其整个生命周期内直接或间接产生的温室气体排放总量,这些温室气体主要包括二氧化碳(CO_2)、甲烷(CH_4)、氧化亚氮(N_2O)等,对全球气候变暖有着重要影响。

碳信托(carbon trust standard):其是由英国的 Carbon Trust 机构提供的认证标准,旨在评估和认证组织在碳排放减少措施和低碳实践方面的可信度和效果。

这些碳排放评价标准为组织提供了一套方法,帮助其测量、管理和报告碳足迹,从而实现减少碳排放的目标。根据不同的需求和行业背景,不同的标准可能具有更高的适用性。因此,在实施碳排放评估时,建议参考并遵守相关的碳排放评价标准。

研究国内外通用的碳排放标准对于促进全球合作、提高企业竞争力、推动创新和技术进步具有重要意义,能够为实现碳中和和可持续发展目标做出重要贡献。这不仅有助于应对气候变化带来的挑战,还能够推动经济的繁荣和社会的进步。

6.1.1 国际碳排放标准的历史演变

碳排放核算是碳减排量计算和碳交易的基础,已经得到了国际权威组织的广泛认可和支持,包括世界资源研究所(WRI)、英国标准协会(BSI)、国际标准化组织(ISO)和世界可持续发展工商理事会(WBCSD)等(表 6 - 1)。这些组织发布的相关标准涵盖了国家、企业(或组织)、产品和服务、个人等多个层面,为全球应对气候变化提供了科学、规范的指导和支持。

表 6-1 国际碳排放评价相关标准

核算层面	标准或规范名称	发布时间	适用范围	制定组织	核 算 方 法
终消耗碳排放	ISO 14064	2006 年	企业、项目	ISO	对企业或项目现有终端排放源的监测和审计
	GHG Protocol	2004 年	企业、项目	WRI/WBCSD	
全生命周期碳排放	PAS 2050	2008 年	产品、服务	BSI	建立数据和模型,对产品/服务全生命周期碳排放进行核算
	ISO 14040/14044	2006 年	产品、服务	ISO	
	Product and Supply Chain GHG Protocol	2004 年	产品、服务	WRI/WBCSD	
	ISO 14067	2013 年	产品、服务	ISO	

1997 年,《京都议定书》的通过标志着全球合作在应对气候变化方面迈出了重要一步。该议定书限制了发达国家的温室气体排放,为全球气候变化问题的解决提供了实质性的框架和行动方向(图 6-3)。此外,欧洲国家引入碳税政策的举措也彰显了其对环境可持续发展的高度重视,以及为应对气候问题而采取的积极行动。

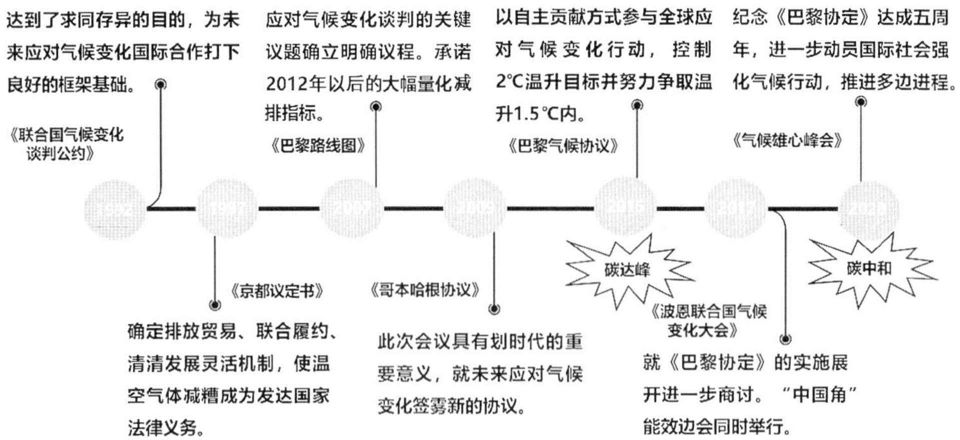

图 6-3 国际碳排放标准

碳税政策的实施为欧洲国家带来了环境和经济上的双重效益。2005 年，欧洲成立的碳排放交易体系及其在不同阶段采取的配额分配方法，展现了创新的碳减排机制。这一机制为企业和国家提供了更多的灵活性和激励措施，有效促进了碳减排工作的推进。

这些举措不仅在环境保护方面取得了显著成效，也为全球范围内的气候行动树立了典范。然而，我们也应清醒地认识到，气候变化问题依然严峻，需要国际社会更加全面、深入的合作和行动。因此，希望未来国际社会能够进一步加强合作，制定更加严格和有效的政策措施，共同应对气候挑战，为我们的地球和未来世代创造一个更加美好的环境。

自 1998 年签署《京都议定书》并于 2002 年正式加入以来，中国一直在全球气候变化问题上承担着国际责任。特别是自 2011 年发布《关于开展碳排放权交易试点工作的通知》以来，中国政府高度重视碳排放权交易市场的发展，致力于建立全国统一的碳排放权交易体系。中国选择以发电行业为突破口，建立了碳排放交易市场，预计纳入的碳排放总量将超过 30 亿吨，有望成为全球最大的碳交易市场。中国已在北京、天津、上海、重庆、湖北、广东、深圳、福建等地开展碳排放权交易试点，截至 2024 年年底，全国碳排放权交易市场配额累计成交量 6.3 亿吨，累计成交额 430.33 亿元。这些数据显示了中国在碳交易市场建设方面取得的显著成绩。中国的碳排放交易举措不仅有助于减缓气候变化，还为国家经济的可持续发展提供了新的机遇。通过建立碳市场，中国能够激励企业采取减排措施，促进经济结构转型和绿色发展。

总的来说，中国在碳排放交易领域的努力和成就彰显了其在全球气候治理中的积极作用和责任担当，为全球碳减排事业做出了重要贡献。

2015 年巴黎气候大会上，国家主席习近平在开幕式上发表讲话，明确指出中国将积极落实创新、协调、绿色、开放、共享的新发展理念，致力于构建人与自然和谐发展的现代化建设新格局。在“国家自主贡献”中，中国郑重提出，将于 2030 年左右使二氧化碳排放达到峰值，并争取尽早实现这一目标。同时，中国还承诺到 2030 年，单位国内生产总值二氧化碳排放将比 2005 年下降 60%～65%，非化石能源在一次能源消费中的比重将达到 20%左右。2020 年 9 月，国家主席习近平在联合国大会上再次发表重要讲话，并代表中国再次作出承诺，即争取在 2060 年前实现碳中和目标。

6.1.2 碳排放的核算体系与标准

ISO 14064 系列标准的发布标志着全球在温室气体排放量核查验证方面迈出了重要的一步（表 6-1），为统一温室气体资料和数据管理、汇报和验证模式提供了框架和指导。

ISO 14064 系列标准的实施，使得组织和项目能够更加准确、透明地核查和报告温室气体排放量，从而确保数据的一致性和可信度。这一标准的三个部分全面涵盖了组织、项目以及温室气体声明验证和确认的各个方面，为政府、工业界以及各个层次的温室气体管理和减排工作提供了明确的指导和要求。

通过采用 ISO 14064 标准中标准化的方法计算和验证排放量数值，可以提高温室气体减排措施的有效性，并为国际碳市场的发展奠定可靠的基础。它不仅有助于政府和企业更好地了解和控制自身的温室气体排放情况，还促进了全球温室气体减排和碳交易市场的健康发展。

ISO 14064 标准的制定和实施，在全球范围内统一了温室气体的测量、监测、报告和验证流程，极大地消除了温室气体排放声明中的不确定性。这确保了无论是在世界的哪个角落，温室气体的测量方式都是一致的，从而有助于建立全球温室气体交易市场，并推动全球气候变化治理的进程。因此，ISO 14064 标准的发布标志着全球在温室气体管理和减排方面迈出了关键的一步。

《温室气体核算体系》(GHG Protocol)，又称“温室气体议定书”，是世界资源研究所和世界可持续发展工商理事会长达十年联合协作的成果。这一体系为政府、商界和环保团体提供了一个权威且有影响力的应对气候变化的工具。它不仅涵盖了《京都议定书》中规定的六种温室气体，还将排放源细致划分为直接排放、间接排放和其他间接排放三类，有效避免了重复计算的问题。该体系为全球应对气候变化问题提供了重要的指导和支持，通过提供全面的框架和指南，几乎涵盖了所有温室气体度量标准和项目计算框架，有助于统一全球温室气体的度量方法，提高了温室气体排放数据的可比性和可信度。

《温室气体核算体系》包括两部分内容：一是温室气体议定书企业核算与报告准则，为企业提供了一套系统化的步骤指南，用于量化和报告其温室气体排放量；二是温室气体议定书项目量化准则，为项目提供了量化温室气体减排效益的指南。这两部分内容的发布，显著提升了温室气体管理的透明度和可信度，降低了核算成本，并为企业和组织参与自愿性或强制性碳减排制度提供了坚实的数据基础。

此外，该议定书还构成了国际标准化组织 ISO 14064(2006)的基础，借鉴了财务核算的标准做法，明确了企业不同排放源或设施的排放责任。这种标准化的方法不仅助力发展中国家商业机构在全球市场中提升竞争力，还辅助政府机构做出更具洞察力的气候变化决策，进而激励企业和项目采取更加积极主动的减排措施。

ISO 14064 和 GHG Protocol 在全球范围内得到了广泛应用，同时也成为中国发布企业温室气体核算指南和标准的重要参考。此外，针对产品和服务的温室气体核算，还有 PAS 2050、ISO 14040/14044、Product and Supply Chain GHG Protocol 以及 ISO 14067 等四个重要标准。

其中，PAS 2050 是一项明确且提供具体公开计算方法的标准，因其在产品碳足迹评价方面的广泛应用而备受瞩目。该标准规定了企业到企业(B2B)和企业到消费者(B2C)两种评价方法，使企业能够通过计算碳足迹来全面评估其产品和服务的生命周期，从而更有效地应对气候变化的挑战。PAS 2050 得到了碳信托基金和英国环境、食品和乡村事务部(DEFRA)的大力支持。

在评估商品和服务生命周期内的温室气体排放时，需涵盖制造/建立、改变、运输、储存、使用、提供、再利用或处置等各个环节所产生的排放。通过全面评估，企业能够找到有效减少整个产品系统碳排放的方法。

PAS 2050 规范是在现有的遵循 ISO 14040 和 ISO 14044 标准的生命周期评估方法基础上建立的。它确保了评估的一致性和准确性，通过明确规定各种商品和服务在生命周期内温室气体(GHG)排放的标准实施过程。此外，PAS 2050 还制定了针对 GHG 评估关键方面的详细原则和技术手段，包括 B2B 和 B2C 商品和服务 GHG 排放评价数据的使用、温室气体排放范围和全球增暖潜势数据的标准化、处理土地利用变化及生物和化石碳源排放的方法、产品中碳储存影响的处理和抵消机制、特定工艺中 GHG 排放的处置要求，以及可再生能源排放的数据要求和解释。

值得注意的是，除了 PAS 2050 之外，还有两个针对产品碳足迹的国际标准正处于草案阶段，这些标准的制定将进一步推动全球范围内产品碳足迹评估的标准化和规范化。

6.1.3 国际碳排放现状与未来趋势

世界的碳排放在不同历史时期呈现出的趋势和结构各有特点。自 19 世纪中叶至 20 世纪初，第一次工业革命和第二次工业革命带来的技术革新促使内燃机和电气化的广泛应用。在新技术的推动下，经济快速发展，但同时也加大了对煤炭、石油等能源的消耗，导致碳排放总量的持续增加。进入 21 世纪的前十年，以中国为代表的发展中国家经济迅速崛起，全球碳排放增长显著。然而，随着全球极端气候事件的频发，应对气候变化逐渐成为全球共识，世界各国开始加大力度管理控制本国温室气体排放。自 2010 年后，全球碳排放总量增速放缓，2019 年，世界碳排放增速接近于零，呈现出阶段性转折。2020 年，新冠疫情导致世界各国经济停摆，碳排放出现了负增长，但 2021 年又有所回升。

在世界碳排放总量增速放缓的大背景下，发达经济体与新兴经济体的碳排放现状和排放前景存在较大差异。发达经济体由于早已完成工业化进程，步入后工业化时代，因此碳排放早在20世纪80年代就已达峰，并在随后保持平稳。而新兴经济体由于早期仍处于农耕时代，进入工业文明的时间比发达国家晚了上百年，碳排放仍处在攀升阶段。因此，造成了碳排放峰值的时间差异。

人类的生活、生产活动必然伴随着CO_2排放，但并不会一开始就对气候变化构成挑战。在人类历史上，经历了漫长的农耕文明时期，当时生产力极为有限，没有现代化的机器设备来提高生产效率，因此能源消耗并不高。然而，随着两次工业革命的兴起，科学技术得到了迅猛发展，从蒸汽机的发明到电气化的广泛应用，各种新技术层出不穷。科技的进步推动了经济的迅速增长，但同时也带来了对电力、煤炭、石油等能源的极大需求，从而导致碳排放总量的增加。进入21世纪以来，尽管全球温室气体排放量仍在持续增加，但各国对应对气候变化的认识不断增强，纷纷加强了对温室气体排放的管控。因此，全球碳排放增速有所放缓。

1. 世界碳排放总量持续增加，但最近十年碳排放增速放缓

经济发展带来CO_2排放量持续增长。根据英国石油(BP)公司的数据，全球CO_2排放量从1965年的111.9亿吨持续快速增加至1973年的163亿吨，短短八年内增速达到了46%，平均年增速为4.8%。1973—1975年，世界经历了第一次石油危机，能源消耗减少，导致这一阶段碳排放总量未增反降，出现小幅回落。石油危机过后，碳排放恢复增长，从1975年的162亿吨增加至1979年的185亿吨，增长了14%。1979—1983年，受战争影响，世界能源供应再次紧张，碳排放总量基本持平，略有下降，维持在180亿吨左右。随着战争结束至2000年前，碳排放总量继续增长，但增速放缓，从1983年的181亿吨增加至2000年的236亿吨，平均年增速为1.6%。2001—2008年，由于中国经济的迅速崛起，全球碳排放总量从239亿吨增至303亿吨，平均增速为3.4%，再次进入快速增长阶段。2008年，美国次贷危机引发全球金融海啸，导致世界经济停滞，全球碳排放量也随之短暂下降。

2010年以来，碳排放进入新的低增长周期。世界经济自2010年开始复苏，至2019年，全球碳排放从310.28亿吨增加至340.95亿吨，增长了9.9%，但年平均增速已下降至1.1%。在此期间，全球各国在应对气候变化方面采取了多项制度安排和降碳机制，同时，可再生能源的迅速发展、煤炭消费比重的显著降低以及全球森林碳汇的增加，共同推动了全球二氧化碳排放增速的减缓。2020年，新冠疫情对全球经济造成巨大冲击，经济封锁、制造业和服务业停滞以及全球供应链断裂，导致全球碳排放总量显著下降至320.7亿吨，同比减少了5.9%。然而，随着疫情后经济的复苏，2021年全球碳排放量又有所回升。

2. 七个国家的碳排放超过了全球碳排放的2/3

2020年和2021年，世界主要碳排放国家和地区——美国、中国、欧盟、印度、俄罗斯、印度尼西亚和巴西这七大经济体，分别贡献了全球温室气体排放的 67%和 68%。

总体来看，这七大经济体的碳排放量从 2020 年的 216 亿吨增长至 2021 年的 230 亿吨，增幅达到 6.4%。具体而言，中国碳排放量为 105 亿吨，占比 46%。紧随其后的是美国，2021 年碳排放量为 47 亿吨，占比 20%。欧盟位列第三，碳排放量为 27 亿吨，占比 12%。其余碳排放大国依次为印度、俄罗斯、印度尼西亚和巴西。他们在 2021 年分别排放了 25 亿吨、15 亿吨、5 亿吨和 4 亿吨 CO_2，占这七大经济体总体碳排放量的比例分别为 11%、7%、2%和 2%。

6.2 国内碳排放标准的演变及国际比较

6.2.1 国内碳排放标准的制定历程

近年来，中国碳排放的发展历程呈现出鲜明的阶段性特征，这一历程与国家政策导向、经济发展模式及技术革新紧密相连。总体来看，中国的碳排放量经历了从平稳增长到高速增长，再到波动达峰的三个阶段。

平稳增长阶段(1991—2001 年)。在 1991—2001 年加入 WTO 期间，中国的碳排放量从 22.4 亿吨增长至 33 亿吨，排放总量增加了 34%，年均增速保持在 3.8%。这一时期，中国的碳排放增长相对平稳，主要受到经济规模扩张速度较慢以及能源利用效率较低的影响。

高速增长阶段(2002—2012 年)。自 2002 年加入 WTO 后，中国工业蓬勃发展，迅速成为“世界工厂”。随着工业化、城镇化进程的加快，能源需求急剧增加，碳排放量也随之快速增长。到 2012 年，中国的碳排放量增长至 90.8 亿吨，增长了 1.8 倍，年均增速高达 9.8%。这一时期，中国的碳排放量占全球碳排放量的比重不断上升，成为全球最大的碳排放国。

波动达峰阶段(2013 年至今)。党的十八大以来，以习近平同志为核心的党中央提出并深入贯彻创新、协调、绿色、开放、共享的新发展理念，积极推进构建清洁低碳、安全高效的能源体系。在这一背景下，全国碳排放增速明显趋缓。2013—2019 年，全国碳排放总量增加了 7.9%，年均增速降至 1.1%。尽管排放量仍在增长，但增速已显著放缓，预示着中国碳排放即将进入峰值平台。

为了更精确核算碳排放量并促进碳排放权交易市场的有效运作，国家相关部门发布了一系列碳排放核算方法与指南(图 6-4)。其中，2020 年 4 月北京市生态环境局发布的《北京市排放单位二氧化碳排放核算和报告指南》为企业和产业园区提供了详细的碳排放核算流程和方法，确保了数据的准确性和可靠性。这一指南的发布对中国碳排放核算工作的标准化、规范化具有重要意义。

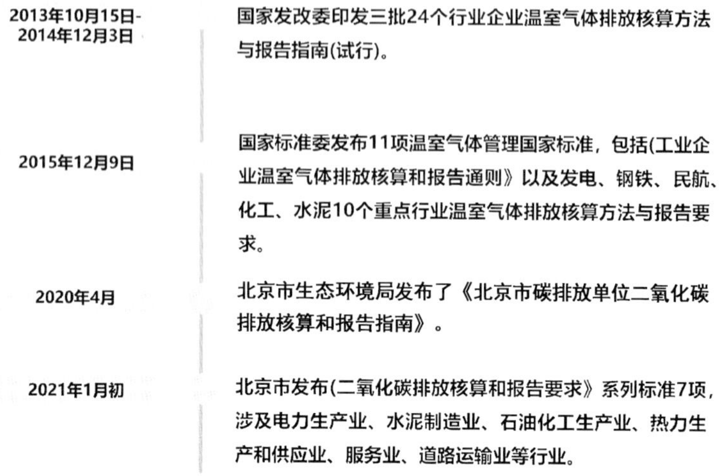

图 6-4　中国碳排放核算标准发展历程

此外，为实现“2030 年前碳达峰、2060 年前碳中和”的宏伟目标，中央政府自 2020 年底以来发布了一系列政策，如《新时代的中国能源发展白皮书》和《2021 年政府工作报告》等，明确提出节能减排、发展可再生能源、推广新能源汽车等具体措施。地方政府也积极响应，出台相关政策推动本地区碳排放量的减少和低碳经济的发展。

综上所述，中国碳排放的发展历程体现了从高速增长到逐步放缓的趋势，这一趋势与国家政策、经济发展模式及技术创新密切相关。未来，随着“双碳”目标的深入实施和碳排放核算工作的不断完善，中国有望在碳减排方面取得更大成效，为全球应对气候变化做出积极贡献。

6.2.2　现行国内碳排放标准解析

随着中国“碳达峰”与“碳中和”目标的提出和深入推进，我国已构建起碳排放标准体系，这为促进绿色低碳转型和实现减污降碳协同效应提供了关键支撑。本小节将详细解读我国现行的碳排放标准体系，剖析其现状，指出存在的问题，并对未来的发展路径进行展望，旨在为深入认识中国碳排放标准体系提供参考。

(1) 国内碳排放标准体系建设现状

自 2014 年 4 月全国碳排放管理标准化技术委员会成立以来，我国碳排放标准体系建设取得了显著成就，初步构建了涵盖多个领域的标准体系框架。该体系以国家、行业、地方、团体和企业标准五个层级为基础，并涵盖了基础标准、监测标准、风险管控标准、排放标准和管理规范标准等五种类别。

① 温室气体管理评估：已发布和正在制定的国家标准包括温室气体核算与报告、核查、企业碳管理、低碳产品、单位产品碳排放限额等，共计 46 项。这些标准为碳排放管理提供了基础性指导，例如，2015 年发布的国家标准《温室气体排放核算与报告要求》(GB/T 32151—2015)系列标准，涵盖了发电、钢铁、民航、水泥、化工等行业，为企业进行温室气体排放核算和报告提供了统一的方法和规范。

② 新能源和可再生能源：涵盖太阳能、风能、氢能、生物质能、新能源汽车、核能、海洋能等领域，已发布和正在制定的国家和行业标准超过 900 项。这些标准推动了清洁能源的发展和利用，例如，中国技术经济学会于 2021 年批准发布的《光伏发电站建设碳中和通用规范》和《光伏发电站运营碳中和通用规范》等团体标准，为光伏发电站的低碳发展提供了技术指导。

③ 节能：涉及能源、电力、工业、建筑等多个行业，已发布和正在制定的国家标准和行业标准超过 300 项。2019 年国家发布的《水泥制品单位产品能源消耗限额》等强制性标准，为提高能源利用效率提供了技术支撑，对高耗能行业的能源消耗进行了严格管控。

④ 减排：涉及资源循环利用、污染治理、生态修复等方面，已发布和正在制定的国家标准 164 项、行业标准 139 项、团体标准 70 项。这些标准推动了源头治污和减污降碳协同增效，例如，自 1997 年起实施的《工业窑炉大气污染物排放标准》等标准，将污染治理与碳排放控制相结合，实现了减污降碳协同增效。

⑤ 生态碳汇：国家在造林技术规范、项目审定核查、碳汇计量和监测等方面，已发布和正在制定的国家标准 6 项、行业标准 34 项、地方标准 16 项。这些标准为生态碳汇的核算和管理提供了技术支撑，例如，北京市发布的《林业碳汇计量监测技术规程》(DB11/T 953—2013)地方标准，为森林碳汇的监测和评估提供了科学依据。

⑥ CCUS：目前仅发布 CCUS 国家标准 1 项，正在制定 1 项，行业标准 7 项，主要集中在燃煤烟气二氧化碳捕集装备及其调试运行等方面。CCUS 技术是实现碳中和的重要手段，但相关标准体系仍需进一步完善。

⑦ 绿色金融和碳交易机制：现阶段中国在此方面仍处于起步期，目前仅有 1 项国家标准，以及不超过 20 项的行业标准和地方标准。绿色金融和碳交易机制是推动“双碳”目标实现的重要手段，相关标准体系的建设至关重要。

(2) 现行碳排放标准体系存在的问题

尽管中国碳排放标准体系建设取得了长足进步，但仍存在一些问题，如顶层设计和统筹机制不完善。标准体系的制定往往涉及多个部门，存在行业交叉和内容重复等问题，缺乏统筹规划和协调机制。例如，不同部门制定的碳排放核算标准存在差异，导致企业无所适从。

① 政策与标准发展不协调：标准制定周期较长，可能导致相关政策调整与标准发展脱节。随着“双碳”目标的提出，部分现有碳排放标准已无法满足新的管理需求。

② 技术研发与标准结合不紧密：新型节能降碳技术的研发与碳排放标准体系的制定存在一定的时间差，难以完全支持新技术的普及和应用。部分先进的低碳技术由于缺乏相应的标准规范，难以在市场上推广应用。

③ 标准体系系统性不足：现行标准体系主要以自愿性和推荐性标准为主，缺乏强制性标准和技术法规，难以有效约束企业行为。高耗能企业由于暂时缺乏碳排放强制标准，难以有效控制碳排放。

④ 先进技术支撑不足：碳排放自动在线监测技术成熟度有待提升，同时减污降碳协同治理技术也缺乏支撑。一些重点污染源尚未安装碳排放自动在线监测设备，导致碳排放数据难以准确获取。

(3) 未来发展方向与建议

为构建完善的碳排放标准体系，推动“双碳”目标实现，需要从以下几个方面加强工作：

① 强化顶层设计和统筹机制：建立健全碳排放标准化工作机制，加强部门间协调，形成统一的标准体系框架。成立国家层面的碳排放标准化领导小组，统筹协调各部门的碳排放标准制定工作。

② 加强政策与标准的衔接：及时跟踪政策调整，确保标准与政策目标相一致。例如，建立政策与标准联动机制，确保标准能够及时反映政策导向。

③ 加快急需技术标准制定：加快研发并制定生态系统固碳和增汇的技术标准，以及直接空气捕捉等技术标准，让标准在碳中和技术创新和应用等领域发挥引领作用。设立碳排放标准专项基金，支持相关标准的研究和制定。

④ 完善绿色产品认证制度：构建全面的绿色产品评估标准体系，加快标准化支持机构的发展，推进绿色产品认证与标识制度建设。搭建绿色产品认证信息平台，向消费者提供便捷的绿色产品信息检索服务。

⑤ 构建绿色金融标准体系：健全碳市场标准体系，制定碳排放配额分配、调整、清缴、抵消等标准，完善绿色金融、可持续金融标准体系。制定绿色金融产品和服务标准，引导金融机构加大对绿色产业的支持力度。

⑥ 促进国际交流与合作：积极参与碳排放、节能减排、新能源、碳汇、CCUS 等

领域的国际标准制定，加强在新能源、电气设备、节能环保等行业国际标准的探讨与制定。加入国际标准化组织的有关技术委员会，积极参与国际碳排放标准的制定过程。

构建完善的碳排放标准体系是实现“双碳”目标的重要保障。中国已初步形成了涵盖多个领域的碳排放标准体系框架，但仍需进一步完善。未来，中国需要加强顶层设计和统筹机制，加快急需技术标准制定，完善绿色产品认证和绿色金融标准体系，并积极参与国际交流与合作，推动中国碳排放标准体系建设迈上新台阶，为应对气候变化、实现可持续发展作出贡献。

6.2.3 国内与国际碳排放标准的差异分析

气候变化已经成为全球共同面临的严峻挑战，低碳转型已成为全球共识。中国提出的“3060”目标，彰显了作为负责任大国对全球气候变化挑战所做出的重要贡献。然而，“碳中和”不仅是一个技术目标，围绕它展开的标准、技术、经贸和资金竞争已经悄然升温。其中，争夺碳排放核查的国际话语权将直接影响中国“3060”目标的部署以及实现目标的难易程度。

(1) 国际碳排放核查体系

长期以来，发达国家在国际碳排放核查方法和数据库建设体系中占据主导地位，掌握着国际话语权。联合国政府间气候变化专门委员会(IPCC)编制的《国家温室气体清单指南》及相关配套文件是权威性的指导文件，为世界各国建立温室气体清单和制定减排方案提供了规范和规则。由于发达国家在绿色低碳转型方面的先行优势，早期《指南》的编制工作主要由发达国家的研究机构和专家主导。近年来，虽然发展中国家的参与度有所提升，但其在《指南》编制中的影响力仍然有限。

在国际碳数据库方面，来自发达国家的机构，如国际能源署、美国橡树岭国家实验室等，已经覆盖了大部分国家的碳排放核查数据，并被广泛采纳。然而，根据目前的国际标准体系，国际机构对中国的碳排放量普遍存在高估现象。此外，根据“领土内排放责任”的减排原则和全球投入产出数据，中国承担了部分应由其他国家承担的碳排放额。因此，中国要在较短时间内完成发达国家花费 60～100 年才能实现的减排历程。

(2) 中国碳排放核查体系的现状与问题

历史数据的缺失不利于国际气候谈判，中国的碳排放核查体系和数据库建设亟待完善。尽管中国生态环境部已根据《清单指南》2006 年版及相关文件向联合国提交了 1994 年、2005 年、2010 年、2012 年和 2014 年的碳排放核查报告，但由于历史数据的不完整性，中国的碳排放趋势和国家累计碳排放量的评估变得困难。这导致国外机构对中国碳排放量的高估成为国际上被广泛引用的“权威数据”，不利于中国在国际气候谈判中利用公平原则争取更大的发言权。

目前，中国国内各级碳排放核查体系的完善度较低，无法有效验证和支持国家层面的核查结果，也不利于碳中和目标在国内的实施。碳排放核查必须以能源消费水平和主要化石能源的碳排放因子为基础数据，但国家和省级之间的能源消费统计历史数据存在较大差异，并且近年来这种差异还在不断扩大，从2015年的3%扩大到2017年的4%以上。此外，各权威机构调查统计的碳排放因子也存在明显差异，最高可达10%以上。这些问题导致向国家上报的碳排放核查结果存在12%～19%的差异，超出了国际上±5%的误差范围。因此，中国碳排放核查体系和数据库体系的完善迫在眉睫。

(3) 国内外企业碳排放数据整合的差异

在欧美国家，企业碳排放数据的上报机制包括强制性和自愿性两种方式。对于重点领域的排放企业，碳排放数据的上报通常是强制性的，由政府相关环境主管机构掌握最全面的原始数据。例如，美国环保署管理着美国的温室气体强制报告制度，要求符合条件的企业每年通过电子化形式报送数据。这些数据被记录、统计、核证和审计，并建立了覆盖约85%碳排放源的网络化碳排放数据库。而欧盟则建立了排放交易体系(ETS)，要求涉及的排放装置运营商每年上报温室气体排放数据。这些数据由欧盟委员会汇总、加工、整理，形成碳排放原始数据库，覆盖欧盟全境40%的碳排放量。这些数据通常可以免费供公众查询，主要用于政策制定和学术研究等用途。

相比之下，中国的碳排放数据来源渠道相对有限，需要进一步拓宽。目前，中国一些试点省(市)的环境主管部门通过政府推动或企业委托的方式收集企业的碳排放数据。例如，一些试点省(市)要求高耗能行业的重点碳排放单位向当地生态环境厅(局)报送年度碳排放数据，经第三方机构核验后，用于制定各排放企业下一年度的碳排放配额。此外，随着全国碳排放权交易市场的启动，涉及的电力行业控排企业也需要按照相关技术规范向主管部门上报年度碳排放数据。然而，与国外相比，中国在碳排放数据的充分公开和透明度方面仍有较大的提升空间。需要进一步改进相关政策和制度，以促进企业积极参与和数据的有效利用。

(4) 国内外第三方碳排放核查机构的差异

在国外，企业需遵循制度框架要求上报碳排放数据。在碳排放交易市场机制下，第三方机构扮演着核查企业或项目碳排放数据的角色，以确保数据的真实性。例如，美国的《温室气体强制报告制度》和澳大利亚的《温室气体与能源报告法案》等法规均规定，企业上报的碳排放数据须经独立第三方机构核查验证，以保证其真实性和合规性。随着投资者对企业温室气体排放关注度的提升，大型公司纷纷加大碳数据披露力度，并借助权威外部认证服务来展示数据的质量和可靠性。

在国际上，第三方机构在特定国家开展碳排放数据核查业务时，需获得该国认可的专业资质。这些碳核查资质均遵循2006年发布的ISO14064-3碳排放核查标准，该标准规范了第三方碳核查业务的流程和操作，涵盖文件查阅、现场核查、人员访谈等环节，以及抽样和质量控制等方面的要求。

中国拥有大量第三方碳核查机构，但它们的专业水平仍有提升的空间。各试点省(市)的环境主管部门根据国家发展改革委2016年发布的《碳排放权交易第三方核查机构及人员参考条件》，对这些机构的注册资金、核查员数量、项目经验等做出了规定。就数量而言，目前已有大量本地第三方碳核查机构在试点省(市)经过遴选并备案，仅北京地区就有28家。然而，中国的第三方碳核查机构监管体系尚不够完善，目前还未出台相关的资质认证标准，因此无法通过资质来区分机构的核查能力和市场信誉。同时，也缺乏能够弥补监管体系不足的行业协会，这导致一些地方将科研单位、碳资产管理公司和工程咨询公司等机构纳入其中，从而无法保证其专业水平。在碳核查技术方面，虽然中国的第三方碳核查业务遵循ISO14064-3标准，但在抽样和质量控制方面的详实程度与国外领先的碳核查机构相比仍存在一定差距。

(5) 中国碳排放核查体系建设的展望

为完善中国碳排放核查体系，提升国际话语权，需从以下几个方面着手。

① 加强顶层设计和统筹协调：建立健全碳排放核查工作协调机制，明确各部门职责分工，形成合力。例如，可成立国家层面的碳排放核查工作领导小组，统筹协调各部门的碳排放核查工作。

② 完善碳排放核查标准体系：加快制定和完善碳排放核查相关标准，提高数据质量和准确性。具体而言，应制定碳排放核查技术规范、数据质量控制标准等。

③ 加强碳排放数据库建设：建立健全碳排放数据库，收集、整理和分析碳排放数据，为政策制定和决策提供数据支持。例如，可建立国家碳排放数据中心，整合各地的碳排放数据。

④ 提升第三方碳核查机构能力：加强对第三方碳核查机构的培训和监管，提高其专业水平和公信力。例如，可建立第三方碳核查机构资质认证制度，规范其业务开展。

⑤ 推动企业自愿披露碳排放数据：鼓励企业自愿披露碳排放数据，提高数据透明度，接受社会监督。为此，可建立企业碳排放信息披露平台，为公众提供数据查询服务。

⑥ 加强国际合作：积极参与国际碳排放核查标准制定和数据库建设，提升中国在国际碳排放核查领域的话语权。例如，可加入国际标准化组织相关技术委员会，积极参与国际碳排放核查标准的制定工作。

通过上述措施的实施，中国将逐步完善碳排放核查体系，提升数据质量和透明度，为“3060”目标的实现提供坚实支撑，并为全球应对气候变化贡献中国智慧和力量。

思考题

1. 请简述碳排放对全球气候变化的影响，以及为什么需要各国共同应对这一挑战。

2. 请列举几个国内外通用的碳排放核算标准，并说明它们在推动碳减排工作中的重要作用。

3. 企业在实现碳中和过程中，应如何遵循碳排放评价标准以提高自身的可持续性和竞争力？

4. ISO 14064 系列标准在温室气体排放量核查验证方面起到了什么作用？请简要描述。

5. ISO 14064 和 GHG Protocol 标准在中国企业温室气体核算中的重要性体现在哪些方面？请简要描述。

6. 2020 年全球碳排放量出现负增长的原因是什么？2021 年碳排放量回升的原因又是什么？

7. 中国碳排放发展历程的三个阶段分别是什么？请简要描述每个阶段的特点。

8. 中国的碳排放核算主要采用哪三种方法？请简要描述每种方法的特点。

9. 碳排放指标在碳排放权交易市场中扮演什么角色？请简要描述。

参考文献

[1] Ritchie H, Rosado P, Roser M. CO_2 and Greenhouse Gas Emissions, Our World Data (2023). https://ourworldindata.org/co2-and-greenhouse-gas-emissions (accessed October

11, 2024).

[2] Semieniuk G, Yakovenko V M. Historical evolution of global inequality in carbon emissions and footprints versus redistributive scenarios[J]. Journal of Cleaner Production, 2020, 264: 121420.

[3] Ju B G, Kim M, Kim S, et al. Fair international protocols for the abatement of GHG emissions[J]. Energy Economics, 2021, 94: 105091.

[4] 徐丽笑. 城市碳排放核算研究进展[J]. 经济统计学(季刊),2018(2): 15-37.

[5] Zhou Y, Chen M, Tang Z, et al. City-level carbon emissions accounting and differentiation integrated nighttime light and city attributes[J]. Resources, Conservation and Recycling, 2022, 182: 106337.

[6] 中华人民共和国住房和城乡建设部. 建筑碳排放计算标准: GB/T51366-2019[S/OL]. 北京: 中国建筑工业出版社,2019.

[7] Ge W, Cao H, Li H, et al. Data-driven carbon emission accounting for manufacturing systems based on meta-carbon-emission block[J]. Journal of Manufacturing Systems, 2024, 74: 141-156.

[8] 薛敏. "双碳"背景下关于做好企业碳排放核算的方法研究[J]. 统计科学与实践,2023(10): 61-64.

[9] 生态环境部发布《企业温室气体排放报告核查指南(试行)》[J]. 建材技术与应用,2021(2): 36.

[10] 梅桂友,吕伟,秦娜娜,等. 碳排放纳入环境影响评价的可行性与方法[C]//中国环境科学学会 2021 年科学技术年会论文集. 天津,2021: 156-160.

[11] Li Y, Yang X, Du E, et al. A review on carbon emission accounting approaches for the electricity power industry[J]. Applied Energy, 2024, 359: 122681.

[12] 刘跃新,吕家龙,吕瑞. 双碳战略下规范碳排放核算体系的建立[J]. 纯碱工业,2023(5): 46-48.

[13] 国家发展和改革委员会发布.《工业其他行业企业温室气体排放核算方法与报告指南(试行)》[J]. 发改办气候〔2015〕1722 号 https://www.ndrc.gov.cn/xxgk/zcfb/tz/201511/W020190905506438889540.

[14] West T O, Peña N. Determining thresholds for mandatory reporting of greenhouse gas emissions[J]. Environmental Science & Technology, 2003, 37(6): 1057-1060.

[15] Pavel T, Polina S, Liubov N. The research of the impact of energy efficiency on mitigating greenhouse gas emissions at the national level[J]. Energy Conversion and Management, 2024, 314: 118671.

第7章

“双碳”与环境、社会和治理

在当前全面推进企业绿色低碳转型、力求实现高质量发展的时代背景下，ESG已成为衡量企业可持续发展能力的重要标尺，更是推动企业积极参与美丽中国建设、助力达成可持续发展目标的关键工具。ESG是Environmental（环境）、Social（社会）和Governance（治理）的缩写，这一理念首次在2004年的联合国全球契约计划中被明确提出。它代表了一系列衡量企业环境、社会和治理绩效（而非传统财务绩效）的投资理念和企业评价标准。

ESG理念与可持续发展、高质量发展的理念高度契合，其生态体系涵盖了政府部门、企业、消费者、金融机构等多个主体。其中，政府部门主要负责制定与ESG相关的法律法规，建立碳交易等市场机制，以推动社会各界践行ESG理念；企业将ESG融入生产经营活动，推动技术进步，走绿色低碳发展道路，并主动披露ESG信息；消费者则主动实践ESG理念，倾向于购买绿色产品和ESG金融产品服务；金融机构则依据企业的ESG表现进行评价，并积极开展ESG投融资活动。随着气候变化风险的日益凸显以及可持续发展面临的挑战不断增多，大力建设ESG体系显得势在必行。各国普遍开始重视ESG实践，与ESG相关的政策日渐增多。企业也更加自觉地将ESG融入经营管理活动中，而金融机构也主动将ESG纳入金融业务决策中，以推动整个社会的可持续发展。

7.1 “双碳”目标下的企业战略转型与ESG实践

近年来，随着全球气候变化问题的日益严峻，全球对可持续发展的探讨和关注达到了前所未有的高度。推进环境、社会和治理的长期协同发展，以及促进经济社会的和谐，已成为国际社会的广泛共识。ESG理念，作为衡量可持续发展能力的综合评估体系，正逐步深入人心。它能够有效平衡经济、环境和社会高质量发展的需求，是实现联合国可持续发展目标及推动人类社会共同繁荣的有效路径。

尽管各国在资本市场成熟度、经济产业结构、发展阶段以及社会文化背景与习俗等方面存在差异，导致 ESG 实践各具特色，但 ESG 的核心逻辑却使其逐渐成为可持续发展新时期的国际通用语言和沟通合作的桥梁。这一理念强调企业在追求经济效益的同时，也要关注其对环境和社会的影响，以及自身的治理结构。

ESG 问题涉及多个方面，可以根据不同对象进行分类。例如，一家公司从管理其业务对环境的影响，到人力资源和供应链的管理，再到公司的透明度和企业治理过程的完整性，都属于 ESG 问题的范畴。这些问题可能通过直接（如原材料成本、劳工成本等）或间接（如员工满意度、投资方信任度、监管机构审查或社会团体反响等）方式影响公司的利润。总之，ESG 问题都会对一个公司在短期甚至长期内的整体利益产生重大影响。鉴于行业性质、地域差异和利益相关者诉求的多重因素，ESG 问题在每个公司的具体体现都会有所不同。

关于 ESG 标准，目前并没有一个全面且明确的统一理解或定义。可持续会计准则委员会（Sustainability Accounting Standards Board，SASB）作为一个独立的非营利组织，致力于统一 ESG 估值的会计准则。该委员会根据环境（E）、社会（S）和治理（G）三个主要标准，以及从“责任投资原则”中发展出的多个观点，衍生出了 ESG 标准。其 26 个通用议题概括了 ESG 评估的主要方面，具体如表 7－1 所示。

表 7－1 ESG 26 个通用议题

环 境	社 会 资 本	人 力 资 本	商业模式和创新	领导力与管治
温室气体排放	人权和社区关系	劳工实践	产品设计和生命周期管理	商业伦理
空气质量	顾客隐私	员工健康与安全	商业模式弹性	竞争行为
能源管理	数据安全	员工参与、多元化与共融	供应链管理	环境合法合规管理
水及污水管理	可及性和可负担性		材料采购与效率	重大事故风险管理
废弃及有害物管理	产品质量和安全		气候变化的物理影响	系统化风险管理
生态影响	顾客权益			
	销售实践与产品标识			

当前，在推动绿色低碳转型和高质量发展的过程中，仍面临诸多挑战，包括资

源环境压力与经济发展需求的矛盾、区域发展不平衡、资金和技术支持匮乏，以及复杂生态问题带来的困扰。为应对这些挑战，中国人民银行等七部委分别于2016年和2024年发布了《关于构建绿色金融体系的指导意见》①和《关于进一步强化金融支持绿色低碳发展的指导意见》。这些指导意见旨在引导金融资源流向绿色产业，推动传统产业的绿色转型，从而促进经济结构的优化。同时，通过支持低碳、节能、环保项目，并成立国家绿色发展基金等措施，绿色金融在减少温室气体排放、提升污染治理效能、促进自然资源可持续利用等方面发挥了积极作用。此外，指导意见还强调评估和管理ESG风险，以提升金融体系应对环境变化的能力，并有效防范由气候变化、污染等因素引发的系统性金融风险。

7.1.1 ESG概念的起源与发展

ESG这一概念源于对企业社会责任的深刻认识。在早期，西方国家因经济快速发展而逐渐暴露出社会和环境问题，这促使以环境保护和社会责任为主题的公共宣传活动逐渐兴起。在市场经济的选择机制下，社会和环境要素逐渐渗透到企业的经营行为之中，成为多数利益相关者最为重视的企业发展要素之一。

1997年，联合国环境规划署金融倡议组织（UNEP FI）颁布了《关于可持续发展的承诺声明》，建议企业应“将环境和社会因素纳入其运营和战略之中”。2004年，联合国全球契约组织（UN Global Compact）在发布的《有心者胜——将金融市场与变化的世界联结起来（Who Cares Wins——Connecting Financial Markets to a Changing World）》报告中，首次正式提出了“ESG”概念。2006年，时任联合国秘书长科菲·安南发起成立了责任投资原则组织（Principles for Responsible Investment，PRI），正式将ESG责任投资领域纳入基本行为准则，并鼓励投资机构在决策过程中纳入ESG指标。在此背景下，高盛（Goldman Sachs）、贝莱德（BlackRock）等金融机构纷纷开始进行ESG投资，并推出了一系列的ESG证券、ESG指数等新产品。同时，以MSCI、FTSE Russell等为首的第三方评级机构和国际公益组织也持续开展方法学研究，推动ESG理论体系的量化应用和信息披露标准的完善。

中国ESG相关政策发展历程如下（图7-1）。

（1）2006年，深交所发布《深圳证券交易所上市公司社会责任指引》，首次提及上市公司在环境保护和社会责任方面的工作，标志着ESG理念在中国的初步

① 中国人民银行. 关于构建绿色金融体系的指导意见[EB/OL].（2016-08-31）[2023-12-6]. https://www.mee.gov.cn/gkml/hbb/gwy/201611/t20161124_368163.htm.

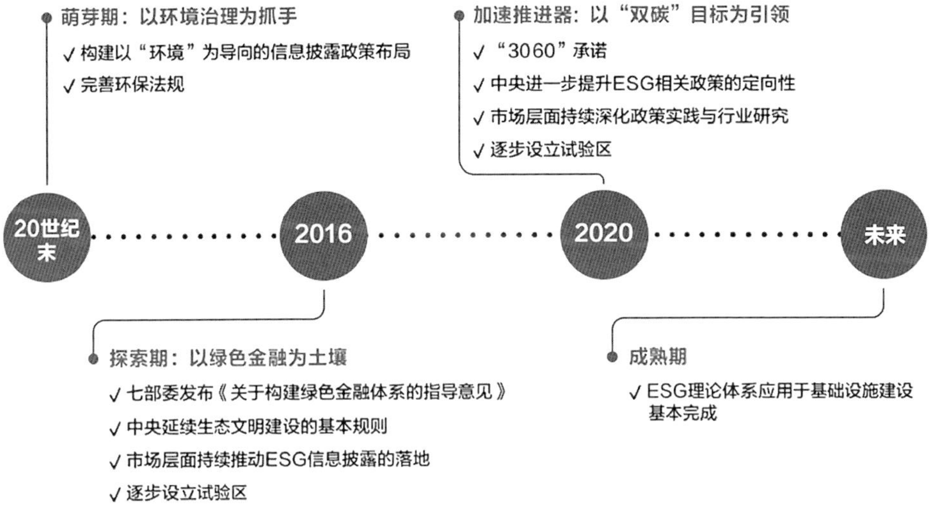

图 7-1 中国 ESG 相关政策发展历程(王遥、刘学东,2023)

引入。

(2) 2008 年,国内成功发行了第一支真正意义上的社会责任型公募基金,标志着 ESG 投资在中国金融市场的初步实践。此后,相关类型的责任投资基金资产管理规模开始显著增长,显示出 ESG 投资在中国的逐渐兴起。

(3) 2016 年,中国人民银行、财政部等七部委联合发布《关于构建绿色金融体系的指导意见》,提出了我国环境信息披露的“三步走”策略,并全面部署了绿色金融的改革方向。这一文件的发布标志着我国 ESG 实践正式步入以“绿色金融”为基底的探索期,并基本形成了“中央现代环境治理体系建设＋市场 ESG 理论应用”的发展模式。

(4) 2018 年 11 月,基金业协会正式发布了《中国上市公司 ESG 评价体系研究报告》和《绿色投资指引(试行)》,提出了衡量上市公司 ESG 绩效的核心指标体系,旨在培养长期价值取向的投资行业规范,进一步推动了 ESG 在中国的发展。

(5) 2019 年 5 月,港交所发布有关检讨《环境、社会及管治报告指引》及相关《上市规则》条文的咨询文件,对原《ESG 指引》进行了修订。这是自 2012 年出台《ESG 指引》以来的第三次修订,显示出港交所对 ESG 报告的重视和持续改进的决心。

(6) 2020 年 9 月,随着我国“双碳”目标的提出,实现“降碳、减污、扩绿、增长”四目标协同推进成为生态文明建设新阶段的主旋律。在此背景下,ESG 作为响应生态文明建设和绿色低碳发展的重要途径,在监管和市场的双向推动下进入了加速推进期,预示着 ESG 在中国将迎来更加广阔的发展前景。

7.1.2 ESG核心构架

经不断演化后，与ESG相关的监管、实践、信息披露、评级、认证、咨询、投资、融资等活动相互促进不断融合，逐步形成一个完整的生态系统。尤其是近年来，这一生态系统愈发丰富与完善，各类机构分工更加细化，形成一个强大的正循环机制。ESG体系核心组成包括ESG评价、ESG信息披露和ESG投资三个方面。

1. ESG评价

ESG评价是指评级机构通过收集相关数据，构建评价体系，设计评价指标，进行指标打分，并最终发布评级结果的过程。不同的评级机构拥有各自独特的指标体系以及打分和量化的方法论。

环境对企业运营与管理的影响日益显著，企业的环境业绩已成为投资者期望与价值判断的重要组成部分，并对企业整体业绩产生深远影响。此外，大量研究也表明，企业的社会业绩和治理状况同样会对企业业绩产生重大影响。当前，关于ESG对企业业绩影响的研究理论主要有以下三个。

(1) 可持续发展理论。该理论认为，发展的根本要求是既满足当代人的需求，又不损害后代人满足其需求的能力。经济可持续是社会可持续的前提，企业作为经济发展的微观单元，必须在自身利益、环境利益和社会利益三方面进行权衡，以实现自身及整体经济与社会的可持续发展。

(2) 利益相关者理论。该理论认为，影响企业经营和管理的因素不仅包括企业的股东、债权人等，还包括雇员、上下游客户、自然环境等利益相关者。企业的环境污染、社会责任的缺失、公司治理的缺陷，都会给员工、所在社区乃至整个社会带来伤害，进而影响到企业的业绩和价值。

(3) 企业竞争力评价理论。该理论认为，由于企业短期行为现象的存在，一个企业的潜在竞争力不仅取决于利润，还取决于公司内部的治理结构以及风险应对能力，包括应对环境风险和履行社会责任的能力。理论分析显示，企业的业绩除了与企业的盈利目标和股东利益相关外，还应考虑到企业是否与社会、环境相协调，在不影响经济与社会可持续发展的前提下实现自身发展。

在ESG评价中，投资者可通过观察企业的ESG表现来评价自己的投资行为以及企业(作为投资主体)对经济可持续发展、履行社会责任的贡献。它与传统财务指标不同，ESG从环境、社会绩效以及公司治理的角度审视公司应对风险、长期发展的能力，是一种新兴的企业评价方式。

对企业而言，通过提高ESG管理水平，可以增强企业对危机的反应能力。良好的ESG表现是一种无形的资本。企业越早意识到自身生产过程可能带来的消极环境影响,就越能降低将来因违反环保法规而被监管机构处以高额罚款的风险。加快产品质量控制、供应链管理监督体系的建立,可以减少未来产品质量安全问题和客户投诉的发生。因此,ESG 投资与发展理念越来越受到国内外金融机构与企业的青睐,并获得了较快发展。

传统的企业绩效评估方法更多地考虑财务方面的影响,而对环境、社会和公司治理等方面的考虑较少,尤其容易忽视环境方面的影响,导致传统的评估方法无法全面测度企业的可持续发展能力。在这一背景下,基于企业环境、社会和治理绩效的 ESG 企业评价体系应运而生。当前国外主流 ESG 评级机构的对比情况如表 7-2 所示。

表 7-2　国外主流 ESG 评级对比

	MSCI ESG	S&P Global CSA	Sustainalytics
信息来源	仅接受企业公开信息(如 ESG 报告和官网),以及具有公信力的信息统计渠道	调查问卷、公司文件、公共信息、与公司直接联系四种渠道	公开信息,公司反馈
评价指标	ESG 三方面 · 10 个主题 · 35 项 ESG 关键评价指标 · 每家企业平均应用 6～10 个指标	ESG 三方面 · 61 份特定行业调查问卷 · 平均包括 100～130 个跨行业和特定行业问题,涉及 23 个不同关键主题	ESG 三方面 · 3 个模块:公司治理、实质性 ESG 议题、企业独特议题 · 20 个 ESG 议题,300 项指标 · 每个子行业应用不超过 10 个议题
评级结果	行业后:CCC,B 行业平均:BB,BBB,A 行业领先:AA,AAA	0～100 分	0～100 分 (0～10 分:可忽略的风险,10～20 分:低风险,20～30 分:中等风险,30～40 分:高风险 40 分以上:严峻风险)
评级时间	每年更新,若有重大争议事件或关键 ESG 议题的指标数据获得更新将及时调整评级	通常为每年 2 月至第三季度不同邀请组别遵循不同的时间线	每年更新,通常评级时间为 6 周
沟通机制	MSCI ESG Issuer Communication Portal 发行人沟通平台	及时填报 CSA 问卷	· 在反馈期内及时回应 Sustainalytics 意见征询 · 通过 Sustainalytics“发行人关系团队”与分析师沟通

根据各评级机构获取信息来源方式的不同，目前主流的 ESG 评级可分为主动评级与被动评级。主动评级不仅基于企业公开披露的信息进行分析，还会通过问卷调查等形式邀请企业主动上传相关内部文件和补充材料，并在一定反馈期内对这些信息的准确性和完整性进行确认。而被动评级则仅接受来自公开渠道的信息，这些信息通常包括公司年报、ESG 报告（或企业社会责任报告，简称 CSR 报告）、可持续发展报告、公司官方网站发布的内容，以及政府、非政府组织（简称 NGO）和权威媒体等提供的专业信息。下文列出了当前全球范围内最为广泛使用的 ESG 主动评级与被动评级的示例。

（1）MSCI ESG 评级：被动评级，评价体系成熟

摩根士丹利资本国际公司（简称明晟公司）的 MSCI 指数系列被全球投资者广泛采用，已成为衡量各国资本市场表现的重要基准。MSCI ESG 评级的关键议题详见表 7－3。2018 年 6 月 1 日，234 只 A 股被正式纳入 MSCI 新兴市场指数，这意味着所有被纳入的 A 股公司都将接受 ESG 评估，从而促使上市公司提升 ESG 管理与信息披露水平。2019 年，MSCI 进一步扩大了中国 A 股在 MSCI 全球基准指数中的纳入因子，具体来说，2019 年年底将纳入因子从 15%提升至 20%。

表 7－3　MSCI ESG 关键议题

环　境	社　会	治　理
气候变化	人力资本	公司治理
自然资源	产品责任	企业行为
污染和废物	利益攸关方反对	
环境机会	社交机会	

MSCI 的 ESG 评级对象涵盖所有被纳入 MSCI 指数的上市公司，其评级模型如图 7－2 所示。截至 2022 年 6 月，MSCI 基于 ESG 视角对超过 14 800 家发行人以及 68 万只股票或固定收益证券进行数据跟踪。目前，MSCI 的 ESG 评级已覆盖 8 500 家公司，其中公开可查询 ESG 评级的公司数量超过 2 900 家。

（2）S&P Global CSA：主动评级，内外部信息并重

DJSI（Dow Jones Sustainability Index，道琼斯可持续发展指数）是全球首个可持续发展指数，于 1999 年由美国道琼斯公司与苏黎世可持续发展领域的权威机构 Robeco SAM 共同设立，至今已有超过 20 年的历史。2019 年 12 月，DJSI 原评分

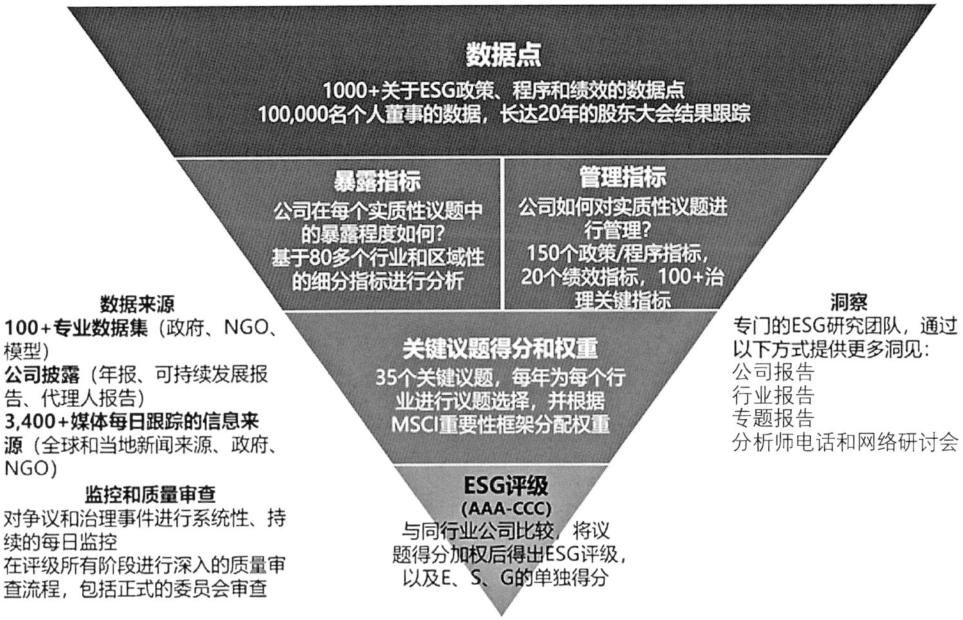

图 7-2 MSCI ESG 评级模型(Eric Moen, 2020)

机构——瑞士资产管理公司 Robeco SAM 的 ESG 评级部门被著名评级公司 S&P Global(标普全球)收购。截至 2021 年，已有超过 2 250 家公司参与了 CSA (Corporate Sustainability Assessment，企业可持续发展评估)；而到了 2022 年，S&P Global 进一步将受邀参与 CSA 的公司名单扩大到 11 000 多家。

DJSI 指数的覆盖范围相对狭窄，仅纳入行业中少数领先公司。具体而言，DJSI 全球指数的邀请条件为标普全球市场指数中流通市值最大的 2 500 家企业，而 DJSI 新兴市场指数的邀请条件则为标普全球市场指数中来自新兴市场的流通市值最大的 800 家企业。因此，2021 年 DJSI 全球指数的成份股仅为 322 家，新兴市场指数的成份股更是仅有 108 家。相比之下，S&P ESG 指数(如 S&P 500 ESG、S&P Global 1200)则保持了广泛的评估范围，能够为全球投资者提供覆盖更广泛公司的 ESG 评级参考。

S&P Global 通过 CSA 进行 ESG 评分，采用 61 份针对特定行业的问卷调查，帮助企业将可持续发展与商业战略相结合，并从投资者的角度衡量其可持续发展表现的财务重要性。各行业 ESG 得分最高的前 10%公司将最终入选 DJSI 指数系列成份股。

(3) Sustainalytics：被动评级，从 ESG 风险角度出发

Sustainalytics 是全球领先的 ESG 评级机构和数据供应商，2020 年 4 月，全球

领先的投资研究提供商 Morningstar(晨星)收购了 Sustainalytics 60%的股份。晨星为资本市场提供广泛的产品和服务,而 Sustainalytics 的加入进一步增强了其在 ESG 领域的实力。Sustainalytics 评级从 ESG 风险入手,从风险敞口与风险管理两个维度全面衡量企业管理 ESG 议题的表现。目前,Sustainalytics 已为来自 172 个国家的 1 000 多个机构客户提供服务,覆盖超过 20 000 家公司(图 7-3、图 7-4)。

图 7-3　Sustainalytics 风险评级模型

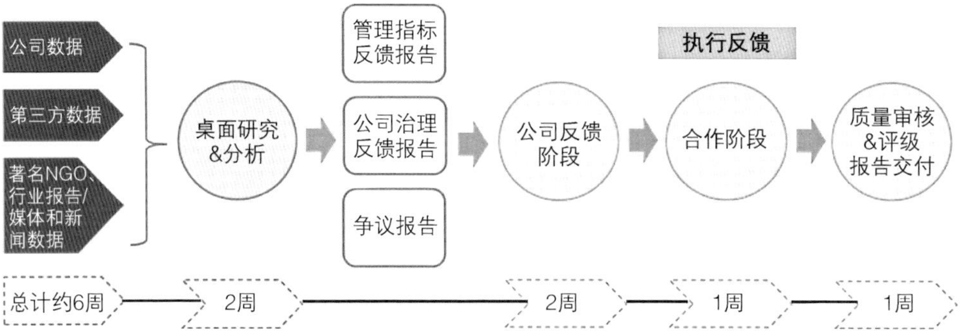

图 7-4　Sustainalytics 一般评级流程

风险敞口维度反映企业面临重大 ESG 风险的可能性,涵盖了一系列可能对企业构成潜在财务风险的 ESG 因素。这也可以理解为企业面对相关 ESG 风险的敏感度或脆弱性。因此,低风险分数意味着该 ESG 议题对企业而言相对不重要,而较高的风险暴露则表明该 ESG 议题对企业有可能构成重大影响。

风险管理维度则专注于评估企业对重大 ESG 议题的管理能力,这包括企业政策、计划、定量绩效以及公司治理等多个方面。Sustainalytics 根据最终的 ESG 风险评级得分,将企业细分为五个风险类别:可忽略风险、低风险、中风险、高风险和严重风险。值得注意的是，这里的评分越高，并不代表企业的 ESG 表现越好，而是表示企业面临的 ESG 风险越高。

近年来，国家政策导向为我国 ESG 标准化工作提供了宝贵的实践经验和坚实的技术支撑。然而，由于我国尚未出台统一的 ESG 标准，各行业、各地方和各企业所采用的 ESG 标准呈现出多样化的特点。这些标准既有源自国外的相关标准，也有国内相关行业、地方和企业根据自身情况制定的 ESG 标准。这种多样性导致了对 ESG 的认识和理解尚未形成统一，不利于企业 ESG 工作的顺利开展和规范化发展，同时也阻碍了 ESG 数据信息的规范与共享。

国内主流的 ESG 评级体系众多，主要包括华证 ESG 评级、中证 ESG 评级、商道融绿 ESG 评级、Wind ESG 评级、富时罗素 ESG 评级、嘉实 ESG 评级以及社会价值投资联盟 ESG 评级等。其中，华证、中证、商道融绿和嘉实的评级范畴广泛覆盖全部 A 股上市公司，而其他机构则主要聚焦于中证 800、沪深 300 等成份股。

几乎所有的 ESG 评级体系都是建立在金字塔结构的基础上，以三个一级 ESG 指标为核心，进一步细化为企业的 100 多个基础数据指标。通过综合考虑行业间的差异性，并基于各指标的加权分布，将绝对得分与相对得分相结合，从而全面展现企业的 ESG 评估结果。与国际 ESG 评级体系相比，我国的 ESG 评级融入了更多贴合当前发展阶段和国情的指标。例如，华证 ESG 评级就考虑了信息披露质量、违法违规情况等特殊指标。中国 ESG 评级机构及其 ESG 评级体系的详细信息如表 7－4 所示。

表 7－4 国内主流 ESG 评分体系

	评级公司范畴	指标体系	评级呈现形式
华证	全部 A 股上市公司	3 个一级指标，14 个二级指标 1，26 个三级指标，以及超过 130 个底层数据指标	总分为 100 分，相应给予“AAA—C”九档评级
中证	全部 A 股上市公司	3 个维度、14 个主题、22 个单元和 180 余个指标	采用行业内分数，范围为 0～100％，代表公司在同业内 ESG 评价结果的百分比排名
商道融绿	全部 A 股上市公司，约 500 家港股上市公司	三个维度、13 项二级分类议题，200 项具体指标，来源于 1 000 余个数据点	满分为 100 分，设置 A＋、A、A－、B＋、B、B－、C＋、C、C－、D 共 10 个等级

续 表

	评级公司范畴	指　标　体　系	评级呈现形式
Wind	中证 800 成份股	三个维度，细分 27 个议题，下设 300 多个具体指标	由管理实践得分（总分 7 分）和争议事件得分（总分 3 分）组成

(4) 华证 ESG 评级：以“双碳”目标为基础

上海华证指数信息服务有限公司是一家专业的指数及指数服务公司。华证 ESG 评级的覆盖范围广泛，涵盖中国 A 股及发债主体。其中，华证碳中和评级以企业实现“双碳”战略目标为基础，重点关注化石能源消耗、温室气体排放、新能源使用、碳资产管理等“双碳”实践，侧重衡量上市公司在环境维度上的碳排放表现，其覆盖范围为中国 A 股。

在环境层面，企业环境指标主要考察企业在面临一定的环境风险时，为减少生产活动带来的不良环境影响所采取的措施及其效果，以此评估企业是否达到了设定的环保目标。企业的环境业绩包含两个层次：一是环境风险暴露，这主要由产业的总体运作特点决定，企业面临较大的环境约束或管制；二是企业应对环境风险所采取的行动及其绩效。华证指数的环境评价指标涵盖了气候变化、资源利用、环境污染、环境友好以及环境管理五个主题（表 7－5）。

表 7－5　华证 ESG 评级体系指标框架

3 大支柱	16 个主题	44 个关键指标
环境（E）	气候变化	温室气体排放，碳减排路线，应对气候变化，海绵城市，绿色金融
	资源利用	土地利用及生物多样性，水资源消耗，材料消耗
	环境污染	工业排放，有害垃圾，电子垃圾
	环境友好	可再生能源，绿色建筑，绿色工厂
	环境管理	可持续认证，供应链管理- E，环保处罚
社会（S）	人力资本	员工健康与安全，员工激励和发展，员工关系
	产品责任	品质认证，召回，投诉
	供应链	供应商风险和管理，供应链关系

续 表

3 大支柱	16 个主题	44 个关键指标
社会（S）	社会贡献	普惠，社区投资，就业，科技创新
	数据安全与隐私	数据安全与隐私
治理（G）	股东权益	股东权益保护
	治理结构	ESG 治理，风险控制，董事会结构，管理层稳定性
	信息披露质量	ESG 外部鉴证，信息披露可信度
	治理风险	大股东行为，偿债能力，法律诉讼，税收透明度
	外部处分	外部处分
	商业道德	商业道德，反贪污和贿赂

在社会层面，企业的社会指标主要衡量企业在生产经营过程中对员工、客户、社区、乡村振兴以及其他利益相关者的社会责任履行情况。企业社会责任的履行应涵盖生产经营的多个方面，特别是与生产的公司雇员、上下游的供应商和顾客、所在的社区等利益相关者的关系。华证指数的社会责任评价指标包括了人力资本、产品责任、供应链、社会贡献以及数据安全与隐私五个主题。

在治理层面，公司治理是衡量公司决策机制和平衡机制对可持续经营产生影响的重要指标。其基本内容包括两个层面：一是公司经营决策中的主要参与方之间的职责和权力配置，也就是公司股东、董事会和高管所构成的一个特殊的组织结构；二是解决公司与各利益相关者之间的利益冲突问题，包括加强股东权益保护、优化董事会结构和功能、完善信息披露制度等。以上两个层面共同构成了保障公司长期可持续经营的体系架构。华证指数的公司治理评价指标涵盖了股东权益、治理结构、信息披露质量、治理风险、外部处分以及商业道德六个主题。

2. ESG 信息披露

ESG 信息披露，即对企业 ESG 相关信息的公开，通常分为两类：强制披露和自愿披露。强制披露主要是政府行政或监管部门要求企业向社会公众公开的信息。

自 2000 年中国要求公司申请上市时必须在招股说明书中披露其环境风险以来，ESG 信息披露已走过了 20 多个年头。这段时期，中国 ESG 信息披露从完全自愿披露的萌芽阶段，逐步迈向了部分强制披露的深化阶段。2016 年 8 月，中国人民银行等七部委发布了《关于构建绿色金融体系的指导意见》，提出了逐步建立和完善上市公司和发债企业强制性环境信息披露制度。

“双碳”目标的提出，进一步加速了中国企业 ESG 信息披露政策的出台。2021 年 12 月，我国生态环境部发布了《企业环境信息依法披露管理办法》，明确规定了环境信息披露的要求。2022 年 1 月，沪深交易所分别发布了《股票上市规则》，要求特定上市公司应按规定编制并披露社会责任报告等文件。

近年来，A 股 ESG 报告披露的数量虽逐年上升，但总体披露率仍然不高。截至 2022 年 9 月底，中国 A 股市场的 5 000 家上市公司中，有 1 459 家公司披露了 ESG 报告，占全部上市公司数量的 29.45%。其中，上海证券交易所的披露数量远高于深圳证券交易所，分别为 873 家和 585 家，北京证券交易所则有 1 家披露（图 7－5）。

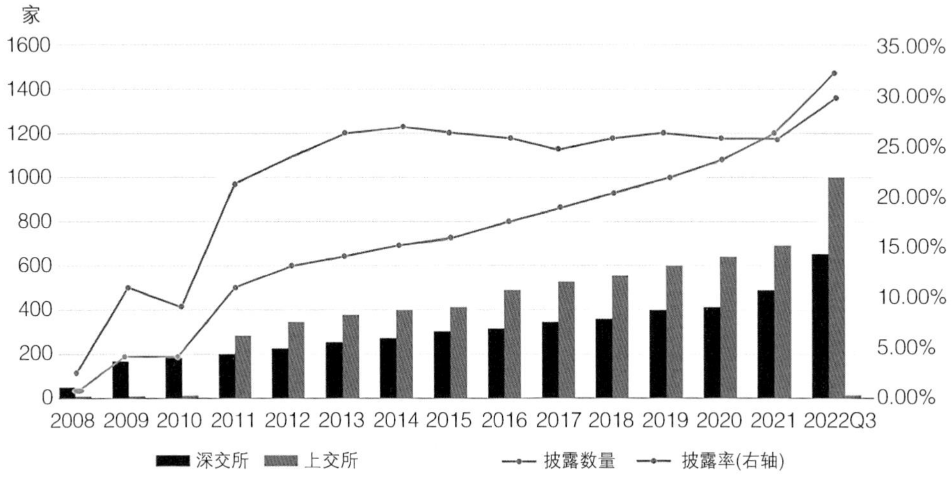

图 7－5　中国 A 股上市公司 ESG 信息披露情况（按交易所分）（马蔚华、李一梅，2022）

市场方面对政策的反馈较为迅速。2022 年，A 股上市公司的 ESG 信息披露率增长显著，前三个季度的披露率比 2021 年全年还高出 5.16 个百分点。同时，新上市企业的信息披露意识较强。在 2021—2022 年新上市的 885 家企业中，有 82 家企业于 2022 年披露了 ESG 报告，占比达到 9.27%，其中有 7 家 2022 年上市的企业同步发布了 ESG 报告和社会责任报告。

头部上市公司的信息披露更为积极，中央企业和国有企业的披露率较高。沪深 300 成份股中，有 270 家披露了 ESG 报告，披露率高达 90%。从市值规模来看，A 股市场市值规模前 100 的大型企业几乎都披露了 ESG 报告，披露率为 94%。从产权性质来看，2022 年前三个季度发布 ESG 报告的机构中，中央国企共有 650 家，占比 45%。其次是民营企业，有 629 家，占比 43%，数量上与中央国企逐渐接近。但从披露率来看，中央国企的披露率最高，达到 46.70%；而民营企业的披露率则为 19.13%，仍有较大的提升空间(图 7－6)。

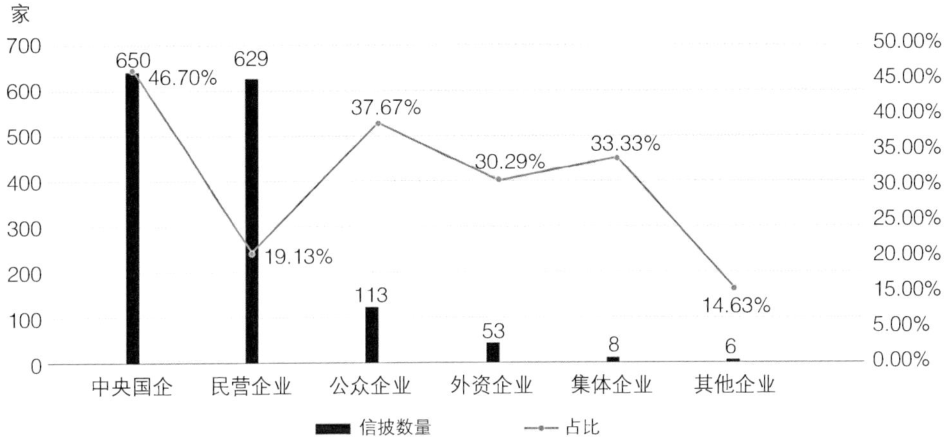

图 7－6 中国 A 股上市公司 ESG 信息披露情况(按产权性质分)(马蔚华、李一梅，2022)

目前，中国上市公司 ESG 报告的披露仍以自愿为主，总体披露率还有很大的提升空间。然而，随着国际 ESG 信息披露政策要求的日益严格，中国的 ESG 信息披露政策也在不断完善，制度要求愈发严格。可以预见，未来上市公司的 ESG 信息披露在质量和数量上都将迎来迅猛的发展。

3. ESG 投资

基于可持续发展的 ESG 投资理念，在资本市场上逐渐受到追捧，成为投资者日益关注的投资主题之一。特别是，在新时代背景下，共建地球生命共同体，实现人与自然和谐共生已成为全人类的共同愿望。在此背景下，ESG 投资理念与各国追求的可持续发展目标和减碳目标高度契合，从而获得了前所未有的发展机遇。ESG 投资，即在传统的财务分析基础上，纳入环境、社会、公司治理(ESG)三个维度的考量，旨在评估企业的可持续发展潜力，并以此为依据，寻找那些能够为公司带来股东价值和社会价值的投资标的。

近年来，中国政府与市场两个层面都在积极推动 ESG 投资的协同发展。实体经济的转型发展需要 ESG 投资的支撑，而 ESG 投资的拓展也离不开社会资本的汇聚。中国一直倡导市场在资源配置中发挥决定性作用，同时发挥政府的积极作用。在这一体制下，有效市场和有为政府在推动 ESG 投资方面具有关键作用。中国如何充分发挥体制机制在促进 ESG 投资中的作用，展现出了自己独特的优势。

全球范围内，参与责任投资的机构数量持续增长。截至 2022 年 9 月末，联合国支持的负责任投资原则（PRI）的签署机构已达到 5 179 家，2022 年新增 496 家，较 2021 年末增长了 10.6%。在中国大陆地区，截至 2022 年 10 月末，签署 PRI 的机构共有 117 家，包括 85 家资产管理机构、4 家资产所有者和 28 家服务提供商，2022 年合计新增 36 家签署机构，较 2021 年末增长了 44.4%，增幅远超全球平均水平（图 7－7）。

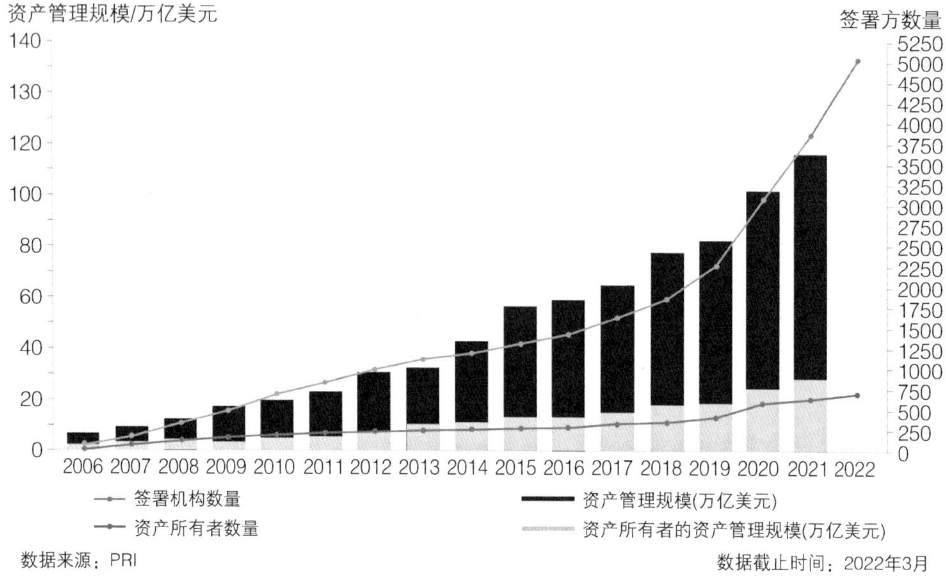

图 7－7　负责任投资原则签署机构数量及资产规模（吴艳静等，2022）

从国内市场来看，2023 年上半年，中国境内外新增绿色债券发行规模约为 4 692.57 亿元。其中，境内普通绿色债券新增发行规模超过 3 500 亿元，同比增长近 15%；境内绿色资产支持证券化产品发行规模接近 1 000 亿元，市场存量稳步提升；而中资主体在境外发行的绿色债券规模约为 190 亿元，新发债券规模有所下滑。

2022 年 11 月，中国人民银行作为 G20 可持续金融工作组联席主席牵头制定的《G20 转型金融框架》正式发布。这是主要国家首次就发展转型金融达成的国际共识。该框架涵盖了转型活动和转型投资的界定标准、信息披露、转型金融工具、激励政策和公正转型等五个支柱、22 条原则，将有助于全球市场形成原则性共识，并促进转型金融的快速发展。

ESG能为企业创造多种价值，在规避风险的同时还能提升质量和效益。首先，良好的ESG绩效有助于企业识别、管理和降低风险，防止价值损失，并实现成本降低和效率提升，从而获得长远利益。其次，在满足合规要求之余，若企业将ESG作为积极应对变化的突破点，迅速行动，有可能获得政府和相关部门的补助。此外，ESG还是企业升级战略、维护老客户、拓展新客户、增加收入的重要途径。有研究表明，ESG表现优秀的企业在人才吸引和人才保留方面也更为出色。最后，ESG可以帮助企业拓宽融资渠道、降低融资成本。

7.2 “双碳”目标下的企业责任

从概念上来看，“双碳”是ESG框架中“E”（环境）支柱下“气候变化”主题的一个重要议题，具体聚焦于碳排放。在这一层面上理解，ESG是包含“双碳”的，并且鉴于人类所面临的气候变化威胁，“双碳”目标的实现已成为ESG议题中的核心关注点。实际上，ESG与“双碳”之间存在着互补且相互推动的关系，二者的有机结合将有力地促进这两大目标的达成。

首先，“双碳”目标的提出正在推动ESG的发展。近年来，中国ESG的兴起与“双碳”目标的提出紧密相关。中国的ESG评价体系起步较晚，仍处于初级阶段，但随着2020年“双碳”目标的提出和实施，中国ESG的热潮迅速兴起。随着“双碳”目标的深入人心，中国ESG问题日益受到重视，不仅推动了ESG在中国的发展，也逐渐在全球范围内产生影响。其次，大力推进ESG的发展也是实现“双碳”目标的重要保障。将ESG纳入监管体系有助于企业在追求经济利益的同时承担社会责任，实现平衡发展。统一的ESG信息披露规范可以有效推动“双碳”目标的实现。对于金融机构而言，将资本向ESG领域倾斜，提供多样化的绿色金融产品，并将ESG纳入投资决策流程，可以充分发挥资本市场对“双碳”目标的支持作用。而企业在日常生产经营中应以节能减排为目标，加大ESG技术研发和创新，将社会责任思想融入企业战略系统，以实现稳定增长的经营效益，从而达到“双碳”的长期目标。

企业需要充分认识到ESG的长期必然性和对业务长期发展的必要性，并从战略、业务模式、体系保障等方面做出适合自身企业和行业特点的安排。企业应做长期投入，通过ESG强化竞争优势，提升可持续经营能力。作为创造财富的主体，企业在社会财富的配置中起着关键作用。因此，鼓励并推动企业履行ESG责任对于促进社会共同繁荣、实现高质量发展具有重要意义。

7.2.1 企业在环境责任方面的变革

在环境方面，主要考虑的是企业对自然环境的影响，包括企业在生产过程中如何有效管理和控制各类污染物的排放（这既包括企业自身生产经营活动产生的直接污染，也涵盖其带动上下游产业链所产生的间接污染），以及企业对废物的处理方式等。为了更好地应对行政监管、实现环保合规，并通过融资、贷款等手段促进企业健康发展，无论是上市企业还是非上市企业，都应通过优化环保及节能减排方案来提升其ESG表现，并积极探索潜在的市场机遇，致力于实现公司的长期可持续发展。

1. 政策与监管层面

ESG已成为推动绿色转型的关键动力。从可持续发展的角度出发，将ESG理念融入政策制定中，以提升环境质量为前提，综合考虑环境、社会、经济效益等多个层面，充分利用政策导向，推动行业的绿色发展与转型。在监管方面，将ESG标准融入产业准则中，可以提升产业整体的ESG表现，提高产业能效，降低产业碳排放，减少碳中和风险。同时，发挥监管机构的规制作用，建立统一的企业ESG信息披露标准，也是推进碳中和进程的重要途径。

2. 企业战略角度

随着我国“碳中和”目标的提出，节能减排已不再仅仅被视为企业的环保责任和社会义务，而是上升到了企业整体战略的高度。将ESG的发展理念融入企业战略规划中，建立一套完善的ESG组织管理体系，能够使企业在保持高质量发展的同时，充分考虑所有利益相关者的期望和需求。通过制定明确的执行路线、采用专业化、标准化的管理流程，以及坚定地实施ESG行动目标和应对气候变化的管理措施，企业可以最终实现碳中和的长期目标。

3. 企业运营角度

ESG有助于企业在日常运营中实现节能减排、环保等目标。在此基础上，企业还应进一步加强绿色技术的研发与创新，提升产品的创新能力，利用科学技术手段来实现碳中和目标。同时，ESG表现良好的企业能够获得更多利益相关者的信任与支持，从而在一定程度上拓宽融资渠道，降低成本，为实现碳中和目标提供更多的资本支持。

4. 促进能源效率

ESG投资者可以支持企业改善能源效率，通过采用先进技术和设备来降低能源消耗。例如，投资于提高建筑物保温性能、推广高效照明系统或改进工业生产流程的企业。同时，ESG投资者还可以支持研究和开发碳捕集与储存技术，这些技术能够从工厂、发电厂等排放源中捕获 CO_2，并将其永久储存起来，从而降低大气中的温室气体浓度。

5. 资金流向可持续发展项目

ESG 投资将资金重点投向具有可持续性的项目和行业，如可再生能源、清洁技术研发等，这对推动可持续发展和环境保护至关重要。ESG 投资者通常对公司的环境合规情况进行评估，并鼓励公司履行环境法规，这有助于提高企业的环境责任感，并推动其采取积极的环境保护措施。

案例(一)

香港某房地产开发商及投资公司

该公司的主要业务包括物业发展以供销售、投资物业以供收租之用、酒店拥有与管理、停车场管理及物业管理，以及干洗服务等。该公司通过与 LVMH 集团签订首个可持续发展合作协议，来开拓更多资源，推进可持续发展进程。双方集团与多个机构合作，合作范围涵盖水资源管理、可再生能源利用、碳足迹评估和低碳材料应用、环境管制、能源管理、废弃物审计和回收再造等方面，借此发挥各自的专业优势，以推进相关可持续的实践并扩大其影响力。

该公司于 2020 年制定了 2030 年可持续发展目标及指标，2021 年进一步宣布了 25 个将于 2025 年底或之前实现的指标，即“25×25 可持续发展指标”。具体来看，“25×25 可持续发展指标”涵盖了该公司可持续发展框架聚焦的四个优先议题，包括应对气候变化、资源管理、福祉及可持续交易。这些指标为该公司应对重大可持续发展挑战制定了具体且可量化的措施，同时为员工未来四年进行与可持续发展相关的工作厘定了清晰目标。

上海某广场作为该公司旗下的标志性项目，历经三年规划与改造，实现了商场空间的全面升级。2022 年，该广场又完成了节能减排的重大改造，成效显著：用水量锐减 60.8%，日常消耗品废弃物转化率高达 85.8%，这些成就进一步验证了其在可持续建筑设计与运营方面的卓越表现。

相比其他行业，建筑领域减碳难度更大。除了商业建筑在运营过程中的碳排放之外，建筑物自身在建设过程中也产生了大量的碳排放。该公司除了从建筑设计着手，注重建筑材料的生产和采购外，还与其价值链的上游厂家合作，共同减少建筑项目的隐含碳。

总体而言，ESG 投资通过推动公司采取环境友好措施、促进可持续经营，并引导资金流向可持续项目，对我国环境产生积极影响。它在推动可持续发展和解决环境挑战方面发挥着重要作用。

7.2.2 企业在社会责任方面的变革

社会责任方面，主要考虑企业对社会造成的各种影响，如员工管理、福利与薪酬、员工安全、与上下游供应商及服务商的关系、产品安全性等。

1. 加强劳动用工合规体系建设

首先，企业应当完善劳动用工管理制度。对于内部的人事管理制度、劳动合同、劳动手册，均应根据企业实际情况定期调整。企业应将公平就业、合理工时、工资和福利待遇、安全和健康条件等都纳入劳动用工管理制度中。其次，在招聘时应践行多样性和包容性准则，这包括在用工方面遵守性别平等、机会平等、种族和民族多样性原则，保障女性在职场中拥有平等的工作和晋升机会。同时，企业应建立更开放包容的工作环境，吸引和保留多样化的人才，以促进创新和提高业绩。再次，企业应定期组织开展培训，即对企业内部人员（包括管理人员和普通员工）开展有关反强迫劳动、反就业歧视、加强劳动保护、个人信息保护和安全生产等方面的培训，增强其合规意识和维权意识。最后，企业应设置投诉及调查处置机制，规定详细的投诉途径和方式、受理及调查流程，以及处置标准和处置周期。多角度保障劳工权益，才更有可能吸引和保留更多的人才，从而提高企业的创新力和竞争力。

2. 注重产品质量与安全

第一，企业应确保其产品的质量和安全性，以避免对消费者造成损害。这包括确保产品符合适用的法律法规和标准，并进行必要的测试和质量控制。企业应建立健全的质量管理体系，对产品进行全面的风险评估和监控，以确保消费者在使用产品时的安全和满意度。第二，企业有责任向消费者提供准确的产品信息，包括产品的用途、性能、成分、使用方法、安全警示等。这有助于消费者正确使用产品，减少潜在的风险和伤害。第三，企业应提供有效的售后服务机制，包括产品保修、维修和退换货政策。此外，企业还应设立专门的渠道和流程来接收和处理消费者的投诉和反馈，及时解决问题并改进产品质量。第四，企业应当考虑产品对环境和社会的影响，在生产时应推行环保和可再生资源的使用，在销售时应关注社会公益和人权等话题。第五，企业应确保供应链的可持续性和社会责任，包括选择合规和有道德的供应商。企业应确保供应商符合一定的社会和环境标准，并积极参与供应链的审计和改进。通过有效管理供应链，降低企业运营风险，保证企业可持续发展。

3. 将社会责任融入企业生产服务当中

企业在生产经营中，应当为客户和供应商提供便利的通信技术和服务，方便及时沟通交流。同时,应当注重金融服务的可获取性,如在金融支付工具方面开通和使用便捷的支付方式,提高消费者和供应商在使用产品时的体验。企业还应该加强数字化转型,从而提高自身以及产品的竞争力。

4. 产业投资与资产配置

智能化、数字化、低碳化是未来三大发展方向。如今的企业既要坚守自己的主业,又要顺应时代的变化,寻求新的发展机遇,在不确定的环境中进行改革创新,提升当前的资源分配效率。只有如此,才能持续地为企业寻求生存和发展空间,更好地为财富创造新机遇。

5. 参与公共事务和公益活动

企业应与其利益相关者建立积极的关系,这包括员工、客户、供应商和政府等。通过与利益相关者进行定期沟通、合作,企业可以更好地了解他们的需求和关切,并积极回应他们的期望。对于客户、供应商和公众来说,应当定期向其披露 ESG 目标、政策和成果。对政府来说,企业应积极参与公共事务,具体如下。

(1) 积极参加公开的政府会议和听证会,提供专业意见和建议,参与政策制定和决策过程;

(2) 参与行业组织和利益集团是企业参与公共事务的重要途径。这些组织通常代表行业的共同利益,与政府和其他利益相关者进行对话和协商。企业可以加入这些组织,参与行业议题的讨论和决策,与其他企业共同推动行业的发展和改革;

(3) 企业可以通过政策倡导和舆论引导来参与公共事务,包括通过研究报告、政策建议和媒体宣传等方式,提出企业的观点和主张,影响社会舆论和政策决策。

在参与公益活动方面,企业除了发展经营外,也应当注重社会责任的承担,例如支持慈善事业、参与公共事务发展项目、环境保护、教育支持等。通过积极参与这些活动,企业可以树立良好的形象,以实现社会价值和商业利益的双赢。

7.2.3 企业在治理责任方面的变革

公司治理方面,主要考虑公司组织架构的合理性、股东和管理层利益关系的平衡、是否存在腐败与财务欺诈行为、信息披露的透明度以及商业道德的坚守等方面。面对未来宏观环境的不确定性以及 ESG 因素的确定性,企业需要立足自身资源和能力,结合内外部治理机制,不断完善 ESG 落地保障体系。

目前,许多企业在 ESG 管理上仍面临诸多挑战,或驻足不前,或无从下手,导致出现了不同程度的问题:

(1) 缺乏顶层设计,ESG 管治架构及战略设定模糊不清,难以指导具体实践;

(2) ESG 目标与业务管理体系脱节，无法实现有效融合与协同；

(3) ESG 绩效评级与考核机制缺失或形同虚设，无法有效激励和约束相关行为；

(4) 数据体系管理不善，数据收集、整理和分析能力不足，难以支撑 ESG 管理的深入实施。

1. ESG 管理体系“四步走”战略

建设 ESG 管理体系，一般需要经过“四步走”的阶段，从设计完善逐渐上升至高效运行、ESG 赋能业务发展的行业领先水平(图 7－8)。

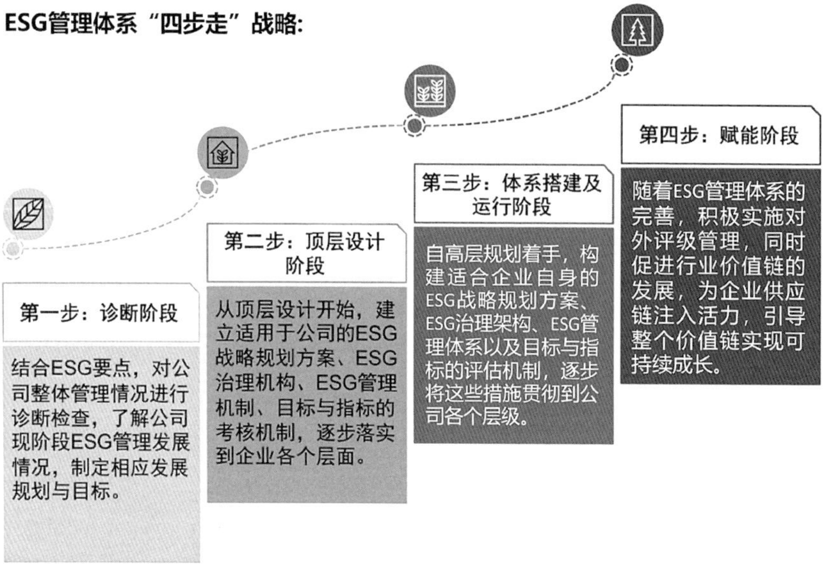

图 7－8　ESG 管理体系“四步走”战略

在 ESG 管理体系发展的“四步走”阶段中，ESG 顶层设计、设定 ESG 战略及目标、实施 ESG 风险管理，并以流程及制度为抓手，辅以数字化工具支撑，是实现企业从 ESG 发展起步到领航的重要基石。

2. ESG 管理体系顶层设计的三大要领

为了促进 ESG 管理体系的长远发展，需要从顶层规划开始。董事会作为企业的最高治理机构，需要提升对 ESG 的认识水平，以此形成企业独具特色的 ESG 管理风格与管理思路，并提供必要的资源支持。同时，建立利益相关方的沟通机制，将利益相关方的反馈有效整合到 ESG 管理体系中。此外，还需建立重要性议题的识别机制，确保议题全面、适用且符合行业特点，从而奠定 ESG 管理的坚实基础(图 7－9)。

图7-9 ESG管理体系三大要领

3. ESG管理体系与业务经营管理的高度融合

企业ESG管理体系，是对现有经营管理体系的一种转型或升级(图7-10)。企业通过详细分解ESG目标，明确行动方向、实施路径及责任归属部门，同时配套专业化的流程管理机制、数据收集与统计分析管理，以及目标的监控、分析与考核机制，以确保目标的顺利达成。在推进业务经营的同时，企业积极践行可持续发展理念。

4. ESG风险及机遇管理机制

ESG战略目标承载着企业的长期价值。有效管理ESG风险，并把握与ESG风险相关的机遇，不仅有助于监督ESG目标的达成，还能确保ESG管理体系的长期稳定运行。

全美反舞弊性财务报告委员会发起组织(Committee of Sponsoring Organizations of the Treadway Commission，COSO)与世界可持续发展工商理事会(World Business Council for Sustainable Development，WBCSD)联合发布了《企业风险管理：将企业风险管理应用于环境、社会与治理相关风险》报告。该报告倡导将企业风险管理(Enterprise Risk Management，ERM)框架应用于ESG风险管理之中，具体实践包括：提升董事会与管理层对ESG风险的认知水平，明确企业短期、中期及长期内对环境和社会的影响及依赖程度，系统识别、评估与应对ESG风险，对ESG风险的应对策略进行定期复核与适时修正，以及及时向内部与外部利益相关方沟通ESG风险管理的情况。这些举措有助于企业更全面、更有效地理解和管理

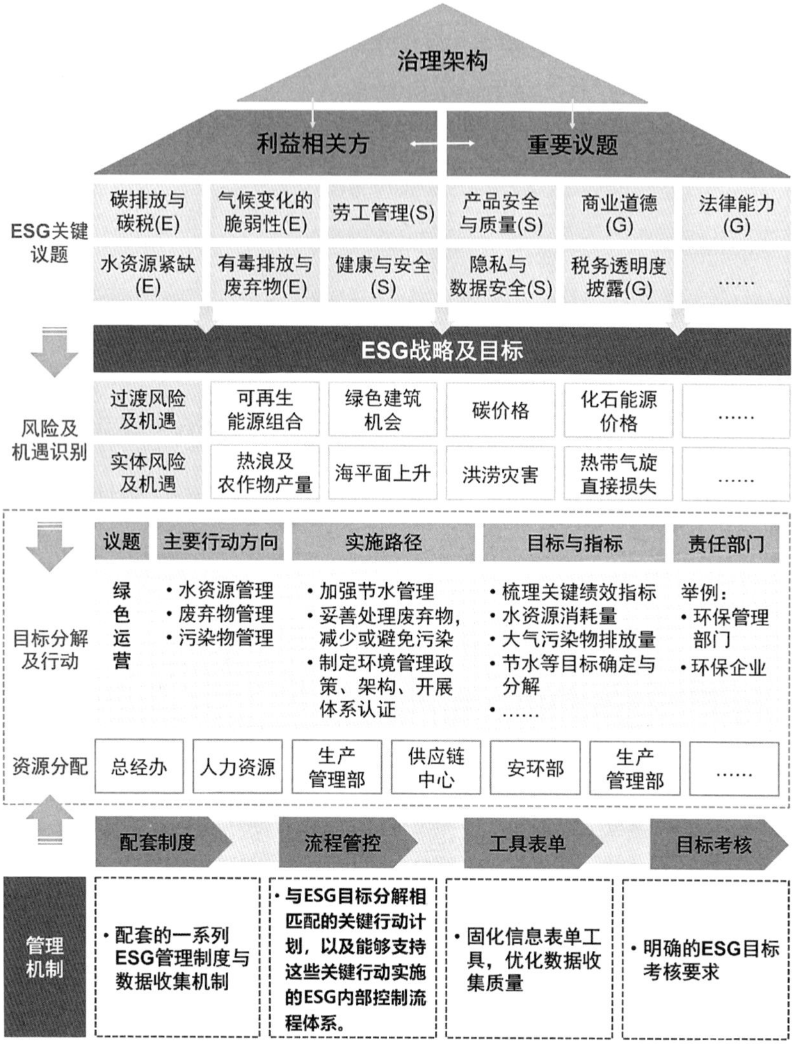

图 7－10　ESG 管理体系

各类 ESG 风险(图 7－11)。

5. 管理工具数字化，实现品牌价值跃迁

在 ESG 管理体系有效运行的基础上，企业可以借助数字化的智慧工具，实现 ESG 信息数据的高效收集与目标监督，进而推动 ESG 管理目标的实现。同时，这些工具还支持企业进行 ESG 信息与数据的对外披露，助力企业顺利完成一系列的 ESG 评级管理，最终达成品牌价值的提升。

从短期建立 ESG 管理基础，到长期建立和完善 ESG 管理体系，这一进程对内有助于企业提升管理效率，对外则有助于塑造和提升企业品牌形象。它使企业不仅能在价值链中脱颖而出，更能逐步迈向行业领先地位。

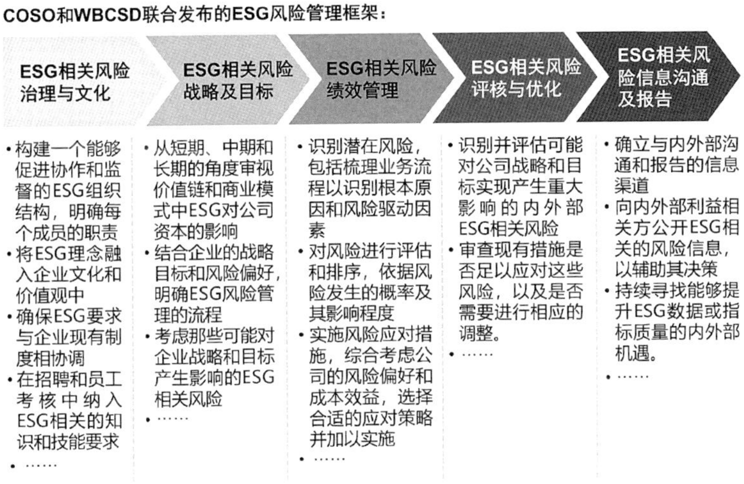

图 7-11 ESG 风险管理框架

案例(二)

某国有通信企业完善 ESG 管理，履行环境责任

该通信企业是按照国家电信体制改革的总体部署，于 2000 年组建成立的中央企业，是一家基于 GSM、TD-LTE、FDD-LTE 制式网络的移动通信运营商。

(1) 推动绿色发展，积极履行环境责任

该企业构建了“三能六绿”发展模式，以此推动自身绿色发展，并助力经济社会的绿色转型。2022 年，该企业节电量超过 64 亿度，助力社会减排 CO_2 超过 2.6 亿吨。2023 年该企业基站用电量约占总用电量的 58%，数据中心用电量约占总用电量的 24%。针对基站和数据中心这两类重点能源消耗场景，企业采用能耗能效监测的数字化管理手段，跟踪分析能耗变化趋势，对比分析能效分布，并采取了多项节能措施。此外，该企业还以信息化手段为基础，构建了我国首套亚洲象保育与监控系统，为利用信息技术进行生物多样性保护提供了创新性示范。在此基础上，企业还开展了“双碳”战略规划和实现途径的研究，进一步完善了“绿色行动”。

(2) 提升治理水平，打牢可持续发展基础

自 2006 年起，该企业以全球企业社会责任管理的通行标准和最佳实践为指引，充分考虑企业运营管理的现实基础，以实效性为原则，创新管理工具和手段，逐步实施了战略性企业社会责任管理(图 7-12)。

该企业设立了可持续发展指导委员会，构建了高层深度参与、横向协调、纵向

图 7－12　战略性企业社会责任管理体系(杨杰,2022)

联动的 ESG 管理组织体系。制定并下发了关于企业社会责任管理的规章制度文件,不断完善 ESG 管理的制度基础。秉承诚信、透明、公开、高效的企业管治原则,企业逐步建立并完善了一系列可持续发展政策体系、内控制度以及管理机制和流程。

借鉴主流 ESG 评价体系,该企业建立了常态化的可持续发展关键议题对标管理制度。由发展战略部牵头,根据总部和相关单位的管理职责确定议题归口管理单位,各单位共同完成对标管理、查缺补漏及改进提升等工作(图 7－13)。企业持

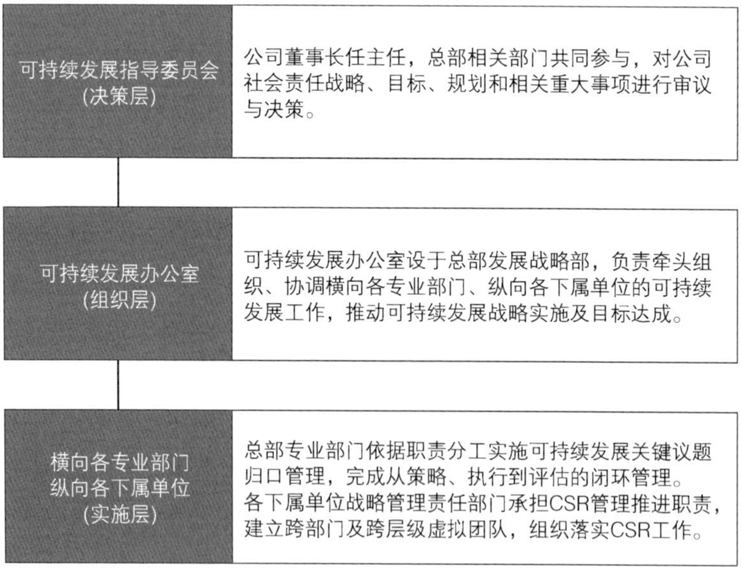

图 7－13　可持续发展组织架构(杨杰,2022)

续跟进MSCI、Sustainalytics等第三方评估体系，不断提升关键议题管理水平。此外，该企业还积极参与业界CSR相关评估标准的制定，并以此作为参考，不断完善公司的对标管理体系。

案例(三)

某大型国有房地产企业低碳发展，合规运营

该公司是一家大型上市公司，业务涵盖不动产投资开发、资产运营、资本运作，并提供基于行业生态系统的综合服务。该公司高度重视将社会责任与ESG管理融入企业发展战略与日常经营之中，不断完善ESG管理工作，积极践行ESG发展理念，因此在ESG领域多次获得权威认可。2023年，该公司还入选了“中国ESG上市公司先锋100”排行榜。

(1) 低碳发展，绿色建造

积极响应国家“双碳”目标，该公司从绿色工程、资源高效利用、绿色运营等多个方面，将低碳环保理念全面融入业务全流程，以减少和避免对气候及环境的负面影响。2016—2022年，公司共完成认证的绿色建筑项目370个，认证面积总计达到6 720.2万平方米。2023年，公司新增项目中符合绿色建筑标准的覆盖率高达100%，新增符合绿色建筑标准的建筑面积达到1 491万平方米，充分践行了绿色发展的承诺。

(2) 合规运营，投身社会

在新时代高质量发展的背景下，公司深入落实国企改革要求，坚持稳健经营、合规为先，对发展过程中的各类风险进行精准识别和有效管控。同时，将社会责任与ESG管理深度融入企业发展战略与日常经营之中。公司曾荣获“国有企业公司治理示范企业”称号，并连续10年获评信息披露A级。在公益方面，公司不断创新帮扶模式，累计投入资金近4亿元，有力推动了多地区经济发展，切实改善了民生。2023年，公司乡村振兴投入达到1 771万元，惠及人口超过8 000人。

(3) 完善管理，加强文化

该公司将经济发展、社会和谐与环境可持续发展三者有机结合，作为企业发展的重要参考标准。通过与股东、员工、供应商等各方携手合作、共同发展，实现了企业与各利益相关方的和谐共存。公司不断提高董事会和管理层对社会责任和ESG的重视程度与参与度，在公司内部自上而下地构建了牢固的社会责任和ESG文化。目前，公司已形成了一个由董事会、社会责任工作组、各职能部门以及一线执行单位共同组成的四层社会责任治理系统，并将社会责任和ESG管理要求有效地

落实到各项工作中。

未来，中国将有更多的企业秉持可持续发展理念，将践行 ESG 发展理念视为打造卓越企业的重要标志。这些企业将更加积极主动地履行企业责任与担当，实现与国家发展的同频共振，与时代进步紧密相连。通过不懈努力，它们将为中国绿色发展迈上新台阶贡献出应有的力量，共同推动中国社会的可持续发展。

7.3 国内外企业 ESG 实践案例与启示

ESG 是上市公司实现自身可持续发展、高质量发展的必由路径。在全球 2 000 多项关于 ESG 与财务绩效关系的研究中，有大约 90%的研究发现，ESG 与财务绩效的关系是非负的，而且大多数为正。ESG 风险较低的公司有更好的机会来提供可持续的财务表现；ESG 绩效好的投资收益率明显较高，而且在较长区间内持续上升。本章节提供了多个国内外 ESG 实践案例，这些案例涵盖了不同行业、不同规模的企业，既有成功实施 ESG 战略并取得显著成效的领先企业，也有在 ESG 评价过程中遇到挑战并寻求突破的企业。通过对这些案例的深入剖析，探讨企业在 ESG 实践中如何平衡经济、环境和社会三方面的利益。

7.3.1 国际企业 ESG 实践案例

中国上市公司协会会长宋某在第十一届公司治理国际研讨会中指出：“在国际市场体系中，上市公司的 ESG 情况将是投资者考虑的首要因素。”随着“双碳”目标的不断深入，ESG 已成为国际企业与金融领域的一项重要管理与投资理念，作为一种国际主流的公司非财务信息披露制度，日益引起人们的重视。

1. 直向碳中和——美国某跨国科技公司

该公司作为全球市值领先的科技公司，以创新产品设计、强大品牌影响力和庞大用户基础著称。其业务范围涵盖智能硬件设备（智能手机、平板电脑、个人电脑等）、操作系统、应用软件及在线服务，并积极拓展可穿戴设备、智能家居等新兴领域。该公司多次荣登世界 500 强榜单，并被多家媒体评为最具价值品牌之一。

2020 年，该公司宣布实现运营碳中和。2023 年，公司设定了更为远大的目标：即到 2030 年，实现产品碳中和，这一目标涵盖了公司的整个供应链以及用户设备在整个生命周期内的能源使用。本小节将从 ESG 评价角度，全面分析该公司在环境、社会、治理方面的绿色表现。

在环境方面，该公司致力于到 2030 年实现碳中和，与 2015 年相比，计划再减少约 75％的排放量。自 2015 年以来，该公司已成功缩减总碳足迹超过 45％(图 7－14)。在低碳设计方面，公司采取了一系列措施，包括转用再生材料，以及在无法采用再生材料的领域，寻求低碳供应商和技术创新以进一步脱碳。铝金属成为公司减碳战略的关键选择。2015 年，铝在该公司产品制造相关的碳足迹中占比超过四分之一。此后，该公司开始在各种产品机身中全面采用 100％再生铝金属。自 2015 年以来，该公司的铝金属相关排放减少了 71％，其在产品制造相关碳足迹中的占比也由 2015 年的 27％降至 2023 年的 8％以下。

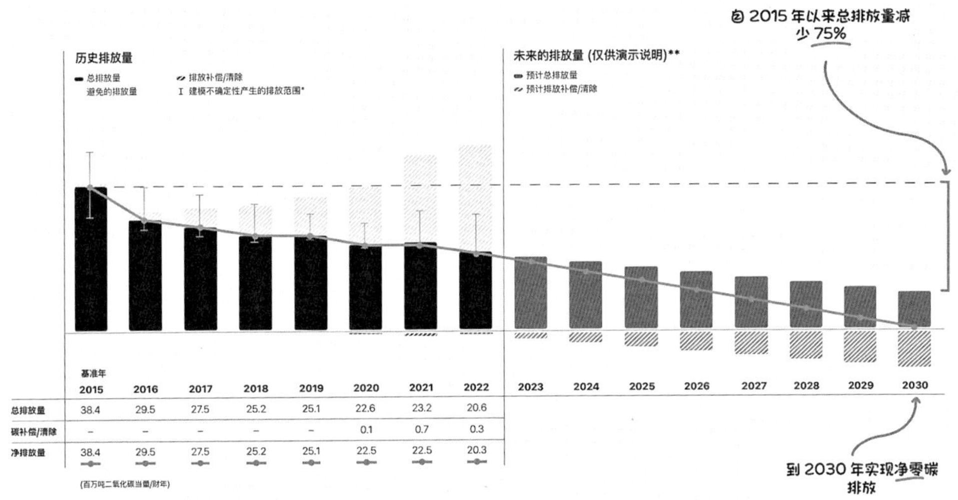

	2015	2016	2017	2018	2019	2020	2021	2022
总排放量	38.4	29.5	27.5	25.2	25.1	22.6	23.2	20.6
碳补偿/清除	–	–	–	–	–	0.1	0.7	0.3
净排放量	38.4	29.5	27.5	25.2	25.1	22.5	22.5	20.3

图 7－14　美国某跨国科技公司历年碳排放量及计划碳排放量(Lisa Jackson，2023)

在社会方面，2022 年，该公司在社会责任方面的支持工作广泛而深入。例如，Frank Water 与印度社区合作，利用技术追踪当地水域，监测水生态系统的健康。同时，中国绿色碳汇基金会正在研究创新的固碳方法，包括开发和恢复城乡交界地区的林地，并加强其管理措施。在中国，该公司通过多种方式为中国经济和社会发展作出贡献，其中创造广泛优质的就业机会尤为重要。通过中国的供应链、采购和投资等活动，该公司为中国带来了 300 多万个工作机会。在员工权益方面，公司始终坚持劳动者权益与人权，其《供应商行为准则》明确规定了供应商在劳动权益与人权、健康与安全、环境管理等方面必须达到的一系列严格要求。

在治理方面，该公司的供应链跨越 50 多个国家和地区，供应商工厂遍布全球。这些供应商在构建、交付和支持公司产品和服务所需的各种活动中发挥着重要作用。公司的合规和商业行为团队专注于商业行为、政治合规、出口和制裁合规、健康合规、反垄断合规和反腐败合规等方面的工作。为确保计划的有效性,公司对自己的计划进行内部和第三方独立评估。此外,公司的首席合规官还定期向董事会审计和财务委员会提供最新信息,以确保公司治理的透明度和有效性。

2. 可持续咖啡——某知名跨国连锁咖啡公司

该连锁咖啡公司成立于1971年,起源于美国西雅图市。起初,它主要作为咖啡豆、茶叶和香料的零售商存在。随着时间的推移,公司逐渐转型为一家专注于咖啡饮品的零售商,并在全球范围内迅速扩张。

在环境方面,该公司已披露了2030年的环境目标:计划在碳排放、水资源使用和废弃物排放方面,较2019年的水平降低50%。

在碳排放方面,公司致力于将Scope 1、2、3的温室气体排放降低50%。Scope 1、2、3是对温室气体排放进行的三个范围分类:

Scope 1(范围1)指的是公司及其所拥有或控制的生产经营活动产生的直接排放,例如公司自行燃煤发电产生的排放;

Scope 2(范围2)是公司外购能源产生的排放,例如公司采购电力时,相应电力供应商为生产这部分电力而产生的排放;

Scope 3(范围3)是公司其他的间接排放,例如公司生产使用的产品、公司员工的差旅等产生的排放。该公司的减排目标已获得全球知名组织SBTi(科学碳目标倡议)的认证。

为实现相关环境目标,该公司成立了“绿色门店”项目。这些门店在设计、建造和运营过程中都聚焦于降低污染和提倡绿色生活,处处彰显环保绿色的主题。在“绿色门店”中,消费者可以看到回收利用的建筑材料、可回收纸杯制作的围裙以及可循环使用的随行杯等。公司计划到2025年,建成1万家“绿色门店”。

在社会方面,公司倡导“伙伴文化”,将所有员工视为自己的合作伙伴。公司在全球75个国家和地区拥有超过40万名合作伙伴(员工)。公司为这些员工提供行业领先的福利待遇,包括提升薪资水平、健康保险计划、学习基金、津贴补助、带薪年假病假、职业发展计划、学习平台等,还有免费咖啡福利和优惠券。部分员工还可以获得公司股票,将员工利益与公司的长期发展深度绑定。这样的“伙伴”文化增强了员工的忠诚度,为提供优质高效的服务奠定了稳定的基础,进而让顾客获得超越期望的消费体验,为公司带来卓越的财务和股东回报。

对于当地社会,该公司也持续践行关爱社区的举措。该公司为咖啡豆和茶叶的种植农民提供提升生产效率、生活水平和盈利能力的解决方案和技能培训。同时，它还通过定向公益捐赠和 Global Farmer Fund 的贷款项目为种植农民提供资金支持。在其他社会方面，该公司还积极通过捐赠和社会服务参与解决饥饿问题、女性权益、年轻人发展、灾难应对等社会问题。

在治理方面，该公司自上而下地重视 ESG 的发展。公司董事会深度参与公司可持续发展战略的制定，并追踪执行情况。公司在 ESG 报告中披露，已将高管的部分奖金与 ESG 表现挂钩。副总裁及以上高管团队奖金的 10%取决于公司在环境保护方面的表现，另外 10%取决于公司多元化的举措。与此同时，该公司的道德和合规表现也达到了业内领先水平。公司建立了内部的道德和合规管理机制，设定了关于利益冲突、礼物和招待、反腐败、反歧视等政策标准；为上下游合作伙伴提供商业道德准则，并提供相关培训。

3. 科技、媒体和通信行业 ESG 转型之道——媒体企业践行净零

在降碳成为“十四五”生态文明重点战略方向的关键时期，重视绿色数字创新赋能在当前显得尤为重要。在此背景下，科技、媒体和通信（TMT）行业在可持续发展领域正发挥着至关重要的作用。全球多数通信与铁塔企业都已提出了碳中和及净零排放目标，中国企业也在积极响应国家“双碳”目标，践行社会责任，引领 ESG 转型。

TMT 行业虽不属于传统高碳排放行业，但其运营过程中的能源消耗和由此产生的碳排放仍不容忽视。同时，作为信息传播和舆论引导的关键力量，TMT 行业的社会责任尤为重大。凭借传播效率高、覆盖面广的行业特点，TMT 行业为其他行业提供了诸多服务。在实现净零排放方面，TMT 企业也积极做出承诺并付诸实践，全球知名 TMT 企业的净零排放承诺大多集中在 2030 年，详情参见表 7-6。

表 7-6 全球知名 TMT 企业的净零承诺

排名	公司名称	碳中和承诺	净零承诺	SBTi 目标
1	Alphabet 公司	2007	2030	
2	Meta Platforms 公司		2030	
3	腾讯控股有限公司	2030		2030
4	美国奈飞公司（Netflix）	2030	2050	2030

续 表

排名	公司名称	碳中和承诺	净零承诺	SBTi 目标
5	华特迪士尼公司(DISNEY)	2030	2050	
6	网易公司(NetEase)			
7	任天堂(Nintendo)			
8	环球音乐集团(UMG)		2050	
9	百度公司	2030		
10	萃弈(The Trade Desk)			
11	北京快手科技有限公司			
12	美国艺电公司(Electronic Arts)			
13	华纳兄弟探索(Warner Bros. Discovery)			
14	声田(Spotify Technology)		2050	
15	NAVER 公司		2040	

通过对标行业内世界一流企业的优秀实践案例，可以为我国 TMT 行业探索净零排放路径提供有益的发展参考，助力企业寻找可持续的发展道路，从而实现业务的长期稳健增长，并在净零排放领域展现中国企业的责任与担当。本节分别选取了世界领先 TMT 行业企业的优秀实践案例，这些企业在净零排放、碳中和方面有着先进经验，可供参考和借鉴。

案例(四)

某国际领先的多元化国际家庭娱乐和媒体企业

该公司于 2022 年 12 月宣布，将为其所有排放——直接运营中的范围 1 和范围 2，以及更广泛价值链中的范围 3——设定一个基于科学的目标，并计划将这一目标提交给“科学碳目标倡议”(SBTi)进行评估。其目标是到 2030 年实现范围 1 和 2 净零排放。为此，该公司制定了以下减排措施(图 7－15)。

1 减少电影制作过程中的排放

电影和电视行业正致力于减少废气排放，具体做法包括用电网供电、电池驱动的发电机、混合动力发电机（结合柴油和电池）以及绿色氢燃料电池发电机替代传统的柴油发电机来为布景提供能源。例如，2022年，太阳能充电的电池发电机在海滩拍摄中持续供电数周；而在伦敦、温哥华和洛杉矶的拍摄现场，通过连接电网取代了柴油发电机的使用。

2 升级主题公园节能系统

对主题公园和度假胜地进行能效提升改造。例如，中国内地的一个主题度假区的某个景点更新了水泵系统，并为户外喷泉增设了定时控制设备。据估计，这些改进措施每年能够节约大约830,000千瓦时的电能。同时，香港的主题乐园也在客房中安装了智能空调感应器。目前，旗下三家酒店均已启用这项节能特性。

3 使用低碳燃料

公司最新推出的邮轮旨在打造成为水域中最节能环保的船只之一。在2022财年，该邮轮主要采用液化天然气作为燃料，与常规的柴油或船用燃油相比，液化天然气能够显著降低多种排放物和污染物的排放量。

4 投资自然气候解决方案

投资于那些经过验证、严格审核的高质量自然气候解决方案，这些方案不仅能够带来显著的碳减排效果，还能产生积极的社会效益和经济效益。这些项目助力公司应对其直接运营中难以避免的排放问题。例如，公司在某项目上的投资为洪都拉斯和危地马拉的农村家庭提供了节能且减少烧柴的炉灶。

图 7－15　某国际领先的多元化国际家庭娱乐和媒体企业的具体减排措施

案例(五)

某国际领先的互联网企业

该公司于 2017 年已实现 100%可再生能源使用，并计划到 2030 年，在其所有的运营和价值链中实现净零排放。为实现这一目标，该公司计划在 2030 年前将范围 1、范围 2(基于市场)和范围 3 的绝对排放量(与 2019 年的基线相比)合计减少 50%，并计划投资于基于自然和技术的碳清除解决方案，以中和剩余排放量。公司已正式向“科学碳目标倡议”(SBTi)做出承诺。减少运营排放的关键杠杆之一是向清洁能源过渡，该公司通过清洁能源采购、技术创新和政策倡导相结合的方式，将运营和为公司提供服务的电网过渡到更清洁的电力来源(图 7－16)。

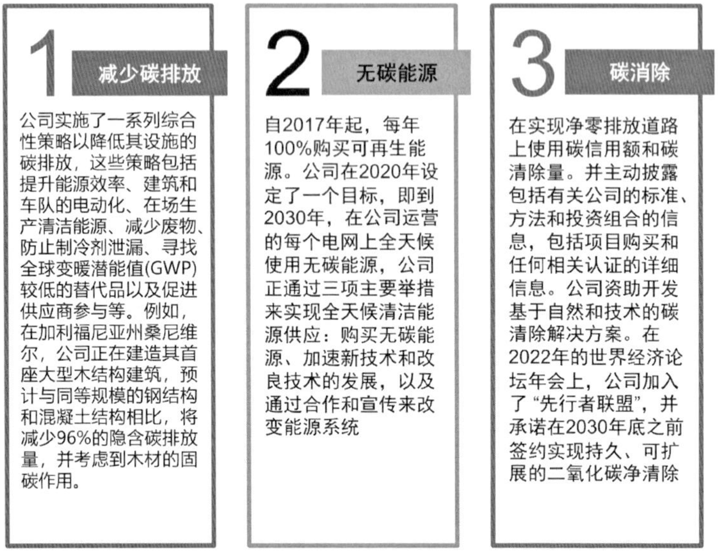

图 7-16　某国际领先的互联网企业的具体减排措施

全球领先的 TMT 企业正在积极实践和承诺实现净零排放，但仍有很大的提升空间。由于 TMT 行业的影响力和公信力，其自身的碳减排管理实践以及目标设定可以扩展到其他行业，产生积极的社会影响。中国 TMT 企业在追求自身净零排放的道路上，需要承担起与市场定位相关的先锋责任，不断创新和推进可持续发展的理念，以满足消费者的需求和社会的期望。它们应以传播之力聚焦绿色低碳理念的渗透，以影响之力搭建社会减排合作的桥梁，助力碳达峰碳中和目标的实现。

7.3.2　国内企业 ESG 实践案例

国内已有众多企业在践行 ESG 方面取得了显著成效。例如，一些上市公司积极披露 ESG 报告，全面展示其在环境保护、社会责任和公司治理方面的努力与成果；一些民营企业则通过节能减排、公益捐赠等多种方式积极履行社会责任。这些实践案例为其他企业提供了宝贵的借鉴和参考。自 2022 年以来，在监管机构的引导和市场力量的推动下，我国企业参与 ESG 实践的进程持续加速。践行 ESG 不仅是中国企业的重要责任，也是它们面临的重要机遇和重大挑战。

1. 循环经济与绿色生产

循环经济、绿色生产均是围绕提高资源利用效率而展开的现代企业管理举措。

在50余项与环保和“双碳”目标相关的ESG项目中，涉及循环经济以及绿色生产等主题的占比最大。循环经济以资源的高效利用和循环利用为核心，遵循“减量化、再利用、资源化”的原则，以低消耗、低排放、高效率为基本特征。

国家发展改革委有关负责人介绍，发展循环经济能够显著减少产品的加工和制造步骤，延长材料和产品的生命周期，提升产品的碳封存能力，并大幅降低由于开采原材料、原材料初加工、产品废弃处理和重新生产等环节所产生的能源消耗和CO_2排放。

案例(六)

某信息科技企业

该公司是一家源于中国、业务遍布180多个市场的全球化科技公司。作为国内较早践行ESG理念的先锋企业，多年来，该公司一直致力于推动ESG实践的创新与落实，从环保、公益、企业治理等多个维度和领域出发，积极参与构建绿色生态。2023年6月，该公司发布了《2022/23环境、社会及管治报告》，该报告全面概述了公司在ESG治理方面所取得的成果，包括优化公司治理结构以推动核心业务可持续增长，以及构建循环经济等方面的努力。

在环境方面，该公司在本次报告中首次披露了产品中使用的趋海塑料量。趋海塑料是指位于距离海岸线50千米范围内的海洋塑料垃圾。2022年，该公司产品中使用的含有趋海塑料成分的塑料毛重接近10.8吨，其中趋海塑料净重约540千克，这相当于从海洋中打捞回收了约60万个500毫升的矿泉水瓶。在减碳方面，该公司的武汉产业基地荣获了ICT行业的首张零碳工厂证书。同时，该公司还参与了ICT行业首个零碳工厂标准《零碳工厂评价通用规范》的起草和制定工作，积极推动中国零碳制造的标准化进程。

在社会方面，该公司严格遵照公司的《人权政策》，尊重员工、维护员工的权利；保障业务伙伴的权益。作为联合国全球契约组织(UNGC)的企业成员，该公司始终支持保护各项国际公认人权。公司不允许在运营范围内使用童工，强迫或强制劳动(包括体罚)。此外，该公司致力于确保工厂的工作环境安全，运营符合环保原则，以及运营以负责任及道德的方式进行。为了对人权工作加强认识，该公司加入了责任商业联盟(RBA)。2022—2023财年，所有公司自有的生产基地(不包括劳工数据少于一年的新场所)均已由独立审核机构采用基于国际劳工组织(ILO)的最新版RBA标准进行审核，其中包括对童工和强迫劳动进行审查。审核机构还会审核员工档案并进行个人和小组访谈。

在治理方面，报告显示，在2022—2023财年，该公司成为中国首家通过科学碳目标倡议（SBTi）净零目标验证的高科技制造企业，并对范围3的减排量做出了明确承诺与详细披露。作为“链主”企业，该公司启动了覆盖供应链上下游的范围3碳排放管理工作，在供应链脱碳减排领域发挥了引领作用。目前，有近半数的供应商已承诺制定或已经制定了科学碳目标，较上一财年的28%实现了大幅提升。公司的长期目标是推动占采购额95%以上的供应商参与科学碳减排行动。

早在2007年，该公司就开始将ESG实践与自身的全球化进程、智能化转型战略协同推进，并在不同阶段逐步完善相关机制。该公司在董事会层面设立了ESG执行监督委员会，同时在“新IT”战略的驱动下，将ESG理念与业务和服务转型全面融合、创新。目前，该公司正将自身的ESG实践经验转化为ESG服务与解决方案，覆盖智能制造、智能楼宇、智慧城市、绿色供应链等多个领域。

案例（七）

某互联网科技公司旗下的物流科技企业

该公司为某互联网科技公司旗下的物流科技企业，其不仅提供涵盖快递服务的应用软件，还包含了寄快递、查快递、取快递等一系列功能服务。凭借其在数字化和物流运营方面的双重能力，公司在绿色仓储和运输、包装智能化、线上线下回收等多个环节进行了全链路投入，致力于构建绿色循环物流链。

面对消费者，公司于2016年率先开启了名为“回箱计划”的绿色行动，在快递驿站设置了绿色回收箱，成为国内首家启动此类绿色行动的物流公司。到了2022年，为了进一步推广绿色消费激励机制并吸引更多人参与，公司推出了中国物流行业首个线上绿色互动社区——“绿色家园”。在这个平台上，消费者可以生成个人的减碳电子账单，并通过积分兑换礼品。

该公司研发的碳资产管理系统，通过沉淀自身物流供应链各环节的碳排放因子，精准追踪碳排放指数，在碳排放及减碳量测算上实现数字化管理，并提供相应减碳解决方案。

案例（八）

某国有大型钢铁企业

该公司是一家由中央直接管理的国有重要骨干企业，总部位于上海。2022年，该公司获批成为国有资本投资公司，并启动了新型低碳冶金现代产业链“链长”的建设工作。作为全球最大的钢铁企业，公司以“科技创新”为核心动力，担任新型低碳冶金现代产业链“链长”，携手全球钢铁企业及上下游企业，聚焦 ESG 实质性议题，引领钢铁行业全面推进绿色低碳转型，合作探索低碳转型发展新路径。

(1) 绿色冶金技术

该公司碳中和冶金技术主要包括极致能效、富氢碳循环氧气高炉、氢基竖炉、近终形制造、冶金资源循环利用和 CO_2 回收及利用六方面内容(图 7－17)。

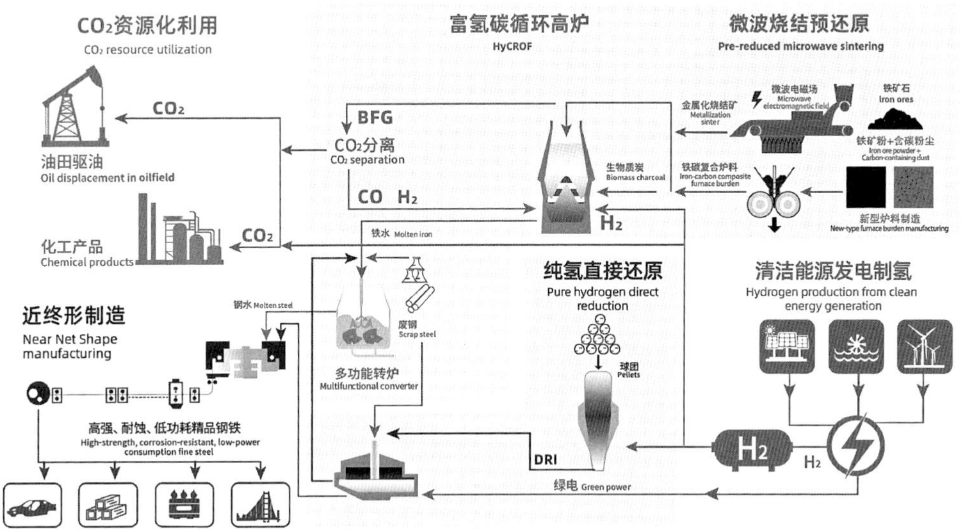

图 7－17 碳中和冶金技术路线图(毛晓明,2022)

① 极致能效。根据世界钢协的数据，过去 50 年间，钢铁行业的吨钢能耗已降低了 61%，而能源强度仍有 5%～10%的下降潜力。通过聚焦余热余能的资源化利用以及界面能效的创新与应用，可以实现全流程能源效率的提升，从而挑战并达到极致能效。

② 富氢碳循环氧气高炉(HyCROF)。高炉作为极高效率的反应器，能够为炼钢提供最洁净的原料，其效率和地位在很长一段时间内都难以被其他工艺所替代。以富氢碳循环为技术导向，重构高炉流程，能够最大限度利用碳的化学能，并通过工业绿色电气化取代传统的碳加热方式，从而实现高炉流程的大幅减碳。

③ 氢基竖炉。氢基竖炉还原工艺是指在低于矿石熔化温度的条件下，利用富氢气体将铁氧化物还原成金属铁的过程。通过使用清洁能源制取氢气，并通过氢气还原铁矿石进行炼铁，有望实现钢铁冶炼过程的近零碳排放。

④ 近终形制造。近终形制造技术是一种力求从钢水浇铸开始，就尽可能接近最终产品尺寸的连铸连轧一体化工艺技术。这种技术能够进一步减少中间加工工序，从而节省能源、减少贮存并缩短生产时间。与传统工艺相比，近终形制造技术

具有更短的流程、更高效的生产过程以及更低的能耗和排放。

⑤ 冶金资源循环利用。充分利用含铁含碳固废、钢铁循环材料和有机生物质资源是实现钢铁行业绿色低碳发展的关键路径。这包括转炉大比例使用废钢技术、高炉添加金属化炉料技术等。

⑥ CO_2 回收及利用。CO_2 回收及资源化利用是解决钢铁行业碳中和的关键技术。构建 C 到 CO、CO 到 CO_2 及 CO_2 资源利用的全生命周期使用技术，拓展碳的价值链，将 CO_2 固化与现代冶金连成一体，打造净零排放的新型碳循环产业链，从而形成碳和冶金生态系统，实现钢铁行业可持续的绿色发展。

(2) 绿色低碳治理架构

该公司建立了碳中和工作推进体制，强化了顶层设计和组织领导，并将绿色低碳相关议题正式纳入董事会的工作范畴。董事会战略与投资委员会等专业机构负责审议长期发展战略规划，并就集团公司的战略定位、产业布局等关键事项向董事会提出专业建议。集团公司围绕“绿色制造、绿色产品、绿色产业协同发展”的主线，制定了碳达峰碳中和行动方案，并组织各子公司细化实施方案与路径，以确保碳达峰碳中和各项工作任务的有序推进。公司还不定期举办绿色低碳专项会议，审议相关工作报告，深入研讨绿色低碳策略等。

同时，该公司积极对标国内外 ESG 信息披露指标，并结合自身实际情况，不断完善 ESG 指标体系，明确了定性与定量披露的具体要求。为此，该公司制定了《ESG 工作管理制度》，确立了 ESG 管理流程，作为公司的基本制度之一，为持续深入开展 ESG 工作奠定了坚实基础。2022 年，该公司全面开展了 ESG 培训，员工覆盖率达到 100%；同时，该培训也覆盖了供应链，工业品供应商的参与覆盖率超过了 60%。

(3) 完善 ESG 信息披露

该公司《可持续发展报告》随年报一同披露，其中披露的定量数据已增加至 116 项，并在报告后附上了指标索引，以提升报告的可读性。同时，公司根据 ISO 14064 标准编制了温室气体盘查清册，首次披露了范围三的排放数据，并取得了独立第三方出具的温室气体核查声明，从而增强了报告的公信力。此外，公司发布了全国钢企首份《气候行动报告》，该报告参考 TCFD 框架进行编制，积极回应了客户、投资者、监管机构对公司应对气候变化相关信息披露的期待。公司还优化了官方网站，包括维护公司 ESG 对外政策展示，并完善了可持续发展板块的披露内容。

2. 绿色的创新产品

绿色技术是指一种旨在节约成本、降低污染、改善生态环境，进而推动生态文明建设，实现人与自然和谐共生的新型技术体系。它广泛涵盖了节能环保、清洁生产、清洁能源、生态保护和修复、城乡绿色基础设施以及生态农业等多个领域，贯穿于产品设计、生产、消费、回收利用等全生命周期的各个环节。

随着全球范围内新一轮工业革命的蓬勃兴起，绿色技术创新已成为世界各国科技竞争的新焦点。在此背景下，各个国家积极构建绿色、低碳、循环发展的经济体系，绿色技术创新日益成为推动这一进程的核心动力。它不仅为解决环境污染问题提供了有效途径，更是推进生态文明建设、促进经济社会高质量发展的关键支撑①。

案例(九)

某体育用品企业

对这家中国运动装备公司而言，使用更轻量化且可回收的包装，以及推出具有环保属性的科技材料产品，使其在 ESG 环境方面成为表现优异的代表性企业。

在产品研发过程中，该公司不断开发并推广环境友好型产品。其“1＋3＋5”可持续战略蓝图要求，在 2030 年前将可持续产品的比例提高到 50％，50％的产品使用可持续包装，以及使用 50％的可持续原材料。

该公司环保系列回收了 940 万个废弃塑料瓶，咖啡纱系列回收并使用了约 100 吨咖啡渣。此外，公司 99％以上的鞋产品均使用水性胶。其可持续商品包括 SORONA 环保纤维面料服装、无氟防水面料服装、有机棉面料服装、优可丝面料服装等。

案例(十)

某皮肤健康护理企业

该公司是中国一家专注于皮肤健康的大健康产业集团，融合了互联网＋的理念。公司如实、合规地披露化妆品、护肤及清洁类产品的成分信息，并确保生产全过程符合 ESG 环境要求。整体而言，公司产品原料中有机原料占比达到 24％，特色原料占比 1.74％。在自主原料开发方面，如公司的特色原料青刺果油，在种植和养护阶段均遵循有机种植理念，不使用化学合成的肥料、农药和生长调节剂。在提取工艺上，公司采用冷榨或亚临界低温冷萃工艺，以避免使用有机溶剂。2022 年，公司持续推进采购本地化措施。针对水资源稀缺的问题，公司运用先进的冻干

① 国家发展改革委. 科技部关于构建市场导向的绿色技术创新体系的指导意见[EB/OL]. (2019 - 05 - 14)[2024 - 06 - 13]. https://www.ndrc.gov.cn/xxgk/zcfb/tz/201904/t20190419_962441.html.

技术，于2022年研发推出了氨基酸舒缓洁颜球等"无水产品"，通过减少水的重量实现包装轻量化，进而降低了一次性塑料包装的消耗和物流资源的使用。

案例(十一)

国内某大型石化企业

2022年8月，我国最大的碳捕集利用与封存(CCUS)全产业链示范基地、国内首个百万吨级CCUS项目——"齐鲁石化-胜利油田百万吨级CCUS项目"正式注气运行。该项目每年可减排二氧化碳100万吨，相当于植树近900万棵，对于构建"人工碳循环"模型具有重要的科学意义，同时也为国家大规模实施CCUS工程积累了宝贵的经验与技术资料，有力推动了"双碳"战略的实施。实践证明，发展CCUS技术可以显著提高低品位资源的开发利用率，为保障国家能源安全提供有力支撑。

3. 积极推动能源转型以及低碳生产生活方式

ESG信息披露促使企业积极采取行动，以削减碳排放量并切实履行其社会责任。在我国，能源领域产生的二氧化碳排放量占全国总排放量的比例显著。在能源消耗不可避免的情况下，节能减排是有效降低碳排放量的关键举措。从长远来看，为达成"双碳"目标，能源型企业需从根本上入手，通过调整产业结构、优化产业布局以及加速新旧动能转换，实现转型升级。对于能源及资源类公司而言，能源转型与其经营目标日益契合。这些公司正抓住全球能源转型带来的机遇，计划通过增加可再生能源的使用，并结合技术改进，逐步达成减碳目标。

案例(十二)

中国三家央企控股能源类上市公司

在能源变革的大潮中，中国三大能源央企不仅涉足新能源领域，还深入挖掘已有业务的增值潜力，通过创新和品质提升，为ESG发展战略注入新动力。

某水电发电企业积极向新能源转型，其发展战略已从以水电开发为主转变为水电与新能源并重。该企业充分利用已开发的水电项目资源，如土地和通道，积极发展光伏等新能源业务。通过将光伏发电与水电捆绑发送，该企业巧妙地结合了水电与光伏的互补优势，提高了通道的利用率和经济性。

某核电企业则采取多种方式发展核能，不仅推进四代堆的研发，还积极开展核能的多用途利用开发。核能不仅被用于发电，还被探索性地应用于供气、供暖、制氢以及海水淡化等领域，展现了核能的广泛应用前景。

新能源产业的蓬勃发展同样为某核建企业带来了新的业务增长空间。2023年上半年，该企业新签了34个新能源项目，合同额高达68亿元，同比增长45%。此外，该企业还在我国的一些重点新能源基地以及海外市场签署了多个新能源建设项目，进一步拓展了业务版图。

案例(十三)

某航空公司

该航空公司始终坚守“保卫蓝天，绿色发展”的环保理念，将节能降碳工作深度融入企业战略规划、日常管理和航班运行的每一个环节。凭借自身资源优势，该公司从“绿芯”“绿途”及“绿标”三大方面推动绿色航空企业建设。

在“绿芯”方面，公司坚持中国智造、自主创新，成功研发出第四代发动机清洗设备，减排效果较传统设备提升67%；同时，自主研发飞机表面洁净智能机器人，水资源节约率超过50%。

为打造空中“绿途”，该公司长期开展“绿途·碳抵消”公益项目，利用旅客捐赠的积分和资金种植“碳汇林”，修复退化红树林约50亩；推出“餐食兑换积分”服务，鼓励旅客按需用餐，2023年上半年累计节约餐食2.62万份；自2020年9月启动“禁塑”航班以来，客舱内全面采用一次性环保餐具包、餐盒、纸杯、杯盖及毛毯袋等机上用品，2023年上半年累计使用一次性环保用品2 980.44万个(套)，积极倡导绿色出行，不断提升旅客的绿色出行意识。

自2008年起，该公司就将节能减排置于重要战略位置，成立节能减排小组，引进国际航空运输协会的燃油效率差距分析项目，并开展落地剩油管控、APU时间管控、航路优化、发动机水洗等30多个节能降碳项目。自2023年1月至今，持续开展的节能减排项目已累计节省燃油4.62万吨，相当于减少二氧化碳排放约14.55万吨。自2008年开展节能减排工作以来，公司累计节省燃油78.67万吨，相当于减少二氧化碳排放247.82万吨。

案例(十四)

苏州工业园区

苏州工业园区隶属于江苏省苏州市，被誉为“中国改革开放的重要窗口”和“国际合作的成功范例”。在外向型经济发展的基础上，苏州工业园区集中力量发展生物医药、纳米技术应用、人工智能这三大新兴产业，并注重减污降碳的协同发展。

2023 年 4 月，园区完成了独墅湖隧道、娄江快速路、独墅湖大道高架等重点路段的 LED 路灯节能改造工程。本次节能改造坚持“节电”与“增亮”并重，改造总投资达 4 000 万元，共改造灯具 1.75 万盏。改造后，预计每年可节约用电 850 万度，节省电费支出约 560 万元，平均节电率达到 60%，并减少碳排放 8432 吨/年，生态环境效益显著提升。

工业企业是实现工业领域碳达峰、碳中和的主体。作为工业大市，苏州在全国范围内率先启动了“近零碳”工厂创建活动，并发布了《苏州市“近零碳”工厂评价指标体系》。苏州某国际化妆品有限公司是某知名国际化妆品集团在亚太区产能最大的工厂。该工厂的能源种类主要包括电力、蒸汽和天然气。该工厂通过安装太阳能光伏系统、认购风电、实施热电联产等项目，在 2019 年实现了能源层面的碳中和。其中，“金太阳”太阳能发电系统项目每年可为工厂提供约 120 万千瓦时的清洁可再生能源，相当于折算标准煤 147.48 吨，减少碳排放 844 吨。该工厂还与多个公司签订了“碳中和项目合作协议”。根据协议，该工厂于每年 1 月将上年度的碳减排量指标费用，按照中国碳交易市场核证自愿减排量(CCER)江苏省标准，支付作为生物质燃气减碳排放量指标的费用。该项目的成功实施，标志着该工厂在能源层面已经实现了碳中和目标。

案例(十五)

某互联网科技公司旗下的外卖平台

随着外卖服务的日益普及，如何有效减少一次性餐具等塑料制品的使用已成为社会广泛关注的议题。为此，某互联网科技公司旗下的外卖平台对用户下单界面进行了创新性的调整(图 7-18)，具体举措如下：① 在下单界面增设了一个弹出式窗口，提示顾客标明订单所需的餐具数量；② 该弹出式窗口的默认选项被巧妙地设置为“无须餐具”，以此鼓励顾客减少不必要的餐具使用；③ 对于选择“无须餐具”的顾客，平台会在 APP 中奖励绿色能量，以此作为对他们环保行为的正向激励。这一系列举措不仅体现了该外卖平台对环境保护的高度重视，也为企业 ESG 实践提供了新的思路和方向。

绿色助推并未对该企业的业务产生消极影响，这有力地证明绿色助推可以成为一种高成本效益的工具，有效促进个人的环保行为。对于企业而言，实施绿色助推的成本相对较低，但其带来的环境效益却是十分显著的。

绿色助推的作用广泛而深远，它能够激励大量人群改变环保行为，而不仅仅是影响一小部分人。具体而言，绿色助推在减少一次性餐具使用方面成效显著。这一成效不仅体现了消费者对环保行动的积极响应，也进一步证明了平台企业可以通过经济高效的助推方案，推动实现更为环保的消费与生产模式。

图 7-18 外卖平台下单界面

4. 企业与绿色供应链

绿色供应链，亦称环境意识供应链（environmentally conscious supply chain，ECSC），是一种现代管理模式。该模式在整个供应链中综合考虑环境影响和资源效率，基于绿色制造理念和供应链管理技术，涵盖供应商、生产厂家、销售商和用户。其目标是确保从材料采集、加工、包装、仓储、运输、使用到报废处理的全过程，尽量降低对环境的负面影响，实现资源利用效率的最大化。

绿色供应链与低碳产业的发展紧密相连，它是实现“双碳”目标的关键途径。绿色供应链包括绿色设计、绿色采购、绿色制造、绿色物流、绿色销售和绿色回收等方面。供应链上下游企业需在各环节提升环境绩效，以减少产品全生命周期的碳足迹，进而推动供应链在全域范围内实现节能减排。

在构建绿色供应链方面，许多中外企业已经开始行动。例如，在欧美企业中，西门子设定了到2030年将全球供应链减排20%的目标，力争到2050年实现供应链碳中和。而在国内企业中，华为已将绿色环保要求融入采购质量优先战略及采购业务的全流程，从供应商认证、选择、现场审核到绩效管理，全流程明确了绿色环保要求。

案例(十六)

某光伏材料与器件制造企业

该公司是全球领先的光伏材料制造商、光伏电池组件供应商以及智慧光伏解决方案服务商。为了打造低碳企业，该公司积极引导其合作伙伴从节约能源消耗、降低碳排放、促进循环利用等方面入手，致力于构建一个科技含量高、资源消耗低、环境污染少的价值链生态圈。该公司旨在引领整个价值链生态圈早日实现碳中和，并积极开展绿色供应链的升级工作，推动上下游生态的减排。

在绿色供应链管理方面，该公司制定了《供应商管理制度》《供应商审核管理制度》和《合作伙伴行为准则》等文件，规范了供应商引入、审核、质量管理和提升等环节的管理流程，并建立了与业务相匹配的合规标准和道德要求。该公司还要求供应商签署《不使用冲突矿产承诺书》，并采用负责任矿产倡议的冲突矿产报告模板，对供应链中使用的冲突矿产情况进行抽查。

该公司计划逐步向主要供应商提出降低运营排放和产品碳足迹的要求，优先选择低碳运营的合作伙伴，共同构建绿色生态，降低整个供应链的排放。目前，该公司已对71家试点供应商进行了绿色属性调研，并初步形成了绿色供应链的管理办法和评定标准。截至2022年年底，该公司已逐步开展了绿色供应商年度业绩评价工作，从管理体系、基础设施、绿色生产、绿色包装和运输、排放强度等多个维度进行评定。该公司还推动高耗能供应商进行能耗自评，核算碳排放，并实施节能减排项目，将评定结果纳入采购和招标管理中。

案例(十七)

某大型发电国有企业

该公司是2002年在原国家电力公司部分企事业单位基础上组建而成的特大型发电企业集团，是中央直接管理的国有独资公司。近年来，中国连续出台多项促进绿色供应链发展的相关政策，在此背景下中国能源企业坚持“向绿而行”。2023年8月该公司发出倡议：让我们共同倡导绿色低碳交流合作，不断提升碳排放绩效，广泛接受社会监督，号召更多上下游企业同行加入我们的行动。

该公司成立于2002年，是在原国家电力公司部分企事业单位基础上组建的特大型发电企业集团，为中央直接管理的国有独资公司。近年来，中国政府连续出台了多项促进绿色供应链发展的政策，在此背景下，中国能源企业坚持“向绿而行”。2023年8月，该公司发出倡议，呼吁共同倡导绿色低碳的交流合作，不断提升碳排放绩效，广泛接受社会监督，并号召更多上下游企业加入其行动。

在该公司提出“构建能源绿色低碳供应链生态”的倡议后，多家电力设备设施领域的头部企业迅速响应。当明确某产品的碳足迹后，企业能够对每个环节的碳排放进行精准定位，并采取有针对性的节能降耗措施。同时，通过全产业链的合作减碳，为企业发展注入新的活力。

思考题

1. ESG与传统财务指标评价体系的区别是什么？为什么ESG评价在现代企业评估中越来越重要？

2. 分析国际ESG评级标准的发展趋势，例如更加注重数据透明度、强化行业差异性、推动标准统一等，以及这些趋势对中国ESG评级机构的影响和挑战。

3. 分析ESG评价体系如何通过设定环境绩效指标、激励机制和监督机制等方式，促使企业加强碳排放管理，采取节能减排措施，减少温室气体排放。

4. 如何理解ESG评价对上市公司估值的多维度影响？包括其对企业形象、投资偏好、管理效率以及监管合规等方面的具体作用，并探讨这些影响在上市公司长期发展中的重要性。

5. 讨论ESG企业在实现自身发展的同时，如何平衡经济、社会与环境的利益，特别是在“双碳”政策下，企业如何调整其社会责任战略，以回应社会对于环境保护和企业责任的更高期望。

6. 分析政府、监管机构和市场在ESG企业“双碳”转型过程中的作用，探讨如何形成合力，共同推动ESG企业的绿色转型和可持续发展。

7. 评估中国ESG企业在国际ESG标准下的表现，探讨企业在参与国际竞争时面临的机遇和挑战，以及如何通过提升ESG管理水平来增强国际竞争力。

8. 分析绿色创新产品在市场上的接受程度，以及企业在推广过程中可能遇到的消费者认知、成本、政策等方面的挑战和机遇。

9. 根据上文提到的中国三家央企能源类公司案例，请思考国内外还有哪些成功的能源转型案例？探讨这些公司如何通过技术创新、政策支持和市场机制等手段实现能源结构的优化和清洁化。

10. 探讨绿色供应链对企业品牌形象、市场份额、成本控制等方面的积极影响，以及对企业长期可持续发展的重要意义。分析绿色供应链如何成为企业提升竞争力和实现可持续发展的关键因素。

参考文献

[1] 王洪亮，赵东丹. ESG视阈下国有企业高质量发展路径研究[J]. 商业经济，2024(2)：121－124.

[2] SASB. Standards Application Guidance[EB/OL]. (2018－10)[2023－11－12]. https://sasb.org/wp-content/uploads/2018/11/SASB-Standards-Application-Guidance-2018-10.pdf.

[3] 解浩宇. 基于绩效棱柱的ESG战略实施效果评价：以中国平安为例[D]. 南京：南京审计大学，2021.

[4] 中央财经大学绿色金融国际研究院. 中国上市公司ESG行动报告(2022－2023)[EB/OL]. (2023－07)[2023－11－12]. https://iigf.cufe.edu.cn/system/_content/download.jsp?urltype=news.DownloadAttachUrl&owner=1667460506&wbfileid=13081550.

[5] 中国工商银行绿色金融课题组. ESG绿色评级及绿色指数研究[J]. 金融论坛，2017，22(9)：3－14.

[6] 袁谋真. 落实“双碳”战略目标新路径：碳资产专业化管理的探索[J]. 国有资产管理，2022(7)：45－51.

[7] Williams Z. The materiality challenge of ESG ratings[J]. Economics and Culture, 2022, 19(2): 97－108.

[8] Serafeim G, Yoon A. Stock price reactions to ESG news: The role of ESG ratings and disagreement[J]. Review of Accounting Studies, 2023, 28(3): 1500－1530.

[9] 丁晴，张晓昕，林翎. 国内外环境社会治理(ESG)标准化进展及思考[J]. 中国标准化，2023(21)：50－55.

[10] MSCI. Powering better investment decisions[EB/OL]. (2023－11－28)[2023－11－28]. https://www.msci.com/.

[11] MSCI. MSCI ESG Ratings[EB/OL]. (2023－11－28)[2023－11－28]. https://www.msci.com/documents/1296102/15233886/MSCI-ESG-Ratings-Brochure-cbr-en.pdf/7fb1ae78-6825-63cd-5b84-f4a411171d34?t=1572865945980.

[12] S&PGlobal. Rating Collection Page[EB/OL]. (2023－11－28)[2023－11－28]. https://www.spgchinaratings.cn/ratings/.

[13] Sustainalytics. ESG Risk Ratings: A 360° Review[EB/OL]. (2023－11－28)[2023－11－28]. https://www.sustainalytics.com/investor-solutions/esg-research/corporate-governance-research-ratings.

[14] 陈李，袁理. 东吴ESG专题研究2中国应用：信披&评价体系初具雏形，ESG投资方兴未

艾[EB/OL].(2022－01)[2023－12－15]. https://pdf.dfcfw.com/pdf/H3_AP202201181541142850_1.pdf? 1642519658000.pdf.

[15] 王哲毓.金融机构 ESG 表现对企业价值的影响研究[D].北京：商务部国际贸易经济合作研究院，2022.

[16] 张楠.新能源上市公司 ESG 表现、创新能力对财务绩效的影响[D].上海：华东政法大学，2022.

[17] 华证指数.华证 ESG 评级方法论[EB/OL].(2024－05)[2024－07－24]. https://www.chindices.com/files/%E5%8D%8E%E8%AF%81ESG%E8%AF%84%E7%BA%A7%E6%96%B9%E6%B3%95%E8%AE%BA.pdf.

[18] 褚娜娜.ESG、研发投入对企业价值的影响：以马钢股份为例[D].合肥：安徽农业大学，2023.

[19] 社会价值投资联盟，华夏基金.2022 中国 ESG 发展创新白皮书[EB/OL].(2022－12)[2023－12－15]. https://www.casvi.org/h-nd-1726.html.

[20] Singhania M, Saini N. Institutional framework of ESG disclosures: Comparative analysis of developed and developing countries[J]. Journal of Sustainable Finance & Investment, 2023, 13(1): 516－559.

[21] 窦巧梅.基于 ESG 的企业可持续发展潜力评价与优化建议[J].商业经济，2024(2)：125－127.

[22] Global Sustainable Investment Alliance. Global Sustainable Investment Review 2022[EB/OL].(2024－05)[2023－12－26]. https://www.gsi-alliance.org/wp-content/uploads/2023/12/GSIA-Report-2022.pdf.

[23] 中国责任投资论坛.中国责任投资年度报告 2022[EB/OL].(2022－12)[2023－12－26]. http://house.china.com.cn/uploads/20221220/202212201353221981.pdf.

[24] 中央财经大学绿色金融国际研究院.傅奕蕾.2023 年中国绿色债券半年报[EB/OL].(2023－07)[2024－1－18]. https://iigf.cufe.edu.cn/info/1012/7330.htm.

[25] 刘坚东.把握传统产业绿色转型的金融机遇[J].中国金融，2023(15)：24－26.

[26] Dmuchowski P, Dmuchowski W, Baczewska-Dąbrowska A H, et al. Environmental, social, and governance (ESG) model; impacts and sustainable investment-Global trends and Poland's perspective[J]. Journal of Environmental Management, 2023, 329: 117023.

[27] 张涵.基于双碳背景下我国 ESG 体系的探究[J].大众投资指南，2023(15)：35－37.

[28] 唐颖，相玉昌，黑朱峰.“双碳”目标下 ESG 投资探索[J].中国农业会计，2024(1)：96－99.

[29] 施懿宸，邓洁琳，楼瑀婷，等.ESG 促进碳中和发展要点解析[J].新理财，2021(5)：31－34.

[30] 恒隆地产.恒隆集团可持续金融框架[EB/OL].(2023－01)[2024－1－18]. https://www.hanglung.com/getmedia/d64bdec6-77ac-40c5-8c6f-dfd87898237f/Hang-Lung-Sustainable-Finance-Framework-Final.pdf.

[31] 唐玮婕.ESG 为什么这么火[N].文汇报，2022－01－29(008).

[32] 中国移动官方网站.2022 年可持续发展报告[EB/OL].(2023－04)[2024－1－18]. http://www.10086.cn/download/csrreport/cmcc_2022_csr_report_full_cn.pdf.

[33] 中央广播电视总台. 年度 ESG 行动报告[R]. 2023. 6.
[34] 保利发展控股官方网站. 2021 年度社会责任报告[EB/OL]. (2022 - 04 - 22)[2024 - 1 - 18]. https://www. polycn. com/upload/file/2022-04-20/df6aa7d9-4e45-4f08-8fa3-3176859 b1213. PDF.
[35] Apple. Apple Environmental Progress Report 2023[EB/OL]. (2023 - 10)[2024 - 2 - 5]. https://www. apple. com. cn/environment/pdf/Apple_Environmental_Progress_Report_2023. pdf.
[36] Starbucks. 2022 Starbucks Global Environmental and Social Impact Report[EB/OL]. (2023 - 06)[2024 - 2 - 5]. https://stories. starbucks. com/uploads/2023/06/Starbucks-2022-Global-Environmental-and-Social-Impact-Report. pdf.
[37] 联想集团. 2022/23 环境、社会和公司治理报告[EB/OL]. (2023 - 10)[2024 - 02 - 05]. https://investor. lenovo. com/sc/sustainability/reports/FY2023-lenovo-sustainability-report. pdf.
[38] 中国宝武钢铁集团有限公司. 2022 绿色低碳发展报告[EB/OL]. (2023 - 08 - 11)[2024 - 03 - 05]. https://res. baowugroup. com/attach/2023/08/11/859d8fcb17894a128 df7c1a8e 71d23e4. pdf.
[39] 安踏官方网站[EB/OL]. (2024 - 03 - 11)[2024 - 03 - 05]. https://anta. com/cms/subject? id=environmentaltechnology.
[40] 贝泰妮集团. 2022 -社会责任报告暨 ESG(环境、社会及管治)报告[EB/OL]. (2023 - 03 - 20)[2024 - 03 - 05]. https://www. botanee. com. cn/assets/%E8%B4%9D%E6%B3%B0%E5%A6%AE%E9%9B%86%E5%9B%A22022%E5%B9%B4%E5%BA%A6%E7%A4%BE%E4%BC%9A%E8%B4%A3%E4%BB%BB%E6%8A%A5%E5%91%8A. pdf.
[41] 中国石油化工集团公司. 2022 年度报告[R/OL]. (2023 - 07 - 26)[2024 - 03 - 05]. http://www. sinopecgroup. com/group/Resource/Pdf/GroupAnnualReport2022. pdf.
[42] He G J, Pan Y H, Park A, et al. Reducing single-use cutlery with green nudges: Evidence from China's food-delivery industry[J]. Science, 2023, 381(6662): eadd9884.
[43] 许笑平. 我国绿色供应链创新发展中的障碍与改进策略[J]. 中国市场,2023(11): 175 - 179.
[44] 邱伏生,李志强,赵新阳,等. 2023 年制造企业供应链发展调研分析报告[J]. 物流技术与应用,2023,28(6): 77 - 89.
[45] 王伟. 消费电子供应链绿色转型如火如荼[N]. 中国电子报,2022 - 08 - 16(005).
[46] TCL 中环. 2023TCL 中环碳中和白皮书[EB/OL]. (2023 - 07 - 05)[2024 - 04 - 08]. https://static. tzeco. com/files/pdf/230705%20TCL%E4%B8%AD%E7%8E%AF%E7%A2%B3%E4%B8%AD%E5%92%8C%E7%99%BD%E7%9A%AE%E4%B9%A6. pdf.
[47] 中国大唐. 中国大唐 2022 可持续发展报告[EB/OL]. (2023 - 07 - 31)[2024 - 05 - 10]. https://www. china-cdt. com/dtwz/ueditor/jsp/upload/file/20230731/16907671585090812 57. pdf.